Projekt
Physik betreiben heißt, etwas zu tun. Auf den Projektseiten findet ihr viele Tipps und Anregungen – um etwas zu machen, das sich am Ende sehen lassen kann.

Projekt

Umwelt

Ein Blick in die Technik

AUFGABEN

1. Lass dir von deinen Eltern alle Geräte aus eurem Haushalt zeigen, in denen Batterien oder Akkumulatoren als Spannungsquelle dienen. Stelle in einer Tabelle die Geräte, die Bezeichnung der Spannungsquelle und der jeweiligen Spannungen zusammen!
2. Nenne möglichst viele elektrischen Geräte in eurer Wohnung, welche die Wärmewirkung des elektrischen Stromes nutzen!
3. In einem Toaster sollen die Heizdrähte erwärmt werden, nicht aber die Zuleitungen. Wie erreicht man das?
4. Betrachte die Glühwendeln von verschiedenen Glühlampen mit einer Lupe! Was fällt dir alles auf?
5. Aus welchem Material werden Glühwendeln hergestellt? Was ist der besondere Vorteil dieses Materials?
6. Warum brennt bei einer Glühlampe stets der Glühdraht und nie der in Glas eingeschmolzene Haltedraht durch?
7. Erkläre die Wirkungsweise einer Schmelzsicherung!
8. Was muss bei einer Schmelzsicherung geändert werden, damit erst bei größeren Strömen der Stromfluss unterbrochen wird?
9. Welche Teile an deinem Fahrrad haben mithilfe des elektrischen Stromes einen glänzenden Überzug erhalten? Welches Metall nutzt man dafür?
10. Begründe die einzelnen Sicherheitstipps auf der Seite 106!
11. Einen Menschen, der einen elektrischen Schlag erhalten hat und noch mit der Leitung in Kontakt ist, darfst du zu deiner eigenen Sicherheit nicht berühren. Warum?
12. Nenne Beispiele für die Anwendung der Lichtwirkung des elektrischen Stromes!
13. Baue dir aus einem Nagel (als Eisenkern) und einem mehrfach darum gewickelten isolierten Draht (als Spule) einen Elektromagneten. Schließe ihn an eine Batterie an und versuche, kleine Gegenstände anzuheben. Berichte über deine Beobachtungen!

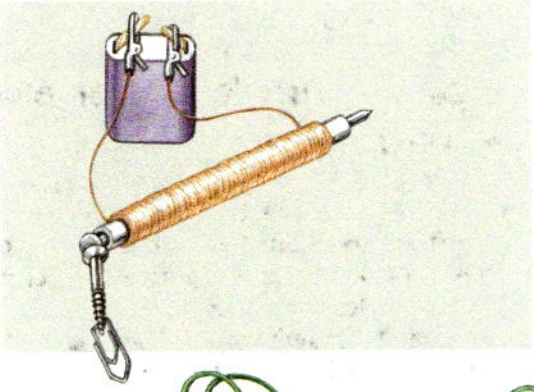

1

ZUSAMMENFASSUNG

Man kann das Fließen eines elektrischen Stromes nur an seinen Wirkungen erkennen.

Chemische Wirkung
Fließt ein elektrischer Strom durch eine Flüssigkeit, so kann er an den eintauchenden Körpern chemische Veränderungen hervorrufen.

Magnetische Wirkung
Fließt ein elektrischer Strom durch einen Leiter, so treten in seiner Umgebung magnetische Wirkungen auf.

Wärmewirkung
Fließt ein elektrischer Strom durch einen Leiter, so wird der Leiter erwärmt.

Lichtwirkung
Fließt ein elektrischer Strom durch ein Gas, so kann er das Gas zum Leuchten anregen.

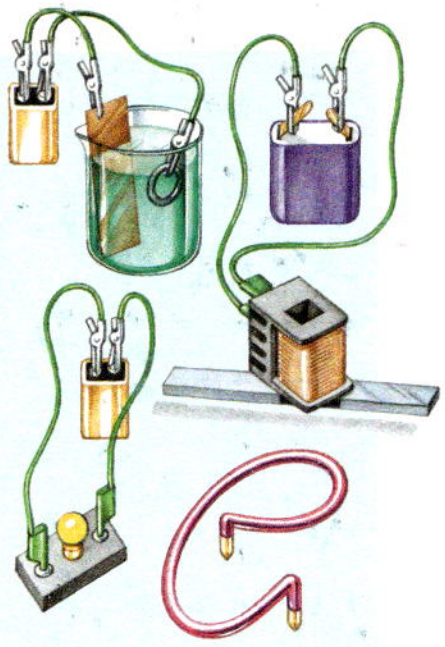

Themenseiten
Hier kannst du dich gründlich informieren über *Umwelt, Energie,* und *Gesundheit* – Themen, die jeden von uns direkt berühren. Was heißt eigentlich Treibhauseffekt? Wie werden Altbauten saniert? Was untersucht der Augenarzt? Diese Fragen tauchen nicht nur im Physikunterricht auf, sondern auch in anderen Fächern, wie z. B. Erdkunde, Biologie oder Chemie.

Ein Blick in …
Auf diesen Seiten wird über den Tellerrand geschaut – denn der Physik begegnest du nicht nur im Physikraum. Ein *Blick in die Natur* und ein *Blick in die Technik* verrät, wo die Physik, die ihr gerade behandelt, eine besondere Rolle spielt.
Beim *Blick in die Geschichte* erfährst du, was die Menschen früher schon über die Physik wussten und wie diese Wissenschaft langsam entstanden ist.

Aufgaben
Sie dienen nicht nur zur Wiederholung und zur Übung. Sie sollen dir ebenso helfen, mit dem Gelernten Neues zu entdecken oder Altbekanntes neu zu verstehen. Daher sind auch hier oft kleine Experimente auszuführen.

Zusammenfassung
Am Ende des Kapitels wird das Wichtigste noch einmal auf den Punkt gebracht.

Physik *plus*

Gymnasium Klasse 6
Sachsen

Herausgegeben von
Helmut F. Mikelskis und Hans-Joachim Wilke

Cornelsen
VOLK UND WISSEN

Autoren:
Prof. Dr. Klaus Liebers (Farben, Sehen und Fotografieren, Temperatur und Zustand von Körpern)
Prof. Dr. Helmut F. Mikelskis (Licht und seine Eigenschaften)
Dr. Rüdiger Schülbe (Physik – was ist das?)
Prof. Dr. Hans-Joachim Wilke (Körper, Dichte der Stoffe, Bewegungen, Wärmedämmung)
Günter Zahradnik (Physik – was ist das?)

Herausgeber:
Prof. Dr. Helmut F. Mikelskis
Prof. Dr. Hans-Joachim Wilke

Unter Planung und Mitarbeit der Verlagsredaktion
Bettina Conrad-Rosenkranz

Illustration: Roland Jäger, Karl-Heinz Wieland, Hans Wunderlich
Technische Zeichnungen: Peter Hesse
Umschlaggestaltung und Layoutkonzept: Wolfgang Lorenz
Layout: Wladimir Perlin

www.cornelsen.de

1. Auflage, 5. Druck 2010 / 06

Alle Drucke dieser Auflage sind inhaltlich unverändert
und können im Unterricht nebeneinander verwendet werden.

Druck: CS-Druck CornelsenStürtz, Berlin

ISBN 978-3-06-020646-9

Inhalt gedruckt auf säurefreiem Papier aus nachhaltiger Forstwirtschaft.

Inhalt

Physik – was ist das?

Von Zeit zu Zeit kann man am Himmel eine besonders auffällige Erscheinung beobachten – einen Kometen. Schon vor tausenden von Jahren bestaunten die Menschen diese „Schweifsterne“. Aber ihr Staunen war auch mit Ängsten verbunden, weil sie sich nicht erklären konnten, wie es zu diesen Erscheinungen kam.

Die Menschen deuteten die Kometen als Unglücksboten und Zorn der Götter, genauso wie Blitze und Donner, Stürme, Sonnen- und Mondfinsternisse oder Überschwemmungen.

Stärker als die Angst war die Neugier und der Wunsch, die Natur zu begreifen. Durch genaues Beobachten gelang es, für viele Vorgänge in der Natur Erklärungen zu finden.

Das Wort „Physik“ wurde von dem griechischen Wort für Natur „physis“ abgeleitet.

Physik ist überall

Wenn du deine Umwelt aufmerksam beobachtest, dann fallen dir viele interessante Erscheinungen auf:

Ein Blitz kann bei einem Gewitter den Nachthimmel taghell erscheinen lassen.
Wie kommt es zu Blitz und Donner?

Mit Musikinstrumenten lassen sich unterschiedliche Klänge erzeugen.
Wie kommen sie zustande?

Auf einer glatten Wasseroberfläche spiegeln sich die Bäume und Berge.
Wie entstehen diese Spiegelbilder?

Dieser Ballon steigt nur durch heiße Luft auf. Wie ist das möglich?

Auf dem Wasser schwimmt ein großes Schiff aus schwerem Stahl.
Warum geht es nicht unter?

Auf alle diese Fragen kann dir die Physik eine Antwort geben. Die Physik ist die Naturwissenschaft, die Erscheinungen und Vorgänge in der Natur beschreibt und erforscht. Viele Ergebnisse werden in der Technik angewandt. Andererseits sind technische Geräte die Voraussetzung für viele physikalische Entdeckungen.

Die Physik wird in folgende Teilgebiete gegliedert:

Die **Wärmelehre** beschäftigt sich mit der **Wärme** und mit der **Temperatur**.

Die **Optik** handelt vom **Licht** und vom **Sehen**.

In der **Mechanik** werden **Bewegungen und Kräfte** sowie die **Eigenschaften von Körpern** untersucht.

Die **Elektrizitätslehre** handelt von **elektrischen Ladungen** und vom **elektrischen Strom**.

In der **Atom- und Kernphysik** werden die **kleinsten Teilchen der Materie** untersucht.

Das Experiment – eine Frage an die Natur

Über Winter hat das Passagierschiff im Trockendock gelegen. Im Frühjahr wird es – mit einem neuen Farbanstrich versehen – wieder ins Wasser gelassen (Bild 1). Beim Eintauchen kann man beobachten, wie das Schiff Wasser verdrängt. Dadurch steigt der Wasserspiegel im See ein wenig an. Das kann man jedoch nur schlecht erkennen.
Um einen solchen Vorgang wie die Verdrängung einer Flüssigkeit genauer zu untersuchen, führen die Physiker Experimente durch. Anstelle des Stausees würden sie einen Messzylinder mit Wasser verwenden und statt des Schiffes einen kleinen festen Körper.

1

„Der Ausgangspunkt der Physik ist die Naturbeobachtung. Die wichtigste Methode, um Erkenntnisse zu gewinnen, ist in der Physik das Experiment. Experimente sind Fragen an die Natur.“

Bei einem Experiment werden Vorgänge in der Natur unter vereinfachten und genau festgelegten Bedingungen nachvollzogen. Dazu ist es notwendig, das Experiment sorgfältig zu planen. Die gewissenhafte Beobachtung und Beschreibung der Erscheinungen sind Voraussetzungen für das Erkennen von Zusammenhängen in der Natur. Beim Beobachten muss man Wesentliches von Unwesentlichem unterscheiden. Beobachten heißt nicht nur sehen, sondern auch hören, riechen und fühlen. Beim Beschreiben wird der beobachtete physikalische Sachverhalt in geordneter Folge dargestellt. In vielen Fällen reicht die Beobachtung allein nicht aus, um Zusammenhänge zu untersuchen. Dann müssen auch Messungen durchgeführt werden. Die Auswertung des Experiments gibt eine Antwort auf die Frage an die Natur.

2

Betrachte dich in der hohlen Seite eines Löffels. Drehe den Löffel um und betrachte dich in der gewölbten Seite.
Was siehst du?

Führe die folgenden Experimente durch, beobachte und beschreibe!

3

Schreibe deinen Namen auf einen Zettel und versuche ihn mithilfe eines Spiegels zu lesen.
Was stellst du fest?

Ziehe über eine leere Flasche einen Luftballon. Stelle die Flasche zunächst auf einen Heizkörper und anschließend in den Kühlschrank.
Was beobachtest du?

4

5

Fülle eine Flasche halbvoll mit Wasser und blase zunächst schwach und anschließend kräftig über die Öffnung. Wiederhole es mit einer anderen Flüssigkeitsmenge.
Was hörst du?

Licht und seine Eigenschaften

Licht und Dunkelheit bestimmen unsere Orientierung in der Welt. Das Licht der Sonne ermöglicht das Leben auf der Erde. Ohne das Sonnenlicht könnten keine Pflanzen wachsen.
Trifft Licht auf Hindernisse, so können Schatten entstehen.
Riesige Schatten im Weltraum führen zu den Sonnen- und Mondfinsternissen.
In vielen optischen Geräten finden wir Linsen, die eine Abbildung ermöglichen.

Ausbreitung des Lichtes

1

Ein Raum mit Kerzenlicht wirkt auf uns anders als ein Raum, der in hellem Lampenlicht erstrahlt. Mit Licht lassen sich erstaunliche Effekte erzielen. Das hast du im Theater und in Shows schon erlebt.
Ein Rockkonzert von vor 30 Jahren unterscheidet sich von einem Auftritt einer Band heute in drei Dingen: der Musik, der Lautstärke und im Einsatz von Licht. Gesteuert von Computern und gekoppelt an den Sound wird ein wahres Licht-Feuerwerk erzeugt.

Bedeutung des Lichtes für uns Menschen

Ohne Licht wäre die Erde tot und leer. Licht und Leben gehören zusammen. Die völlige Finsternis in den Tiefen des Ozeans oder in Erdhöhlen ermöglicht kaum Leben.
Die Menschen fürchten sich im Dunkeln. Sie sehnen sich nach dem Licht.
Das zeigt sich besonders deutlich, wenn man sich einmal in das absolute Dunkel begibt.

Gehen wir doch einfach in den Keller! Zunächst ist es dort auch völlig dunkel. Aber schon nach kurzer Zeit scheint überall Licht. Durch Türritzen und Fensterschächte dämmert es. Wenn es gelingt, alle diese Stellen abzudichten, haben wir die absolute Dunkelheit.

Wer sich dort einmal einige Zeit aufgehalten hat, erzählt von Orientierungslosigkeit, Beklemmungen und vom Wichtigwerden der Geräusche.
Es lohnt sich auch, über diese Erfahrungen mit blinden Menschen zu sprechen.

Nun haben wir die Finsternis kennengelernt. Wie ist es aber mit dem Licht? Sobald wir überhaupt irgendetwas sehen, ist Licht im Spiel.
Licht hat für uns Menschen eine große Bedeutung. Es beeinflusst unsere Gefühle. Die dunklen Dezembertage erzeugen bei uns andere Stimmungen als helle Juniabende.
Die Menschen weit im Norden Europas haben ein anderes Verhältnis zu Tag und Nacht und zum Licht als zum Beispiel die Mittelmeerbewohner. So gestalten sie auch ihre Häuser in anderen Farben (Bilder 2 und 3).

2

Weiße Stadt in Griechenland

3

Bunte Stadt in Norwegen

Lichtquellen und beleuchtete Körper

Als die Bürger von Schilda ein neues Rathaus erbauten, vergaßen sie den Einbau von Fenstern. Im Rathaussaal war es stockdunkel. Was tun? – Der Schneider hatte die richtige Idee, so glaubten jedenfalls die Bürger von Schilda: „Lasst uns das Sonnenlicht in Säcke füllen und in das Rathaus tragen!" Fast alle Dinge des täglichen Lebens lassen sich sammeln und in Kisten oder Säcke füllen, selbst die unsichtbare Luft. Aber das Licht ist immer „sofort weg", sobald die Lampe ausgeschaltet wird. Die Bürger von Schilda brauchen also entweder Lampen oder sie müssen doch noch Fenster in ihr Rathaus einbauen.

1

Sonne und Mond beleuchten unsere Erde. Worin besteht der Unterschied? Selbst bei Vollmond fällt es dir schwer, ein Buch zu lesen, weil es zu dunkel ist. Die Sonne ist viel heller. Aber es gibt noch einen weiteren Unterschied: Die Sonne leuchtet selbst. Sie ist die größte und wichtigste Lichtquelle für uns Menschen. Der Mond hingegen leuchtet nicht selbst. Er wird von der Sonne beleuchtet. Deshalb erscheint er uns hell. Der Mond täuscht uns also bloß vor, er sei eine Lichtquelle. Ohne die Sonne wäre er für uns unsichtbar.

2

Die Sonne leuchtet.

3

Der Mond wird beleuchtet.

Ebenso ist es in einem ganz dunklen Raum. Dort können wir nichts sehen. Schaltet man aber eine Beleuchtung ein, so sieht man nicht nur die Lichtquelle. Man sieht auch alle Gegenstände im Raum, weil sie nun beleuchtet werden.

Körper, die von selbst Licht aussenden, also selbstleuchtende Körper, nennt man Lichtquellen. Alle anderen Körper, die man sieht, nennt man beleuchtete Körper.

Die beleuchteten Körper erscheinen unterschiedlich hell. Das liegt sicher zum einen daran, wie stark sie von der Lichtquelle beleuchtet werden. Aber auch gleich stark beleuchtete Gegenstände erscheinen unterschiedlich hell. Das Licht der Lichtquelle trifft auf die Gegenstände und gelangt von dort in unsere Augen. Manche Gegenstände werfen das Licht besser zurück als andere. Räume mit weißen Wänden wirken bei gleichen Lichtquellen viel heller, als solche mit dunkler Tapete. Weiße Gegenstände werfen Licht besser zurück als dunkle. Zur besseren Verkehrssicherheit sollten Fußgänger und Radfahrer helle Kleidung tragen und am Körper und Fahrrad Reflektoren. Sie werfen das Licht der Autoscheinwerfer besser zurück (Bild 1).

1

Man unterscheidet natürliche und künstliche Lichtquellen. Neben der Sonne gibt es in der Natur noch Lichtquellen wie Blitze, Sterne oder glühende Lava aus Vulkanen. Offenes Feuer war über Jahrtausende die einzige künstliche Lichtquelle der Menschen. Zunächst gab es Fackeln, Öllampen und Kerzen; später Petroleum- und Gaslampen. Mit der Nutzung der Elektrizität wurden Glühlampen und Leuchtstofflampen zu selbstverständlichen Alltagsgegenständen.

2

Von Lichtbündeln zum Modell der Lichtstrahlen

Schmale Lichtbündel finden wir manchmal in der Natur (siehe Bild Seite 9), wir können sie aber sehr einfach künstlich herstellen (Bild 3).

3

EXPERIMENT 1
Stelle einen Kasten mit vielen nageldicken Löchern über eine Glühlampe. Sorge für genügenden Abstand zwischen Lampe und Kasten. Schüttle nun etwas Kreidestaub über den Kasten oder erzeuge Rauch mit einer Imkerpfeife!

In einem dunklen Raum siehst du zunächst nur die hellen Löcher und helle Punkte an Decke und Wänden.

Mit Staub oder Rauch in der Luft erscheinen viele geradlinige Lichtbündel. Die Beobachtungen in der Natur und das Experiment zeigen:

Licht breitet sich geradlinig aus.

Dieses Ergebnis kannst du auch anders überprüfen. Jeden kleinen Gegenstand, den du im Zimmer betrachtest, kannst du dir durch ein dünnes gerades Rohr ansehen, z. B. eine Kerzenflamme. Das Licht erreicht dein Auge nicht, wenn das Rohr gebogen ist.

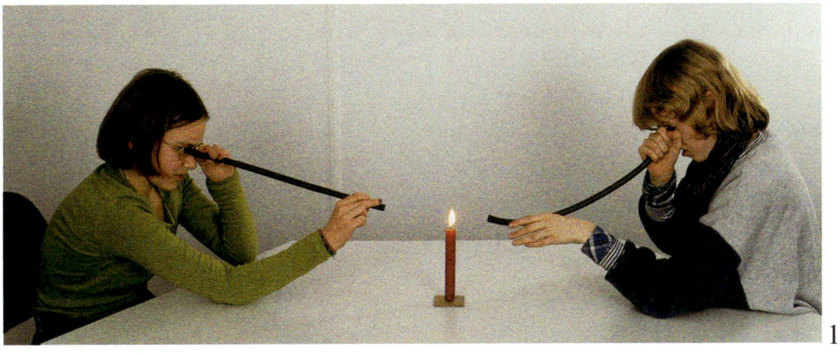
1

Man kann jede Glühlampe zum Erzeugen eines schmalen Lichtbündels verwenden. Dazu setzt man eine Lochblende davor. Eine solche Blende blendet einen Teil des Lampenlichtes aus. Je nach ihrer Form nennt man sie Loch- oder Spaltblende. Benutzt man in der Schule zum Experimentieren eine Heftleuchte, so verwendet man dort eine Spaltblende (Bild 2). Man stellt ein Lichtbündel dar, indem man seine beiden seitlichen Begrenzungen durch zwei Geraden zeichnet (Bilder 3 und 4). Beim Zeichnen sehr schmaler paralleler Lichtbündel genügt eine einzige gerade Linie (Bild 5).

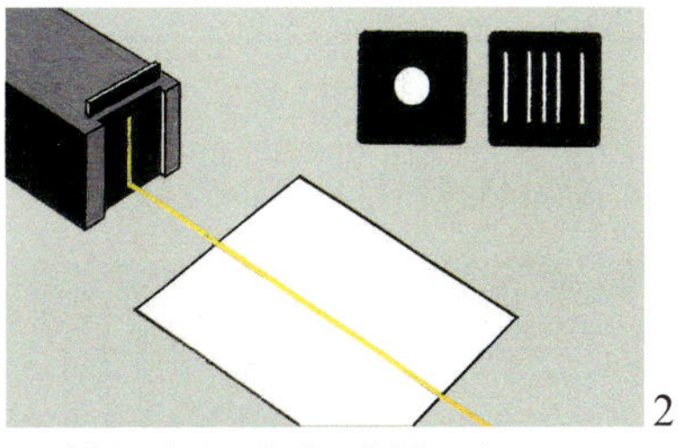
2 Heftleuchte mit Spaltblende

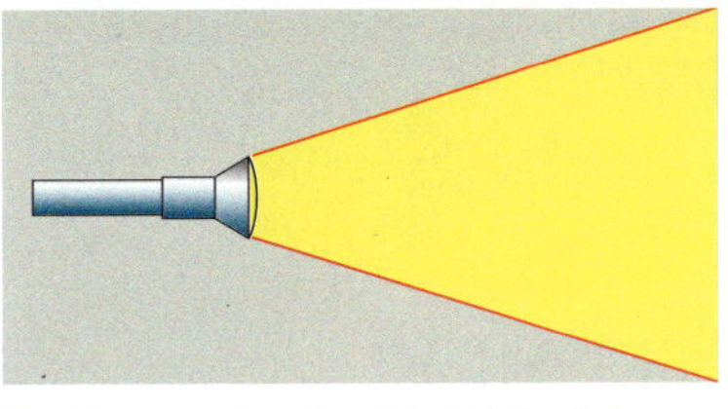
3 Breiter werdendes Lichtbündel

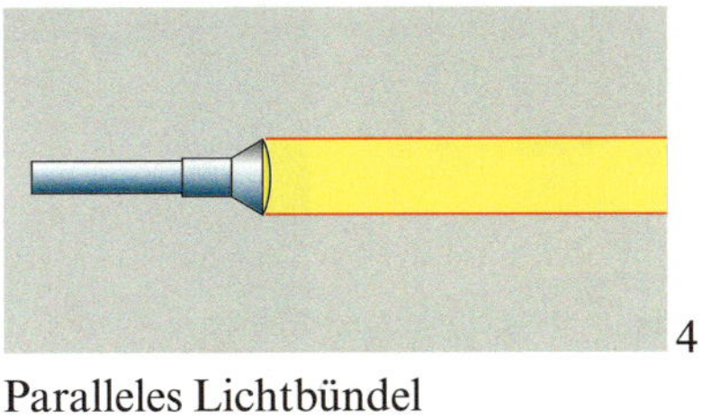
4 Paralleles Lichtbündel

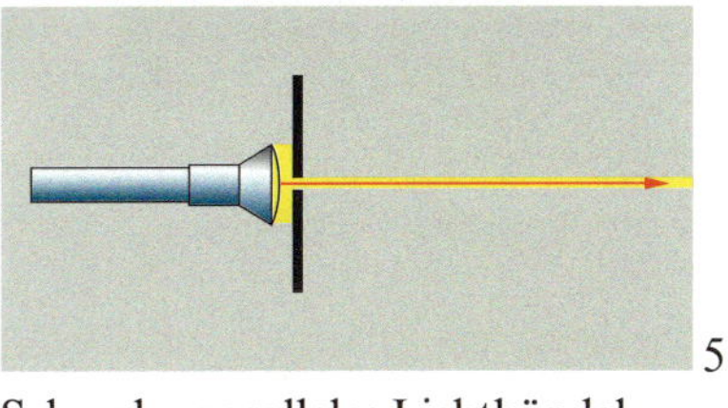
5 Schmales paralleles Lichtbündel

Gerade Linien, die von einem Punkt ausgehen, nennt man in der Geometrie Strahlen. So erklärt sich auch, dass in der Physik das Wort Lichtstrahl verwendet wird.

Den Verlauf von Lichtbündeln stellt man durch Strahlen dar.

Die Lichtstrahlen sind eine Vereinfachung, um die Ausbreitung des Lichtes darzustellen. Solche Vereinfachungen werden in der Physik häufig verwendet, man nennt sie *Modelle*. In der Optik benutzt man also das *Modell Lichtstrahl*.

1

2

Die Lampe (Bild 1) sendet Licht in alle Richtungen aus. Man kann die Lampe sehen, wenn Licht ins Auge gelangt. Bei Hans zeichnet man einen Lichtstrahl von der Lampe zum Auge. Tina kann die Lampe nicht sehen. Es fällt kein Lichtstrahl in ihr Auge. Auch die Sichtbarkeit beleuchteter Körper, wie eine Vase, lässt sich mit Lichtstrahlen darstellen (Bild 2).

Mithilfe des Modells Lichtstrahl lassen sich grundlegende Phänomene der Optik darstellen. Licht besteht aber nicht aus Strahlen.

Licht und Schatten

3

4

An einem sonnigen Sommertag begibt man sich zum Lesen gerne in den Schatten (Bild 3). Dort ist es nicht so hell, weil die Sonnenstrahlung dort nicht hinkommt. Die Sonne kann mich nicht „sehen". Und ich kann aus dem Schatten die Sonne nicht sehen. Außerdem ist es dort kühler. Schatten entsteht hinter einem Gegenstand, man sagt in der Physik: Körper, der kein Licht hindurchlässt. Eine lichtdurchlässige Glasscheibe, wie etwa eine Terrassentür, kann keinen Schatten erzeugen (Bild 4).

Schatten entstehen hinter beleuchteten lichtundurchlässigen Körpern.

Durch Glasscheiben kann das Licht „ungehindert“ ins Haus kommen. – Aber stimmt das wirklich?

EXPERIMENT 2
Besorge dir einige kleine flache Glasscheiben. Halte zunächst eine, dann zwei, drei usw. Scheiben in das Licht der Sonne oder einer Lampe, sodass der „Schatten“ der Scheiben auf einer weißen Wand erscheint.
Sieh dir die Schatten genau an und vergleiche mit der Wand daneben und mit dem Schatten deiner Hand.

1

Obwohl man durch eine gut geputzte Glasscheibe hindurch sehen kann als wäre sie gar nicht vorhanden, so wirft sie doch einen erkennbaren „Schatten“. Nicht alles Licht erreicht durch die Scheibe die Wand. Und je mehr Scheiben vor die Wand gehalten werden, desto dunkler ist der „Schatten“. Der Rest des Lichtes wird von den Scheiben zurückgeworfen, man sagt: *reflektiert*.
Die Bilder 2 und 3 zeigen Schatten einer verspiegelten Sonnenbrille.

2

3

Trifft das Licht auf die verspiegelte Seite, so ist der Schatten fast so dunkel wie der Schatten einer Hand (Bild 2). Trifft das Licht auf die unverspiegelte Seite der Brillengläser, ist der Schatten heller (Bild 3). Aber etwas Licht durchdringt die Brille noch. Für das Sehen reicht dies aus: Der Brillenträger sieht seine Umgebung zwar dunkler aber meist deutlich genug. Auch gewöhnliche Sonnenbrillen lassen nicht alles auftreffende Licht hindurch. Ein Teil des Lichtes wird auch hier an der Oberfläche reflektiert, ein anderer Teil wird vom getönten Glas verschluckt, man sagt: *absorbiert*.

Wenn Licht auf einen Gegenstand trifft, wird es von ihm mehr oder weniger durchgelassen, reflektiert oder absorbiert.

Schatten übersieht man häufig auf den ersten Blick. Sie scheinen nur nutzlose Anhängsel einer Welt des Lichts, der Farben und des Glanzes der Gegenstände zu sein. „Wo Licht ist, ist immer auch Schatten.“ Das drückt etwas über Gut und Böse unserer Welt aus. Da kommt der Schatten nicht gut weg. Die Schattenwelt galt als das Reich der Toten.

Der Dichter ADALBERT VON CHAMISSO erzählt von Peter Schlemihl, der versuchte, seinen Schatten zu verkaufen. Schattenlos fühlte er sich dann auch heimatlos und von der menschlichen Gemeinschaft ausgeschlossen. Jeder Raum, jede Landschaft, jeder Mensch, wie sähe all das aus – ohne Schatten? Dumpf, leer und tot.

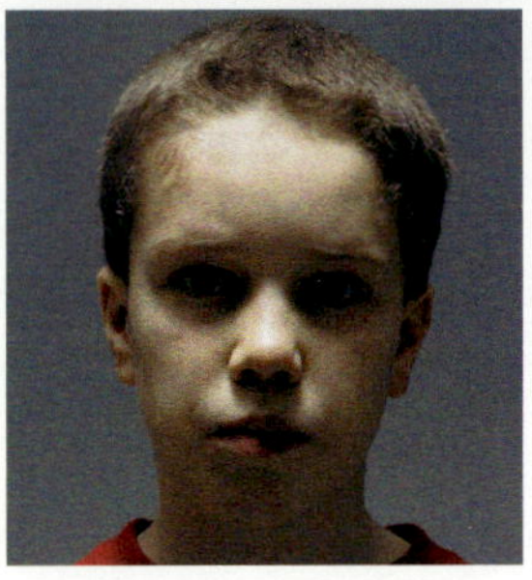
1

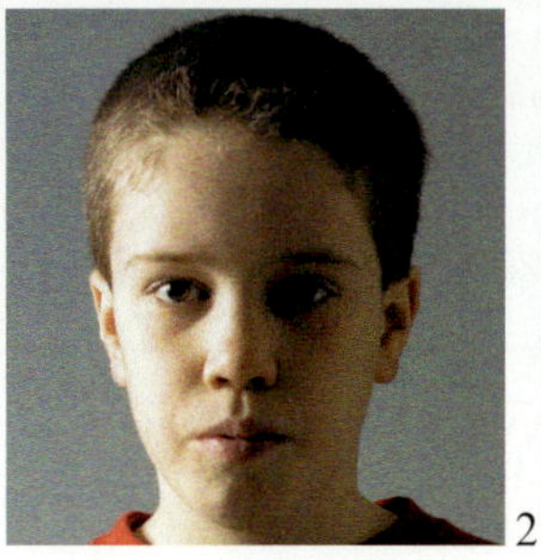
2

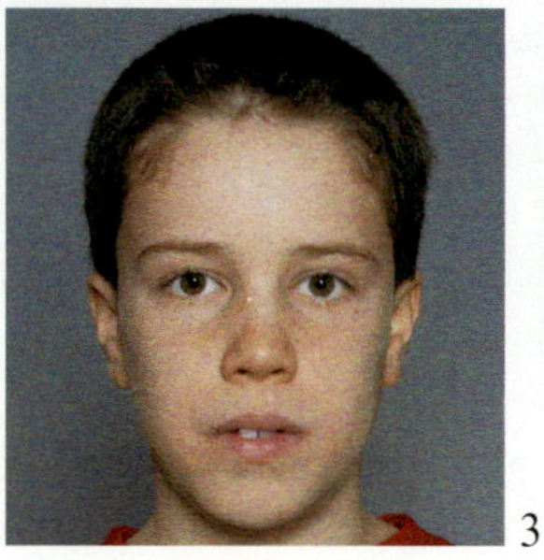
3

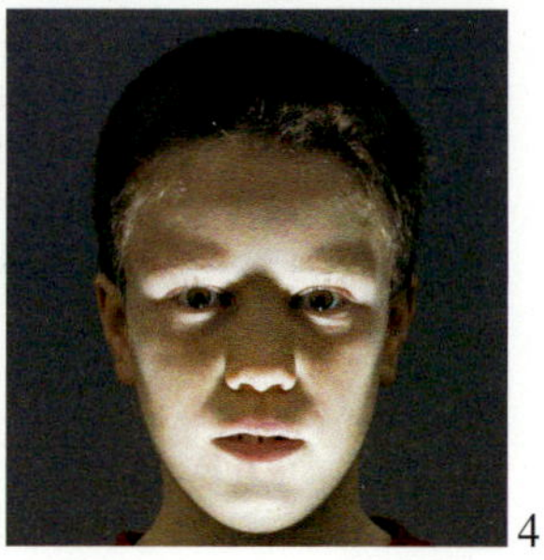
4

Auch in unserem Gesicht haben wir Schatten. Wenn man die „Formen" des eigenen Gesichts als Schattenerzeuger verwendet, so wird deutlich, welche Stimmungen Licht und Schatten hervorrufen können. Bild 1 zeigt ein von oben beleuchtetes Gesicht, es entspricht der Helligkeit im Freien (oder in Räumen mit Deckenbeleuchtung). Haare, Stirn, Nasenrücken und Wangen sind hell und sehen wach aus. Bei Tage herrscht in Räumen durch Fenster oft seitliche Beleuchtung (Bild 2). Man nutzt diesen, das Profil hervorhebenden Licht-Schatten-Effekt, häufig bei Porträtfotos. Beleuchtet man ein Gesicht direkt von vorne (Bild 3), so wirkt es flach. Die Beleuchtung von unten (Bild 4) hingegen ist uns sehr fremd, sie erscheint gruselig. So ein „Lagerfeuergesicht" erlebt man im Alltag selten.

Du weißt, dass man ohne Licht nichts sehen kann. – Heißt das umgekehrt: Je mehr Licht auf einen Körper fällt, desto besser können wir ihn sehen?

5

6

EXPERIMENT 3

1. Eine weiße Kugel und ein weißer Würfel werden vor einem hellen Hintergrund schräg von einer Seite beleuchtet.
2. Die Körper werden zusätzlich mit weiteren Lampen von anderen Seiten beleuchtet. Beschreibe den Unterschied!

Werden im Experiment 3 noch mehr Lampen eingeschaltet, die die Körper auch von oben und von unten beleuchten, so gelingt es, die Körper fast „verschwinden" zu lassen. Die *Kontraste*, also die Helligkeitsunterschiede, sind dann kaum noch wahrnehmbar.
Bei einfarbigen Körpern wie diesen entstehen die Kontraste durch Schattenbildung. So kann man sagen: Zum Sehen braucht man Licht und Schatten.

Wie kann man nun die Entstehung und die Eigenschaften von Schatten genauer untersuchen?

EXPERIMENT 4

Stelle ein Stück Pappe (20 cm × 20 cm) etwa 1 m von einer weißen Wand entfernt auf und beleuchte sie aus etwa 1 m Abstand mit einer kleinen Leuchte (Halogenspot oder Kerze)!

1. Untersuche die Grenze des Schattenraumes: Spanne hierzu ein Band von einer Ecke des Quadrates zu deren Schattenbild!
2. Bewege die Leuchte (bzw. die Pappe) und ermittle die Größe des Schattens im Vergleich zur Pappe. Wie groß kann der Schatten an der Wand höchstens werden? Wie groß ist er mindestens?

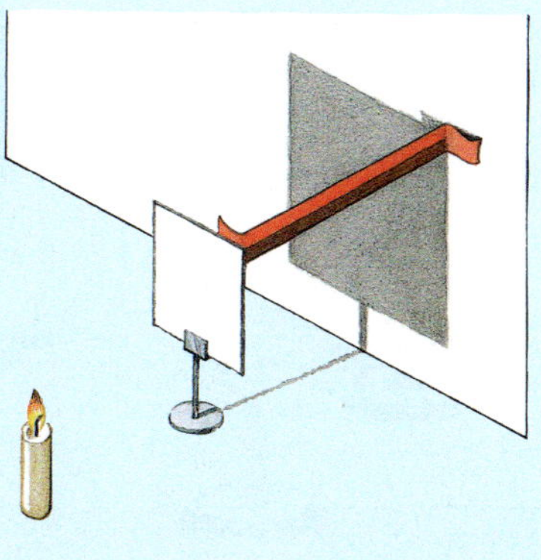

1

Wenn man ein breites Band von der Ecke zu deren Schattenbild spannt, kann dieses auf der ganzen Länge zur Hälfte noch beleuchtet und zur Hälfte bereits im Schatten sein. Auf dem gespannten Band ist also die Grenze zwischen Schattenraum und beleuchtetem Raum zu erkennen.

Zwischen jedem Punkt auf dem Rand der Pappe und dem zugehörigen Schattenpunkt auf der Wand könnte ein dünner Faden gespannt werden. Hier wird das Strahlenmodell mit den Fäden veranschaulicht.

In Bild 2 sind die Grenzen des Schattenraumes geradlinig in Richtung der Leuchte verlängert worden. Sie treffen sich alle am Ort der kleinen Leuchte.

Daran wird deutlich, dass sich das Licht geradlinig ausbreitet.

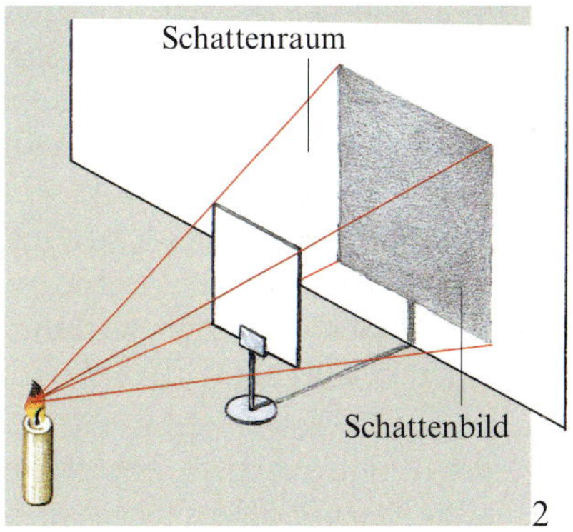

2

Wird ein undurchsichtiger Körper von einer Lichtquelle beleuchtet, so gibt es hinter dem Körper ein Gebiet, in das kein Licht der Quelle eindringt. Dieses Gebiet heißt Schattenraum.
Das Licht breitet sich geradlinig aus. Daher ist auch der Schattenraum geradlinig begrenzt.
Auf dem Schirm hinter dem Körper entsteht ein Schattenbild.

Die geradlinige Lichtausbreitung ist auch der Grund dafür, dass ein Schatten seine Größe verändert, wenn der Abstand zwischen Lichtquelle und Schattengeber verändert wird. Das Licht kann nur auf geradem Weg von der Lichtquelle zum Schirm gelangen. Wo es nicht hingelangt, entsteht ein Schatten.

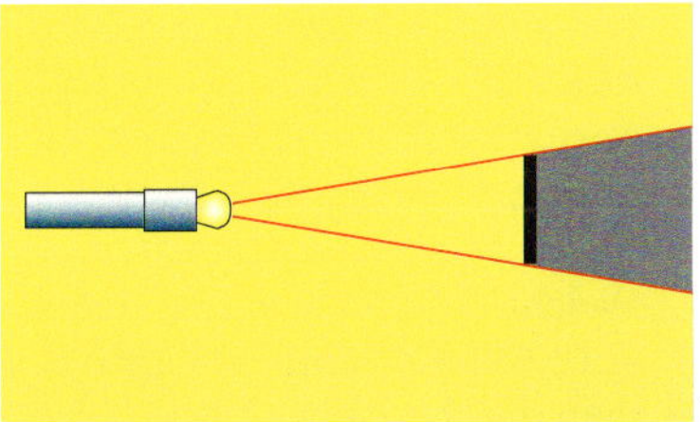

3

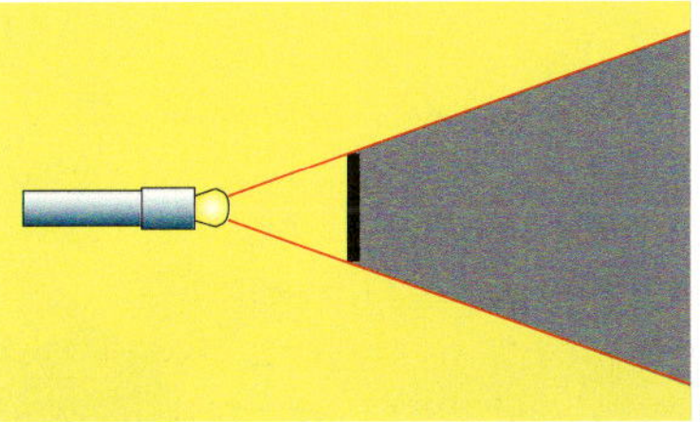

4

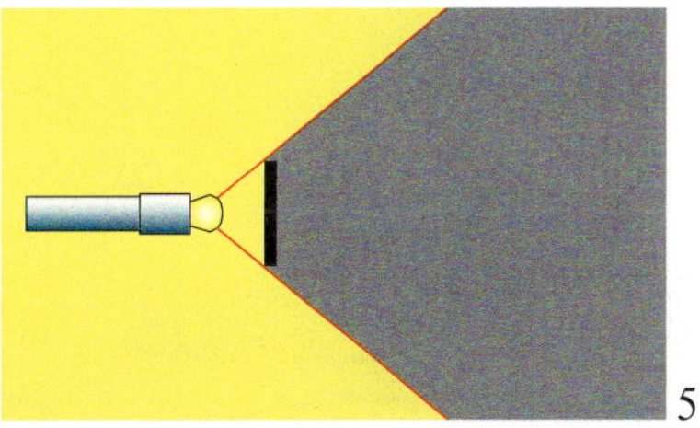

5

Anwendung des Strahlenmodells bei der Entstehung von Schatten

Was passiert, wenn ein Körper, z. B. eine Spielkarte, von zwei Kerzen beleuchtet wird?

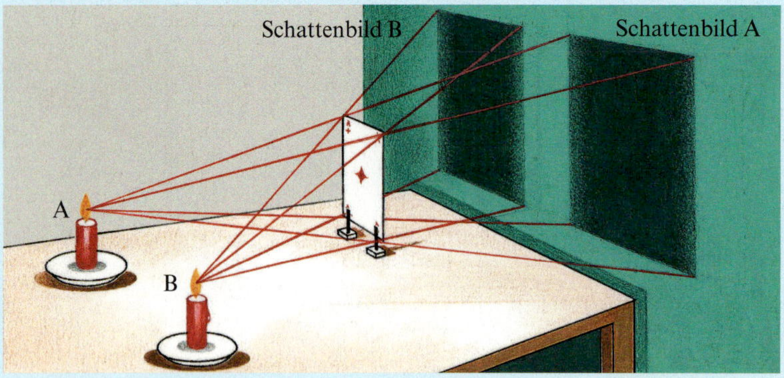

1

EXPERIMENT 5
Stelle zwei Kerzen vor einer Spielkarte auf. Du erhältst zwei Schattenbilder von der Karte.
Verdecke nun eine Kerze. Was passiert mit den Schattenbildern? Verändere jetzt den Abstand zwischen den Kerzen. Was geschieht mit den Schatten? Versuche nun zu erreichen, dass sich die beiden Schattenbilder überlappen!

Wenn sich die beiden Schattenbilder der Spielkarte überlappen, erkennst du, dass das gemeinsame Schattenbild nicht überall gleich dunkel ist. Stelle dir vor, du befindest dich im Schattenraum hinter der Spielkarte (Bild 2). Wenn du von dort aus weder Kerze A noch Kerze B siehst, muss es dort sehr dunkel sein. Siehst du jedoch eine der Kerzen, ist es dort schon heller. Und wenn du beide siehst, bist du im hellsten Bereich (siehe dazu auch Experiment 5).
Für den Schatten, der entsteht, wenn ein Körper von zwei Lichtquellen beleuchtet wird, verwendet man folgende Bezeichnungen:

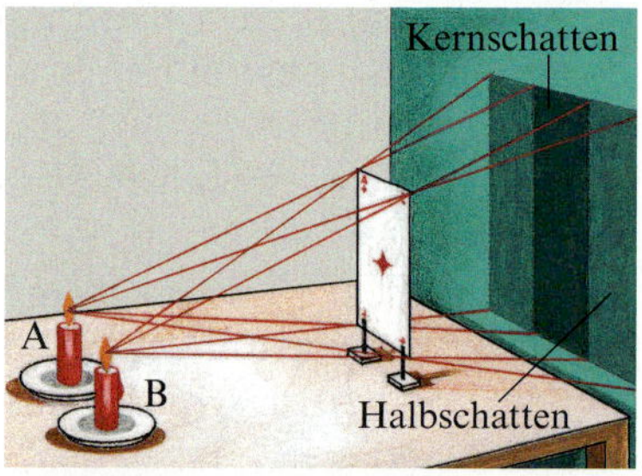

2

> Der Raum, der von keiner der beiden Lichtquellen beleuchtet wird, heißt Kernschatten. Der Raum, in den nur das Licht einer Lichtquelle gelangt, heißt Halbschatten.

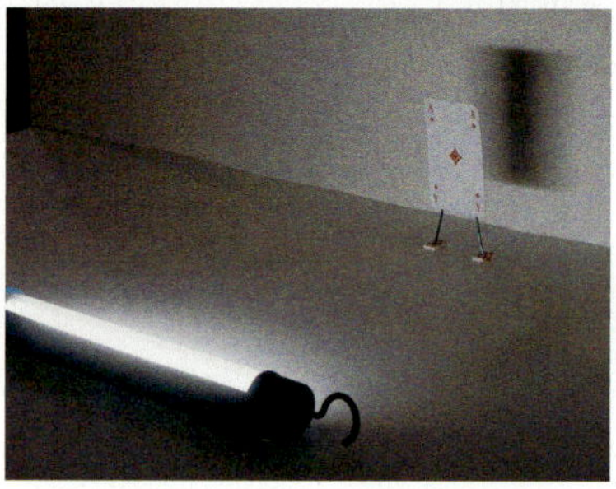
3

In den Experimenten wurden sehr kleine Lichtquellen verwendet. Dadurch entstanden Schattenbilder mit ziemlich scharfen Rändern. Nimmt man aber eine ausgedehnte Lichtquelle, etwa eine lange Leuchtstofflampe, erhält man ein unscharfes Schattenbild (Bild 3).
Bisher wurden die Schatten als Bilder auf einer Leinwand oder einen Schirm betrachtet und untersucht. Eine andere Perspektive bietet der Blick von hinten durch die Leinwand.

4

EXPERIMENT 6
1. Schaue durch kleine Löcher bei A, B, C, D und E im Schirm von hinten in Richtung der beiden Kerzen. Was siehst du jeweils? Beschreibe!
2. Verwende nun eine kleine rote und eine kleine grüne Lampe und untersuche die Schatten. Welche Art von Schatten treten auf? Welche Lampen sieht man durch welches Loch?

Mondphasen

Der Mond am Himmel hat viele Gesichter. Manchmal ist er rund und voll, manchmal eine Sichel. Der Mond durchläuft verschiedene Phasen. Um herauszufinden, wie sich das Aussehen verändert, lohnt sich eine längere Beobachtung. Allerdings dürfen nicht zu viele Wolken am Himmel sein. Bild 2 zeigt eine Beobachtung vom sich vergrößernden sichtbaren Mond bis zum Vollmond. Bild 3 zeigt die sich verkleinernde Mondsichel bis zum Neumond. Bei schmalen Mondsicheln kannst du den zunehmenden Mond am frühen Abend, den abnehmenden Mond am frühen Morgen beobachten.

1

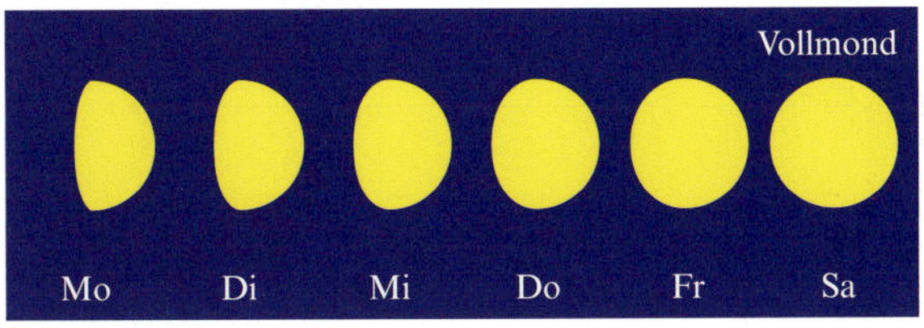

2

3

In vielen Kalendern steht, wann der Mond aufgeht und wann er untergeht. Auch sind dort die Mondphasen eingetragen. Es dauert knapp einen Monat, bis eine bestimmte Mondphase wiederkehrt. Etwa alle 29,5 Tage gibt es einen Vollmond. Aber warum sieht der Mond mal so und mal so aus?

4

5

Die Sonne beleuchtet den Mond. Von der Erde aus sehen wir einen Teil seiner beleuchteten Halbkugel. Hält man einen Ball „in die Nähe" des Mondes, so erkennt man auf ihm eine ähnliche Schattengrenze (Bild 4). Zum Vergleich kann man den Standort wechseln: Die beleuchtete Hälfte des Balles sieht der Betrachter vollständig, wenn er die Sonne im Rücken hat. Der Ball erscheint als Vollmond (Bild 5). Umgekehrt sieht er auf die unbeleuchtete Seite, wenn der Ball „in die Nähe" der Sonne gehalten wird. Dann zeigt der Ball Neumond.

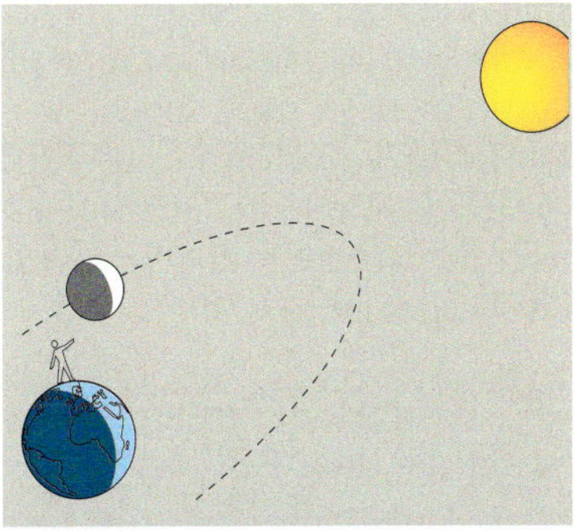
6

Die Sonne beleuchtet Erde und Mond in gleicher Weise.

Der Mond ist stets von der Sonne zur einen Hälfte beleuchtet. Je nachdem, wie Mond und Sonne gerade zueinander stehen, sehen wir unterschiedlich viel von dieser beleuchteten Hälfte.

Mond- und Sonnenfinsternisse

Normalerweise stehen Erde und Mond so zueinander, dass beide von der Sonne beleuchtet werden. Dann können wir die gewöhnlichen Mondphasen beobachten, die auf die Beleuchtung des Mondes durch die Sonne zurückzuführen sind.
Bei den so genannten Finsternissen wird aber wichtig, dass es im Weltraum hinter Erde und Mond lange Schattenräume gibt.

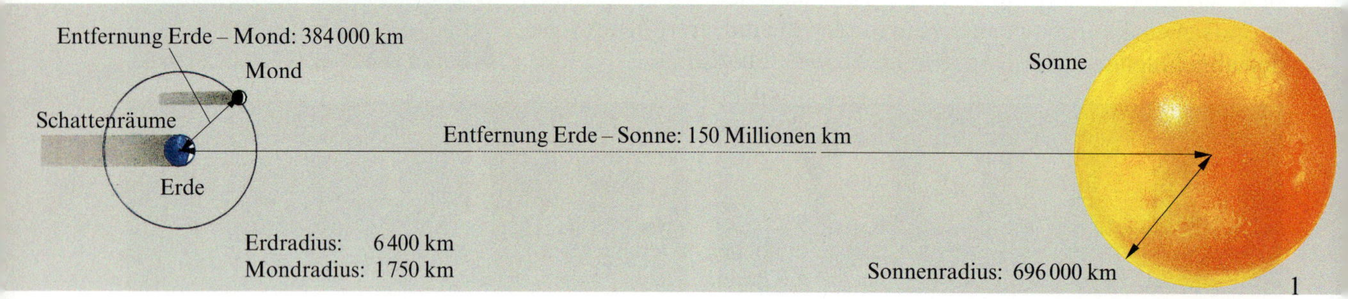

1

Mondfinsternis. Wenn der Mond durch den Schattenraum der Erde wandert, können wir nachts eine Mondfinsternis beobachten. Das geht nur bei Vollmond (Bild 2).
Man kann aber nicht jeden Monat bei Vollmond eine Mondfinsternis sehen, weil die Bahn des Mondes um die Erde und die Bahn der Erde um die Sonne nicht genau in einer Ebene liegen. So kommt es nur selten und unregelmäßig zu einer Mondfinsternis. Sie ist von der gesamten Nachthalbkugel der Erde aus zu sehen.
Die Termine für die nächsten totalen bzw. partiellen Mondfinsternisse, die man in Mitteleuropa sehen kann, findet ihr leicht im Internet.

2

Sonnenfinsternis. Trifft der Schattenraum des Mondes auf die Erdoberfläche, so entsteht eine Sonnenfinsternis (Bild 3). Das Schattenbild des Mondes auf der Erde ist aber nicht einmal so groß wie Sachsen. Damit es überhaupt zu einer Sonnenfinsternis kommen kann, muss sich der Mond genau auf einer Linie zwischen Erde und Sonne befinden. Auch dies tritt nur ungefähr zweimal im Jahr auf, weil die Bahnebenen von Mond und Erde gegeneinander geneigt sind. Da aber nur relativ kleine Gebiete der Erde in den Schattenraum des Mondes geraten, sind Sonnenfinsternisse an einem bestimmten Ort sehr selten.
Die letzte Sonnenfinsternis, bei der der Mond die Sonne vollständig verdeckte, war in Teilen von Deutschland am 11.8.1999 zu beobachten; die nächste totale Sonnenfinsternis sieht man in Deutschland erst wieder am 3. 9. 2081.

3

Bei einer Mondfinsternis befindet sich der Mond im Schattenraum der Erde. Bei einer Sonnenfinsternis befindet sich der Mond zwischen Sonne und Erde. Dann ist ein kleiner Teil der Erdoberfläche im Schattenraum des Mondes.

Sonnenuhr

Die Menschen haben vor über 4 000 Jahren die Sonnenuhr als eines der ersten Zeitmessgeräte erfunden. Man erkannte, wie die Schatten von Personen oder Bäumen im Laufe des Tages Länge und Richtung änderten. Den Schatten, den die Sonne von einem Stab erzeugte, kennzeichnete man durch Markierungen. Daraus konnten nun Tages- und Jahreszeiten abgelesen werden.
An Hauswänden, die nach Süden gerichtetet sind, finden wir gelegentlich sehr alte Sonnenuhren (Bild 1). Das Uhrzifferblatt besteht aus einem Halbkreis, bei dem die 12 genau unten liegt. Der Eisenstab verläuft in einem bestimmten Winkel zur Hauswand. Sein Schatten zeigt die Uhrzeit an.

1

Sonnenuhr in Marienthal

AUFTRAG
Baue dir aus einem Brett und einem Stab eine einfache Sonnenuhr!
Lege das Brett flach auf den Boden und bringe darauf senkrecht einen Stab an. An einem sonnigen Tag kannst du die Sonnenuhr mithilfe einer Uhr einstellen, indem du jede volle Stunde einen Strich ziehst (Bild 2).
So kannst du in den nächsten Tagen die Uhrzeit an deiner Sonnenuhr ablesen.

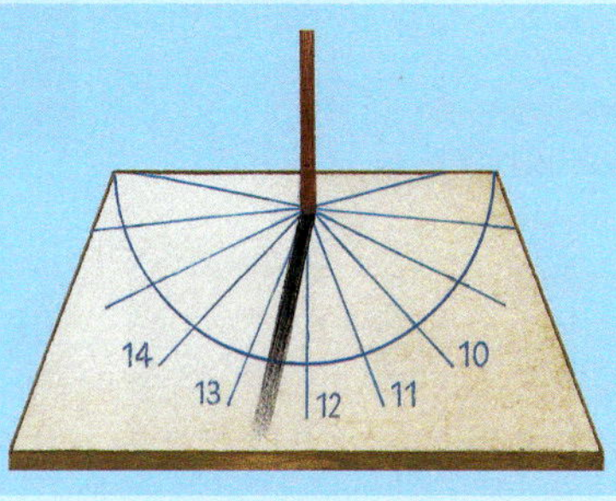

2

Nach etwa einer Woche wird deine Sonnenuhr jedoch ungenau. Das hängt damit zusammen, dass der Stab nicht parallel zur Erdachse (um die sich die Erde dreht) steht.
Wenn aber der Stab in die gleiche Richtung zeigt wie die Erdachse, geht deine Sonnenuhr genauer. Dies erreichst du, indem du den Stab nach Norden neigst. Der Winkel zwischen Stab und Grundfläche muss der geografischen Breite (Bild 3) deines Standortes entsprechen. Auch bei einer vertikalen Sonnenuhr wie in Bild 1 muss der Schattenstab parallel zur Erdachse stehen.
Eine Sonnenuhr kannst du auch einfach aus Pappe herstellen wie in Bild 4. Sie ist für Sachsen entworfen und muss mit einem Kompass genau nach Norden ausgerichtet werden.

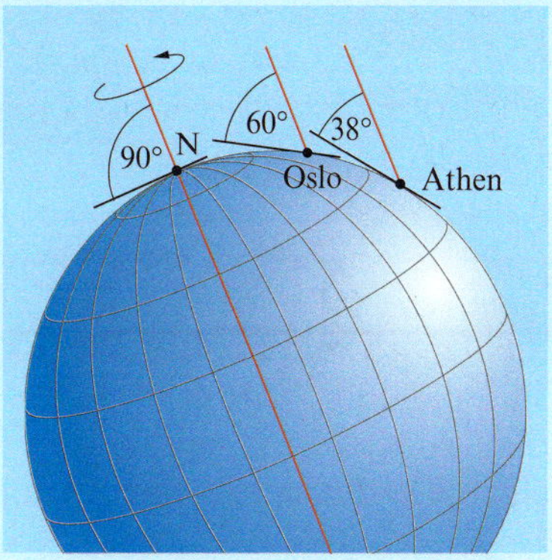

3

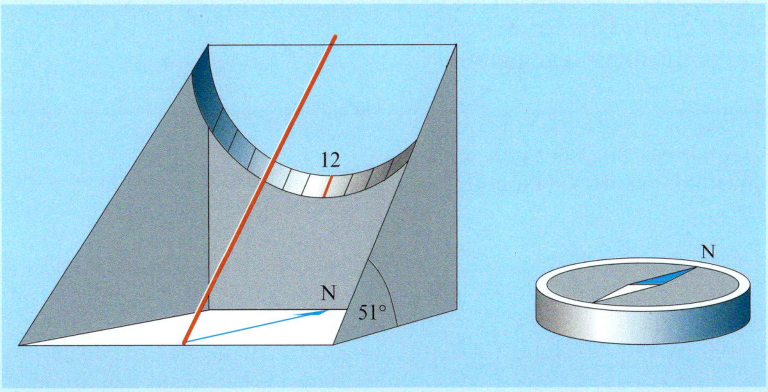

4

Sonnenuhr für Sachsen

Einige geografische Breiten in Europa

Oslo, St. Petersburg	60°
Glasgow, Kopenhagen	56°
Potsdam, Frankfurt/Oder	53°
Magdeburg	52°
Köln, Dresden	51°
Prag, Mainz	50°
Paris	49°
München	48°
Rom	42°
Athen	38°

Projekt

Neumond – Halbmond – Vollmond

AUFTRAG 1
Gehe mit einem Tischtennisball oder einer ähnlichen weißen Kugel bei Sonnenschein ins Freie und erzeuge Mondsicheln (wie die Schülerin auf S. 19). Falls der Mond scheint, dann vergleiche die Mondsichel mit der „Ballsichel".

Zeichnet man den Mond in seinem 29,5 Tage dauernden Umlauf um die Erde in einem Modell auf, das aber nicht maßstabsgerecht ist, erkennt man die Mondphasen. Der Mond wendet der Erde immer dieselbe Seite zu!

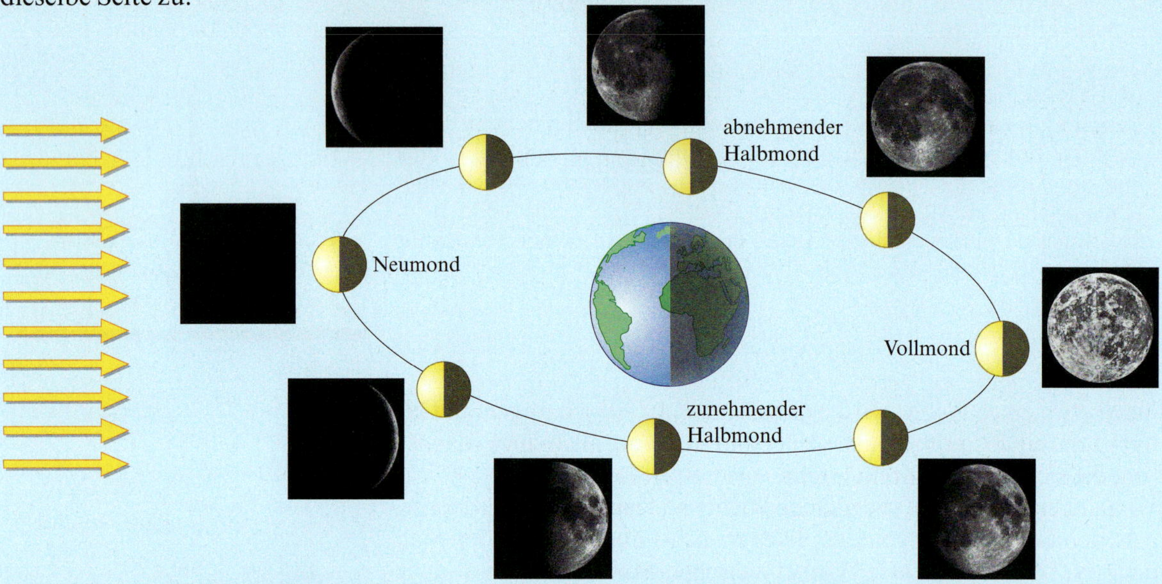

1

Modell der Mondphasen.
Die Zeichnung zeigt, wie ein Raumfahrer aus großer Entfernung Erde und Mond sehen würde.
Die Fotos zeigen, wie wir den Mond von der Erde aus sehen.

Steht der Mond so, dass du die ganze beleuchtete Seite siehst, dann ist Vollmond. Wenn er so steht, dass du auf seine dunkle Seite siehst, dann ist Neumond. Bei anderen Stellungen des Mondes siehst du nur einen Teil der hellen, von der Sonne beschienenen Mondhälfte.

Und woran liegt es, dass der Mond auf- und untergeht? Das liegt daran, dass sich die Erde um sich selbst dreht. Das ist ja auch der Grund, warum es Sonnenaufgang und Sonnenuntergang gibt.

AUFTRAG 2
In Taschenkalendern sind häufig die Mondphasen für das ganze Jahr angegeben. Überprüfe die Angaben, indem du so oft wie möglich den Mond beobachtest.

AUFTRAG 3
Plant einen Besuch in einem Planetarium in der Nähe, um euch die Mondphasen vorführen zu lassen.

Übrigens

Viele Menschen denken, dass die Mondphasen durch den Schatten der Erde entstehen. Das ist aber nicht der Fall. Sieh dir beispielsweise in Bild 1 den Halbmond an. Das Sonnenlicht kommt von links, da kann die Erde doch keinen Schatten auf den Mond werfen.

Modelle des Sonnensystems

1

Acht Planeten: Merkur, Venus, Erde, Mars, Jupiter, Saturn, Uranus und Neptun umkreisen die Sonne. So ist die Reihenfolge von der Sonne, also von Innen. Die Größe der Planeten ist sehr unterschiedlich. Der größte ist 60 Mal größer als der kleinste. Auch die Abstände von der Sonne sind unterschiedlich. Der Abstand der Erde von der Sonne beträgt 150 000 000 km. Man bezeichnet ihn als 1 AE (genannt: astronomische Einheit). Für die anderen Planetenentfernungen gilt: Merkur: 0,4 AE; Venus: 0,7 AE; Mars: 1,5 AE; Jupiter: 5,2 AE; Saturn: 9,5 AE; Uranus: 19 AE; Neptun: 30 AE.

AUFTRAG 1
Baut ein maßstabsgerechtes Modell aller Planeten! Wenn etwa Neptun einen Durchmesser von 50 mm im Modell hat, ist die Erde 13 mm groß usw. Die Planetenmodelle könnt ihr im Klassenraum aufhängen, beschriften und bemalen.

AUFTRAG 2
Wir machen uns ein Modell zu den Entfernungen im Sonnensystem. Ein Schüler stellt die Sonne dar, möglichst mit einem großen Pappschild: „Sonne". 8 Schüler sind die Planeten, auch mit großen Pappschildern. Nun sollen sie sich auf mit Kreide markierten Umlaufbahnen um die Sonne bewegen: Radien von 0,4 m bis 30 m. (1 m im Modell entspricht dann 1 AE = 150 000 000 km). Welcher Maßstab ist das?

2

AUFTRAG 3
Das Foto zeigt ein Tellurium, wie es ähnlich in vielen Schulen vorhanden ist. Erde als Globus, Mond läuft um Erde, Sonne als eine Lampe in der Mitte. Welcher Teil des Modells entspricht der Realität. Welcher Teil ist eher kein Modell der Wirklichkeit? Verwende dazu auch die folgenden Angaben:
Maßstab 1 : 5 000 000 000 (5 Mrd.!)
Mondradius: 1750 km = 0,35 mm Erdradius: 6 400 km = 1,3 mm
Mondbahnradius: 384 000 km = 77 mm
Sonnenradius: 696 000 km = 139 mm
Erdbahnradius: 150 000 000 km = 30 m

3

Projekt

Schattenspiele

1

Schattentheater. In Schattenbühnen werden Theaterstücke aufgeführt, bei denen die Zuschauer auf eine von der Bühnenseite her beleuchtete weiße Leinwand schauen. Kulissen, handelnde Personen, Requisiten und Gerätschaften aller Art sind als Schattenrisse zu sehen (Bild 1). Nach kurzer Spielzeit leben sich die Zuschauer meist so in die Handlung ein, dass die Schattenbilder wie echtes Theater erlebt werden.

Silhouetten. Im Jahre 1759 schlug der sozial denkende französische Finanzminister LUDWIG DES XV. ETIENNE SILHOUETTE vor, statt der bis dahin üblichen Familiengemälde Schattenrisse anzufertigen (Bild 2). Diese Silhouetten waren über ein Jahrhundert eine Mode, die sich nicht nur die Wohlhabenden leisten konnten. Daraus hat sich auch die Kunst des Scherenschnitts entwickelt. So gibt es auch von vielen berühmten Menschen vergangener Jahrhunderte Silhouetten, z. B. von JOHANN WOLFGANG GOETHE (Bild 3).

2

So entstand ein Schattenriss

3

Der junge GOETHE (um 1774)

AUFTRAG

Wenn wir sagen „auf der Wand entsteht ein Schatten", dann meinen wir damit ein Bild von einem undurchsichtigen Gegenstand, der von einer Seite beleuchtet wird. Solche Schattenbilder lassen sich auch als Vorlage für Zeichnungen oder Scherenschnitte verwenden. Wie kommt es zu diesen scharf umrissenen Bildern? Fertige Silhouetten von Freunden und Verwandten an und teste, ob man sie erkennen kann.

4

AUFGABEN

1. Katzen und Eulen können in völliger Dunkelheit sehen, sagen viele Leute. Stimmt das?
2. Nenne jeweils drei Beispiele für natürliche und künstliche Lichtquellen!
3. Jemand behauptet, der Mond sei eine Lichtquelle, schließlich sei er heller als manche Straßenlaterne. Was könntest du ihm entgegnen?
4. Beschreibe ein Experiment, mit dem man zeigen kann, dass sich Licht geradlinig ausbreitet!
5. Warum sind Schülertische in der Klasse meistens so aufgestellt, dass das Tageslicht von links einfällt? Für wen ist das ein Problem?
6. Verwende unterschiedliche Lichtquellen (Kerze, Schreibtischlampe, Leuchtstofflampe) zur Erzeugung von Schatten deiner Hand an der Wand. Welche Schatten sind besonders scharf? Verändere auch die Abstände zwischen Lichtquelle und Hand sowie Hand und Wand!
7. An einer Wand werden mit einer roten und einer grünen Lampe Schattenbilder einer Vase erzeugt. Welche Farben haben jeweils Schatten 1 und Schatten 2? Probiere es aus!

1

8. Bei einer Fernsehübertragung stellst du fest, dass alle Fußballspieler vier Schatten haben. Wie ist das möglich? Was müsste man tun, damit es nur noch drei Schatten sind?
9. Versuche die Anordnung so aufzubauen, dass die abgebildeten Schattenbilder entstehen!

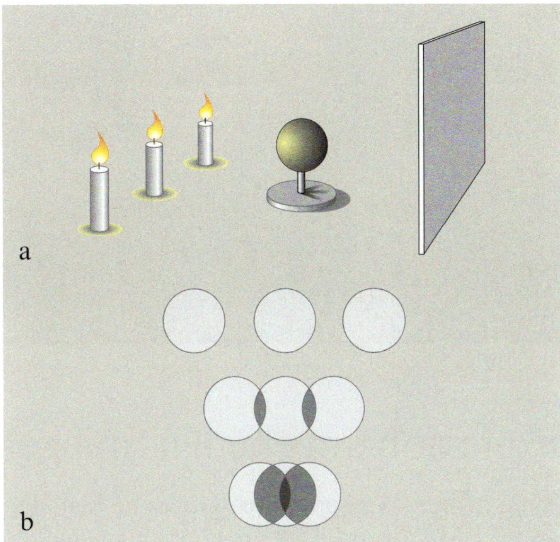

2

10. In Kalendern sind Mondphasen eingetragen. Zähle die Tage zwischen zwei Vollmonden! Zeichne für jeden Tag dazwischen das ungefähre Aussehen des Mondes!
11. Warum treten Mondfinsternisse nur bei Vollmond und Sonnenfinsternisse nur bei Neumond ein?

ZUSAMMENFASSUNG

In der Optik unterscheidet man Lichtquellen (Körper, die selbst leuchten) und beleuchtete Körper.

Licht breitet sich geradlinig aus.
Wird ein lichtundurchlässiger Körper von einer Lichtquelle beleuchtet, so entsteht hinter ihm ein Schatten.
Bei mehreren Lichtquellen entstehen Kernschatten und Halbschatten.

In der Physik beschreiben wir das Licht mit dem Strahlenmodell. Modellvorstellungen helfen uns dabei, Sachverhalte und Experimente zu erklären und zu verstehen. Sie sind nicht die Realität selbst.

Reflexion des Lichtes

Jeder von uns schaut täglich mehrmals in einen Spiegel. Er ist ein vertrauter Gegenstand. Spiegelnde Wasserflächen in der Natur können uns erfreuen. Manche Spiegel vergrößern, verkleinern oder verzerren. Eine andere verwirrende Spiegelung zeigt das nebenstehende Foto. Sind das sechs Jungen oder nur einer? Kannst du dir vorstellen, wie das Foto entstanden ist?

1

Reflexion am ebenen Spiegel

Eine ruhige Wasserfläche, Glasscheiben aber auch ebene, glatt polierte Metalle oder Steine können spiegeln.

2

3

4

EXPERIMENT 1
Ein großer ebener Spiegel steht genau senkrecht auf einem weißen Tisch mit Karomuster in einem dunklen Raum. Vor ihm stehen eine brennende Kerze und ein Klebestift.
Was beobachtest du?
Beschreibe die Beobachtung genau!

5

Du erkennst die Gegenstände und ihre Spiegelbilder. Das Licht, das von den Gegenständen ausgeht, wird vom Spiegel zurückgeworfen, es wird reflektiert. Du erkennst sogar die Schatten.
Mithilfe des Karomusters lässt sich die Lage der Gegenstände sowie ihrer Spiegelbilder maßstabsgerecht zeichnen. Aus dem Experiment und der Zeichnung (Bild 1, nächsten Seite) kannst du erkennen:

- Die Geraden zwischen der Kerze bzw. dem Klebestift und ihren Spiegelbildern bilden mit dem Spiegel jeweils einen rechten Winkel.
- Die Abstände zwischen Kerze (Klebestift) und Spiegel sowie zwischen Spiegel und Spiegelbild der Kerze (des Klebestiftes) sind gleich groß.

Das entspricht deinen Erfahrungen. Berührst du mit der Nase einen Spiegel, tut dies auch dein Spiegelbild. Gehst du zurück, so erscheint dein Spiegelbild in gleichem Abstand „hinter" der Spiegelfläche.

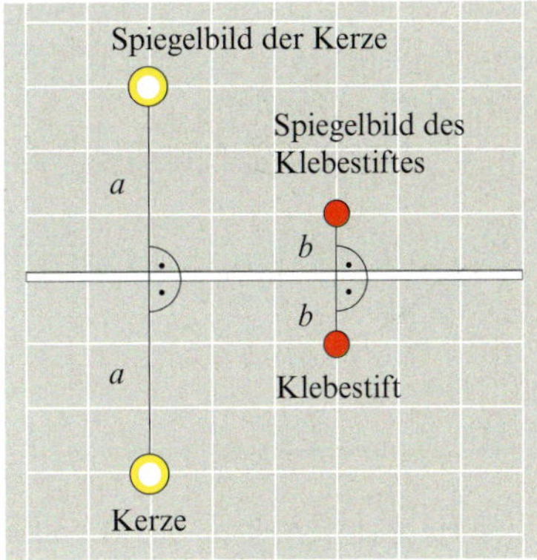

1

Reflexionsgesetz

EXPERIMENT 2
Legt einen kleinen Spiegel flach auf den Fußboden. Zwei Schüler versuchen, sich aus unterschiedlichen Stellen des Raumes im Spiegel anzuschauen. Gelingt es bei einer bestimmten Stellung, so spannt ein Seil vom Auge zum Spiegel und von dort weiter zum Auge des anderen. Wiederholt das Experiment mehrmals bei anderen Stellungen und betrachtet den Verlauf des Seils. Achtet besonders auf die Winkel!

2

Das Experiment 2 lässt sich auch so durchführen, dass die Schülerin auf dem Stuhl dem Schüler auf der Leiter mit einer Taschenlampe über den Spiegel am Boden in die Augen leuchtet. Ist der Raum abgedunkelt und etwas Staub in der Luft, sieht man die Lichtbündel, ähnlich wie das Seil in Bild 2. Das einfallende Licht wird vom Spiegel reflektiert.

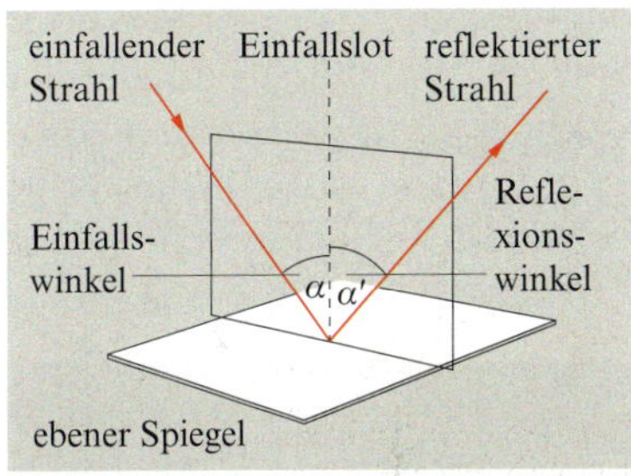

3

Reflexion am ebenen Spiegel

Trifft Licht auf einen Spiegel, so wird es zurückgeworfen. Man sagt auch, es wird reflektiert.

In Bild 3 ist eine Skizze des Experiments dargestellt. Dort, wo der Lichtstrahl auf die Spiegelebene trifft, ist senkrecht zur Spiegelebene eine Hilfslinie gezeichnet. Man nennt sie das Einfallslot. Den Winkel zwischen einfallendem Strahl und Einfallslot bezeichnet man als Einfallswinkel α, den Winkel zwischen reflektiertem Strahl und Einfallslot bezeichnet man als Reflexionswinkel α'. Im Experiment 2 kann man außerdem erkennen, dass einfallender Strahl, Einfallslot und reflektierter Strahl in der gleichen Ebene liegen.

EXPERIMENT 3
Richte das Lichtbündel einer Heftleuchte mit Spaltblende genau auf den Mittelpunkt der Winkeleinteilung auf der Kreisscheibe. Lege den ebenen Spiegel an die Verbindungslinie der 90°-Markierung.

1. Miss den Einfallswinkel α und den zugehörigen Reflexionswinkel α'!
2. Notiere die gemessenen Winkel in einer Tabelle!
3. Führe Messungen für fünf verschiedene Einfallswinkel durch!
4. Vergleiche jeweils Einfallswinkel und Reflexionswinkel!

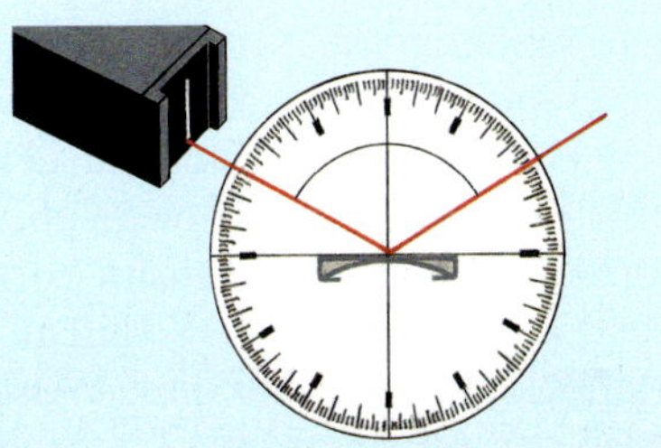
4

Beim Vergleich von Einfallswinkel und Reflexionswinkel stellst du fest, dass beide gleich groß sind. Diese Aussage lässt sich auch als Gleichung schreiben.
Aus all diesen Experimenten ergibt sich das **Reflexionsgesetz:**

> Bei der Reflexion sind Einfallswinkel α und Reflexionswinkel α' gleich groß: $\alpha = \alpha'$.
> Einfallender Strahl, Einfallslot und reflektierter Strahl liegen in einer Ebene.

Das Experiment mit der Taschenlampe lässt sich auch umgekehrt durchführen: Der Schüler auf der Leiter leuchtet über den Spiegel der Schülerin auf dem Stuhl in die Augen. Es gilt immer:

> Jeder Lichtweg kann vom Licht auch in umgekehrter Richtung durchlaufen werden.

Wölbspiegel

In Kaufhäusern oder an Straßeneinmündungen findet man manchmal gewölbte Spiegel. Warum hängen dort eigentlich nicht ebene Spiegel? Wenn du genau hinschaust, stellst du fest: In Wölbspiegeln ist ein größerer Teil der Umgebung zu sehen, als das bei ebenen Spiegeln der Fall wäre. In stärker gekrümmten Wölbspiegeln, nämlich versilberten Kugeln, sieht man sehr viel von der Umgebung (Bild 1). Ein ganzes Zimmer erscheint als kleines Spiegelbild!

1 Spiegelkugel

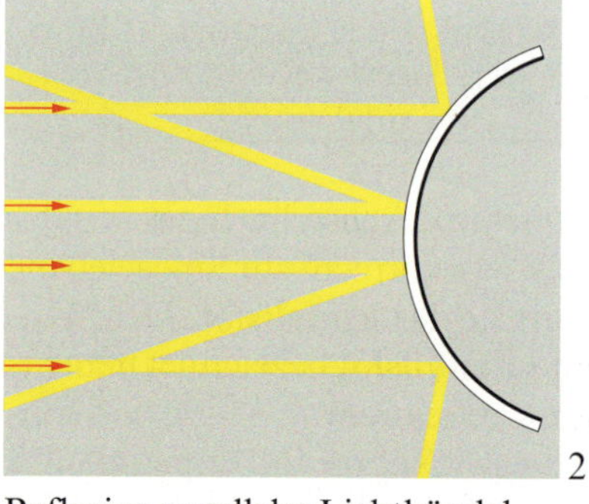

2 Reflexion paralleler Lichtbündel

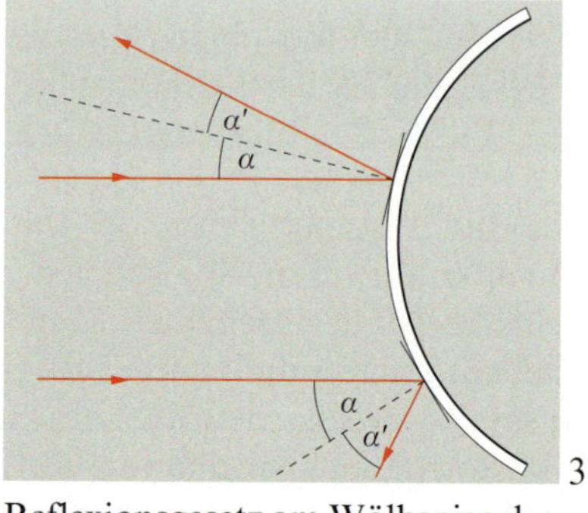

3 Reflexionsgesetz am Wölbspiegel

In Bild 2 treffen vier parallele Lichtbündel auf einen Wölbspiegel. Die reflektierten Bündel verlaufen nicht mehr parallel; sie laufen auseinander. Dieses Verhalten kannst du dir folgendermaßen erklären: Denke dir an der Stelle, an der die Lichtbündel auftreffen, jeweils einen kleinen ebenen Spiegel. Senkrecht zu diesem kleinen Spiegel kannst du dir ein Einfallslot vorstellen. Hier gilt das Reflexionsgesetz, wie es Bild 4 zeigt. So gilt an jeder Stelle eines Wölbspiegels das Reflexionsgesetz. Auf diese Weise können wir im Wölbspiegel einen größeren Ausschnitt der Umgebung sehen als im ebenen Spiegel.

Hohlspiegel

Nimm einen polierten Esslöffel und betrachte dich in dessen hohler Seite! Wenn du die hohle Seite ganz dicht vor das Auge hältst, erscheint ein aufrechtes Spiegelbild. Hältst du den Löffel ein paar Zentimeter weg, verschwimmt das Bild. Ab etwa 15 cm erscheint dein ganzer Kopf – und er steht Kopf. Besser lässt sich ein solches Experiment mit einem Rasier- oder Kosmetikspiegel durchführen.

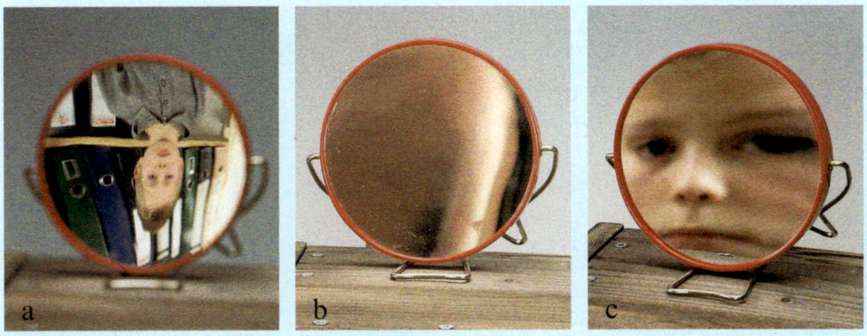

1 Blick in den Hohlspiegel: a) große, b) mittlere und c) kleine Entfernung

EXPERIMENT 4

1. Stelle einen Rasierspiegel senkrecht so auf einen Tisch, dass du dich aus etwa 3 Metern Entfernung darin sehen kannst!
2. Nähere dich dem Spiegel so, dass du dein Spiegelbild nicht aus den Augen verlierst!
3. Gehe nun noch dichter an den Spiegel heran!

Aus großer Entfernung siehst du dich auf dem Kopf stehend (Bild 1a). Näherst du dich dem Spiegel, so verschwimmt das Bild bei einem bestimmten Abstand (Bild 1b). In kleiner Entfernung wird das Bild wieder scharf und du siehst dich vergrößert (Bild 1c).
Wie wird das Licht an einem Hohlspiegel reflektiert?
Einen einfachen Hohlspiegel kann man aus dem Teil einer Kugel herstellen. Ein Schnitt durch einen solchen Hohlspiegel ist in Bild 2 dargestellt. Es ergibt sich ein Kreisbogen. Die eingezeichnete Gerade, die durch den Kreismittelpunkt M verläuft, bezeichnet man als optische Achse.

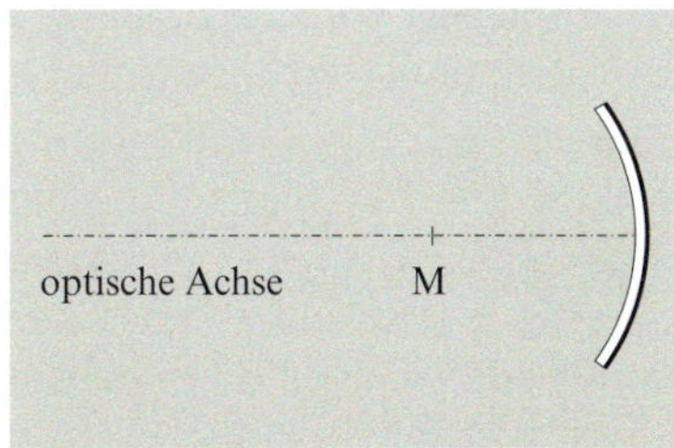

2 Optische Achse beim Hohlspiegel

Auf Bild 3 siehst du, wie Lichtbündel reflektiert werden, die parallel zur optischen Achse verlaufen. Die Lichtbündel verlaufen nach der Reflexion fast durch einen gemeinsamen Punkt.
Für Lichtbündel, die nahe an der optischen Achse liegen, kann man sagen:

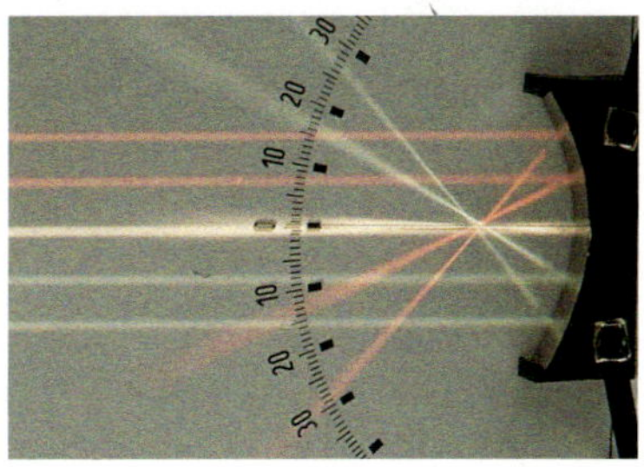

3 Reflexion paralleler Lichtbündel

Lichtbündel, die parallel zur optischen Achse auf einen Hohlspiegel treffen, verlaufen nach der Reflexion durch einen Punkt. Dieser Punkt heißt Brennpunkt F.

Der Name „Brennpunkt" kommt aus der Erfahrung. Wenn du auf einen Kosmetikspiegel Sonnenlicht fallen lässt, kann es in seinem Brennpunkt so heiß werden, dass sich Papier dort entzündet.
An jedem Punkt des Hohlspiegels gilt wieder das Reflexionsgesetz. In jedem Punkt, wo ein Lichtbündel auftrifft, lässt sich ein Lot errichten und es gilt dort ebenfalls das Reflexionsgesetz wie beim ebenen Spiegel. Außerdem ist jeder Lichtweg umkehrbar. Daher wird ein schmales Lichtbündel, das durch den Brennpunkt auf den Hohlspiegel trifft, parallel zur optischen Achse reflektiert (Bild 4).

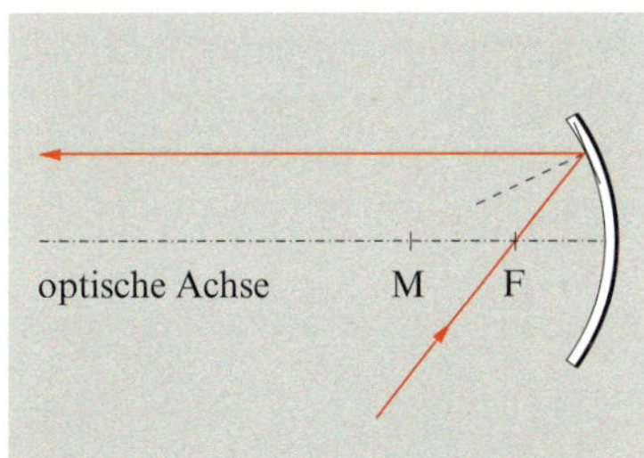

4 Reflexion von Licht, das durch den Brennpunkt einfällt

Mit Spiegeln zaubern und um die Ecke schauen

Winkelspiegel. Mit Spiegeln, insbesondere wenn mehrere Spiegel benutzt werden, lassen sich überraschende Experimente machen. Für die folgenden Aufgaben eignen sich Spiegelkacheln aus dem Baumarkt besonders gut.

AUFTRAG 1

1. Versuche mit einer Kerze und zwei Spiegeln einen Kerzenkranz von 14 Kerzen zu bilden. Klebe hierzu die Spiegel an einer Kante mit Textilklebeband zusammen. Stelle die Spiegel wie ein offenes Buch vor dich und schiebe die Kerze dazwischen!
2. Stelle zwischen den beiden Spiegeln einen rechten Winkel her. Lege einen Bleistift davor und beschreibe das Spiegelbild. Konstruiere alle drei Spiegelbilder mithilfe des Reflexionsgesetzes. Beachte, dass sich auch der Spiegel im Spiegel spiegelt!
3. Schau dich im 90°-Winkelspiegel an. Fasse dir an die Nase! Was fällt dir auf?

1

Tripelspiegel. Mit drei Spiegeln kann man eine Spiegelecke herstellen, die erstaunliche Eigenschaften hat. Eine solche Spiegelecke heißt Tripelspiegel.

AUFTRAG 2

1. Lege zwischen den 90°-Winkelspiegel eine weitere Spiegelkachel. Schau in diesen Tripelspiegel. Schließe ein Auge. Was beobachtest du? Beschreibe genau!
2. Leuchte mit einer Taschenlampe in den Tripelspiegel und untersuche den Verlauf des Lichtbündels!
3. Konstruiere für den 90°-Winkelspiegel den Weg des Lichtbündels einer Taschenlampe, die in den Winkelspiegel hinein leuchtet. Benutze das Reflexionsgesetz!

2

Zauberspiegel. Für viele Zaubertricks gibt es oft eine ganz einfache Erklärung. Mit dem Folgenden kannst du deine Freunde oder Verwandte verblüffen.

AUFTRAG 3

Bringe diagonal in einem innen schwarzen Karton eine sehr saubere Glasscheibe an. Beide Räume sind getrennt zu beleuchten (mit Umschalter). Ist hinten hell, erscheint eine leere Bühne. Ist vorn hell, so erscheint das Spiegelbild des Bären, der sich links versteckt.

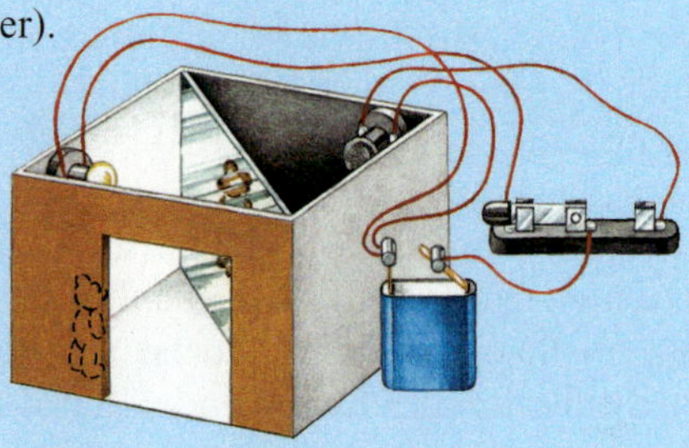

3

Periskop. Wer aus einem Versteck herausschauen will, ohne den Kopf hinauszustecken, kann das mithilfe eines Gerätes aus zwei Planspiegeln tun. Oder er kann damit bei Open-Air-Festivals über viele Köpfe hinweg das Geschehen auf der Bühne verfolgen (Bild 1). Man nennt dieses Gerät Periskop (aus den griechischen Wörtern *peri* für *ringsum* und *skopein* für *schauen*).

1

AUFTRAG 4
Baue dir aus Pappe und zwei Taschenspiegeln ein Periskop!
Bauanleitung: Übertrage zuerst den Bauplan auf einen Bogen Karton oder Pappe. Schneide an den durchgezogenen Linien aus. Die gestrichelten Linien stellen Falzlinien dar, die du etwas einritzt. Falte den Karton entlang dieser Falzlinien zu einer eckigen Röhre. Bevor du die Röhre zusammenklebst, musst du die Spiegel aufkleben.

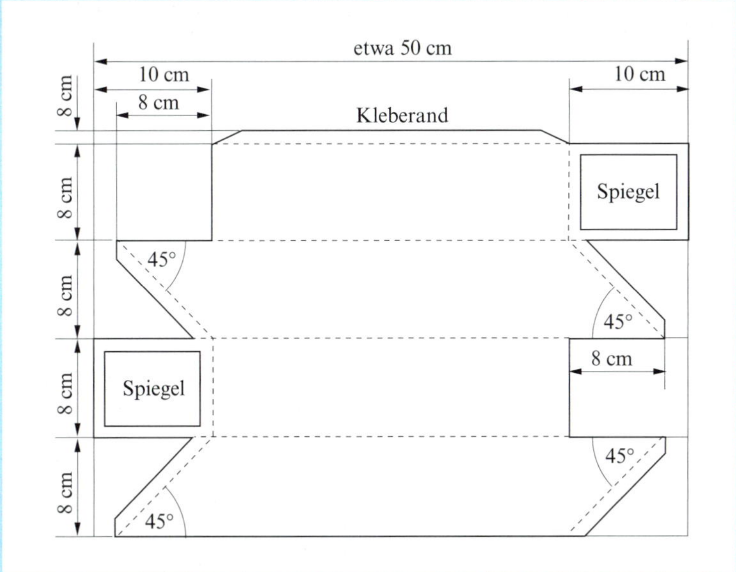

2

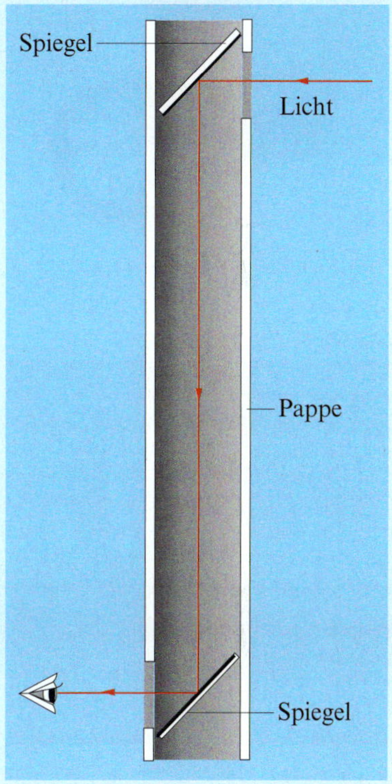

3

Weg des Lichtes in einem Periskop

Kaleidoskop. 1816 erfand Sir David Brewster eine Röhre, in der wie durch Zauberei Muster in unendlicher Wiederholung erscheinen. Er gab ihr den Namen Kaleidoskop – Schön-Bild-Seher.

AUFTRAG 5
Baue dir ein Kaleidoskop!
Du benötigst dazu: mit Spiegelfolie beschichtete Pappe, Pappe, bunte durchsichtige Plastikstückchen, durchsichtige Folie, weißes Schreibpapier, Schere, Klebstoff
Bauanleitung: Fertige aus der Spiegelpappe ein gleichseitiges Prisma (Bild 4). Zum Hineinschauen wird ein dreieckiges Stück Pappe mit Loch auf die eine Öffnung des Prismas geklebt. Gegen das andere Ende klebst du durchsichtige Folie. Um diese herum musst du einen etwa 3 cm breiten Pappstreifen kleben, der zur Hälfte übersteht und die Kammer für die bunten Plastikstückchen bildet. Fülle die Kammer und verschließe sie mit weißem Schreibpapier.

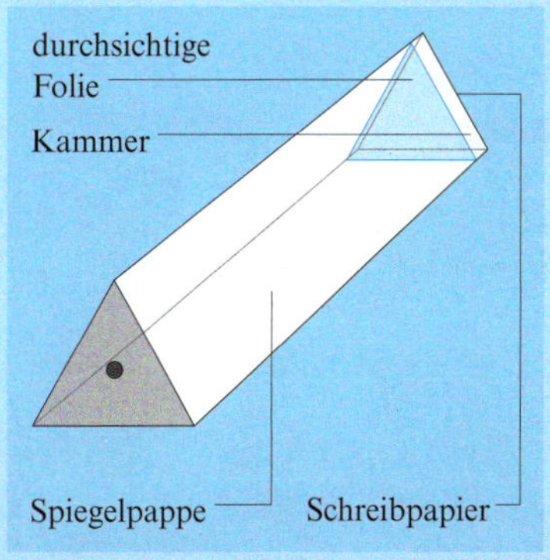

4

Ein Blick in die Technik

Hohlspiegel im Einsatz

Das Prinzip des Hohlspiegels wird in vielen verschiedenen technischen Geräten verwendet. Häufig wird dabei Licht, das vom Brennpunkt ausgeht, als paralleles Lichtbündel reflektiert. Oder es wird Licht, das von weit entfernten Lichtquellen kommt, im Brennpunkt gebündelt.

Scheinwerfer

1

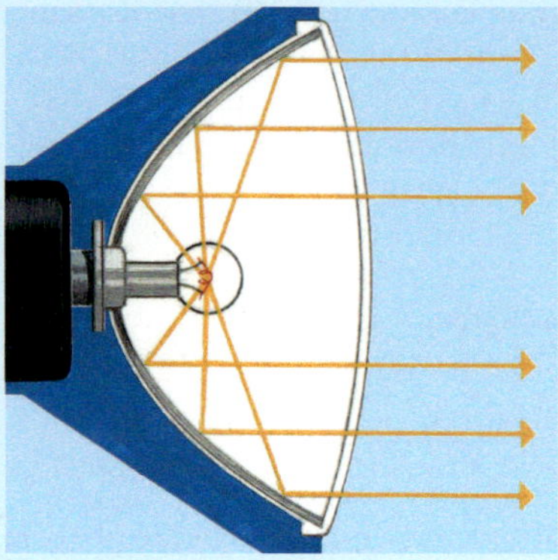
2

In Taschenlampen, Fahrrad- und Autoscheinwerfern oder Diaprojektoren befinden sich Hohlspiegel. Auch im Theater oder bei Konzerten werden Scheinwerfer eingesetzt. Das Licht von der Lichtquelle wird parallel in eine Richtung gebündelt. Dazu dient der Hohlspiegel. Die Lampe befindet sich dabei im Brennpunkt des Hohlspiegels.

Sonnenofen

3

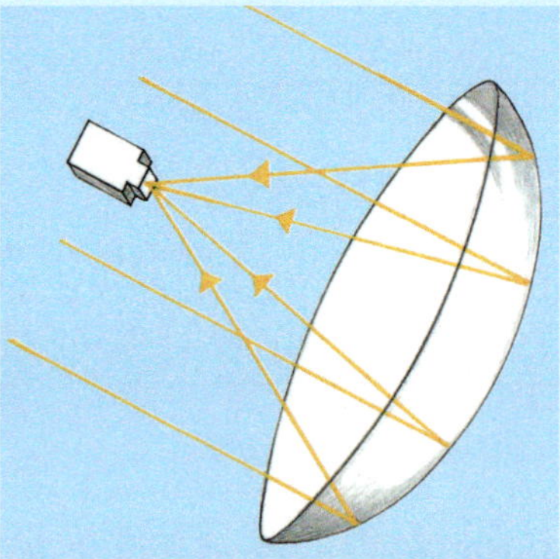
4

Zunehmend wird Sonnenenergie zur Versorgung mit Elektrizität und Wärme genutzt. Solche Solaranlagen sind technisch unterschiedlich gebaut. Hohlspiegel sammeln das parallele Sonnenlicht und konzentrieren es im Brennpunkt.
Mit der Wärme kann über einen Generator Elektrizität erzeugt werden. Die Spiegel müssen der Sonne nachgeführt werden.

Spiegelteleskop

5

6

Astronomen erforschen die Sterne und den Weltraum mithilfe von großen Fernrohren, die man auch Teleskope nennt. In manchen Teleskopen sind Hohlspiegel eingebaut. Solche Hohlspiegel haben sehr große Durchmesser.
Das 1998 in Chile in Betrieb genommene „Very Large Telescope“ besteht aus vier Geräten mit einem Durchmesser von je 8 Metern.

AUFGABEN

1. Wie lautet das Reflexionsgesetz?
2. Wie groß ist bei der Reflexion der Einfallswinkel, wenn der Winkel zwischen reflektiertem Bündel und ebenem Spiegel 60° beträgt?
3. Ein Lichtstrahl fällt zunächst senkrecht auf einen ebenen Spiegel. Um wie viel Grad muss man den Spiegel drehen, damit das Lichtbündel um 40° abgelenkt wird?
4. Wie müssen zwei Planspiegel angeordnet werden, wenn man um die Ecke schauen will?
5. Wie muss ein Lichtbündel in einem quadratischen, verspiegelten Raum verlaufen, damit es ein Quadrat beschreibt? Zeichne es auf!
6. Am ausgestreckten Arm kannst du in einem Handspiegel einen Teil deines Gesichts – von den Augen bis zum Mund – sehen. Nun willst du das ganze Gesicht sehen. Geht das?
7. Stelle dich vor einen Spiegel. Zeichne auf dem Spiegel mit ausgestrecktem Arm die Umrisse deines Kopfes nach. Vergleiche die Größe deines Kopfes mit der Größe des Bildes auf dem Spiegel! Was stellst du fest?
8. Du willst in deinem Zimmer einen ebenen Spiegel aufhängen, in dem du dich vom Scheitel bis zur Sohle sehen kannst. Wie hoch muss er mindestens sein? Würde ein Hohl- oder ein Wölbspiegel das Problem besser lösen?
9. Rückspiegel im Auto sind meist Wölbspiegel. Welche Vorteile haben sie gegenüber einem ebenen Spiegel? Gibt es auch Nachteile?
10. Was musst du tun, um mit einem Hohlspiegel Feuer anzuzünden?
11. In den weißen Kästen befinden sich ebene Spiegel. Zeichne auf Transparentpapier die Lage der Spiegel ein, zu denen die einfallenden und die reflektierten Strahlen gehören!

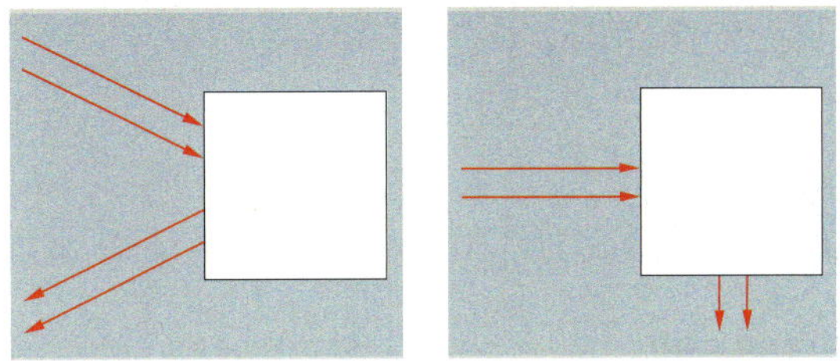
1

ZUSAMMENFASSUNG

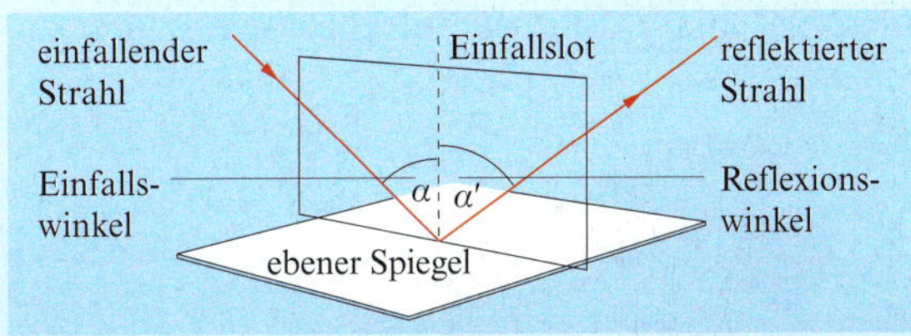

Trifft Licht auf einen Spiegel, so wird es reflektiert.

Reflexionsgesetz
Einfallswinkel α und Reflexionswinkel α sind gleich groß: $\alpha = \alpha'$.
Einfallender Strahl, Einfallslot und reflektierter Strahl liegen in einer Ebene.

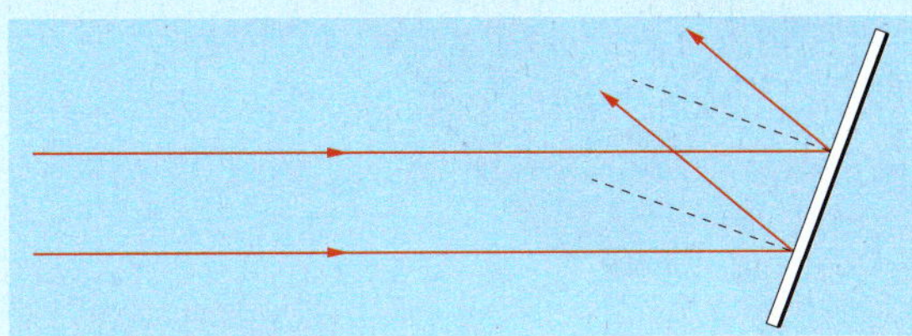

Ebener Spiegel. Einfallende parallele Lichtbündel verlaufen auch nach der Reflexion parallel.

Wölbspiegel. Parallel zur optischen Achse einfallende Lichtbündel laufen nach der Reflexion auseinander.

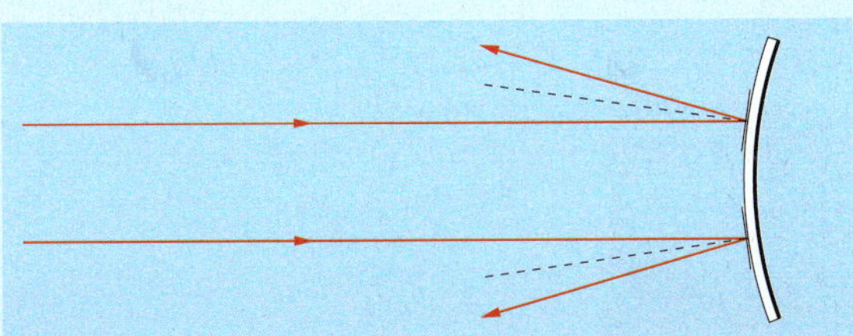

Hohlspiegel. Parallel zur optischen Achse einfallende Lichtbündel verlaufen nach der Reflexion durch den Brennpunkt.

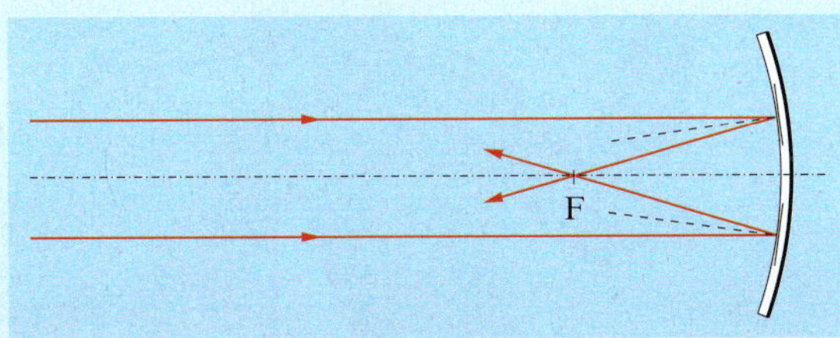

Ein Trinkhalm in einem Wasserglas oder der Löffel im Tee erscheinen nach oben abgeknickt, wenn man sie durch die Flüssigkeitsoberfläche unter bestimmten Winkeln betrachtet.
Stehst du bis zum Bauch im Wasser, so sehen deine Beine kürzer aus.
Ein gefülltes Schwimmbecken erscheint flacher, als es in Wirklichkeit ist.
Solche optischen Effekte, wie scheinbares Verkürzen, Anheben und Abknicken, treten auf, wenn wir schräg ins Wasser hineinschauen.

1

Erscheinungen der optischen Brechung

Wenn man einen Stein aus dem Wasser holen will, kann es passieren, dass man daneben greift. Es gibt Indianer, die mit Pfeilen aus Booten heraus Fische jagen. Wohin müssen sie zielen, um zu treffen? Dieses kannst du mit folgenden Experimenten herausfinden:

2

EXPERIMENT 1
Peile mit einem durchsichtigen Kunststoffrohr einen Stein (unseren „Fisch") an, der auf dem Grund eines wassergefüllten Glastroges liegt (Bild 2).
Befestige das Rohr in der Stellung, in der du den Stein siehst.
Lass einen starren, geraden Stab als „Pfeil" ins Rohr fallen (Bild 3).
Fehlschuss!

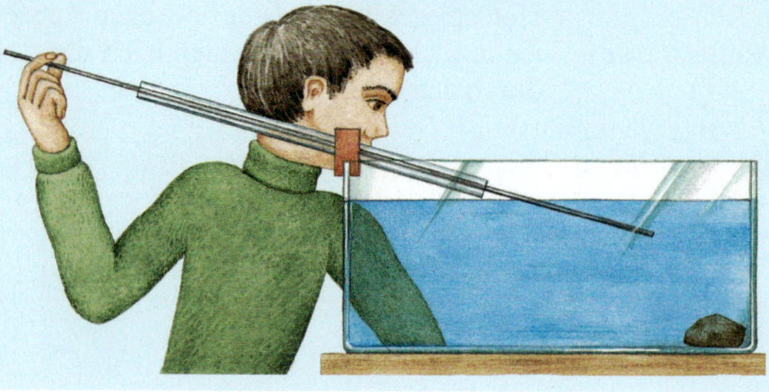

3

Warum hast du nicht getroffen?
Eine Antwort erhältst du, wenn du den Weg des Lichtes vom Stein ins Auge untersuchst.
Du weißt bereits, dass sich das Licht in Luft geradlinig ausbreitet. In der Luft ist also der grün eingezeichnete Weg der einzig mögliche (Bild 1).
Falls sich das Licht im Wasser ebenfalls geradlinig ausbreitet, müsste es dort auf dem rot eingezeichneten Weg verlaufen.
Am Übergang von Wasser zu Luft käme es zu einem Knick. Diese Vermutung kannst du mit dem folgenden Experiment überprüfen:

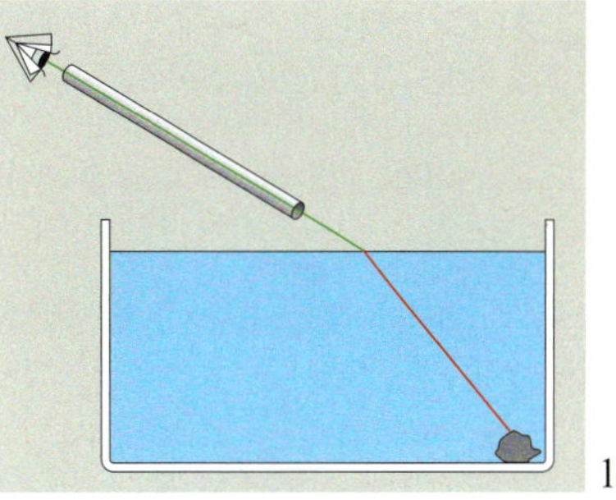
1

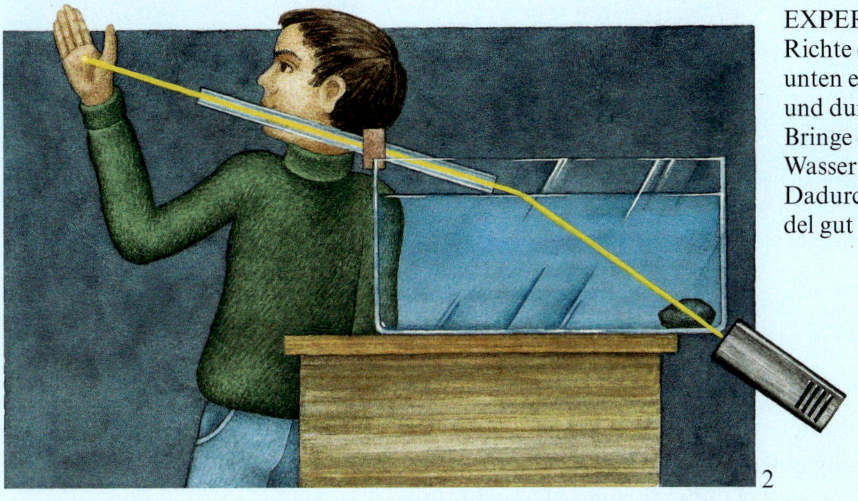
2

EXPERIMENT 2
Richte ein Lichtbündel so von unten ein, dass es den Stein streift und durch das Glasrohr trifft. Bringe etwas Milch oder Seife ins Wasser und Rauch ins Rohr. Dadurch kannst du das Lichtbündel gut erkennen.

Du beobachtest, dass das Licht im Wasser tatsächlich geradlinig verläuft und beim Austritt in die Luft abknickt. Man sagt dazu: Licht wird gebrochen und spricht von Brechung des Lichtes.
Schickt man ein Lichtbündel von oben durch das Glasrohr, so trifft es beim Stein auf. Der Verlauf ist genau umgekehrt, wie in Bild 2. Auch bei der Lichtbrechung ist der Lichtweg umkehrbar.
Die Beobachtungen lassen sich folgendermaßen zusammenfassen:

> Geht ein Lichtbündel von Luft in Wasser bzw. von Wasser in Luft über, so wird es an der Grenzfläche gebrochen.

Brechungsgesetz

Die Brechung des Lichtes kann noch genauer untersucht werden. In Bild 3 ist der Strahlenverlauf bei der Brechung des Lichtes dargestellt. Senkrecht zur Grenzfläche ist das Einfallslot eingezeichnet. Den Winkel zwischen einfallendem Strahl und Einfallslot bezeichnet man als Einfallswinkel α, den Winkel zwischen gebrochenem Strahl und Einfallslot nennt man Brechungswinkel β.
Welcher Zusammenhang besteht bei der Brechung des Lichtes zwischen Einfallswinkel und Brechungswinkel?

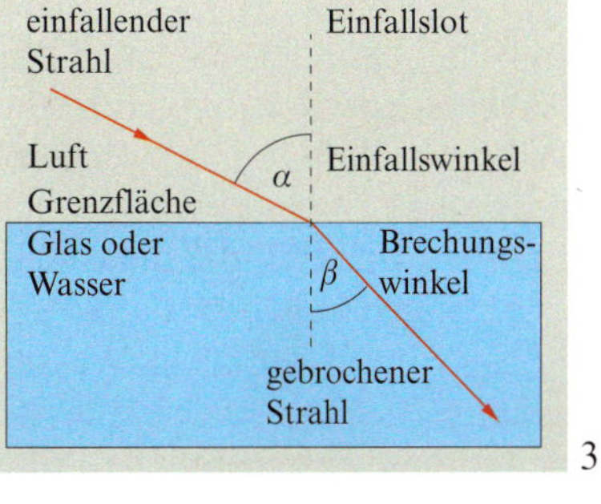

3

EXPERIMENT 3
1. Lenke das Lichtbündel für verschiedene Einfallswinkel α auf den Mittelpunkt der Kreisscheibe!
2. Miss den jeweils dazugehörigen Brechungswinkel β!
3. Trage die Einfallswinkel und die dazugehörigen Brechungswinkel in eine Tabelle ein!
4. Vergleiche den jeweiligen Betrag von Einfallswinkel und Brechungswinkel!

1

Eine mögliche Messwertetabelle sieht folgendermaßen aus:

Einfallswinkel α (in Luft):	0°	10°	20°	30°	40°	50°	60°	70°	80°
Brechungswinkel β (in Glas):	0°	6°	12°	18°	23,5°	28°	32,5°	36°	38°

Du erkennst: Beim Übergang eines Lichtbündels von Luft in Glas oder Wasser ist der Brechungswinkel immer kleiner als der Einfallswinkel. Man kann auch formulieren: Das aus der Luft kommende Licht wird zum Lot hin gebrochen.
Wenn das Licht aber senkrecht auf die Grenzfläche trifft, wird es nicht gebrochen.
So lässt sich das **Brechungsgesetz** formulieren:

Wenn Lichtbündel von Luft in Glas oder Wasser übergehen, so werden sie an der Grenzfläche zum Lot hin gebrochen.
Der Brechungswinkel ist stets kleiner als der Einfallswinkel.
(Für $\alpha > 0°$ gilt immer $\beta < \alpha$.)

Aus dem Wasser leuchten

In Bild 2 befindet sich eine Lampe unter Wasser, die Lichtbündel in verschiedene Richtungen aussendet. Du erkennst: Geht Licht von Wasser in Luft über, so werden die Lichtbündel 1 bis 5 vom Lot weg gebrochen.
Fällt ein Lichtbündel senkrecht auf die Grenzfläche ($\alpha = 0°$), wird es nicht gebrochen.
Ist der Einfallswinkel im Wasser zu groß, wie bei Lichtbündel 6, gibt es keine Brechung mehr. Alles einfallende Licht wird reflektiert. Man nennt diese Erscheinung **Totalreflexion**.

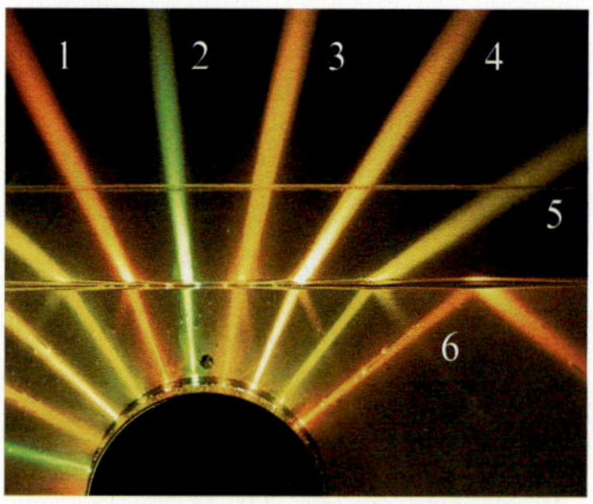

2
Eine Lampe unter Wasser

Für den Übergang des Lichtes von Wasser in Luft lautet das Brechungsgesetz:

> Wenn Lichtbündel von Wasser (oder Glas) in Luft übergehen, so werden sie an der Grenzfläche vom Lot weg gebrochen.
> Der Brechungswinkel ist stets größer als der Einfallswinkel.
> (α ist der Einfallswinkel im Wasser; für $\alpha > 0°$ gilt: $\beta > \alpha$.)

Bei den Lichtbündeln 1 bis 5 kannst du noch etwas beobachten: Ein kleiner Teil des Lichtes wird reflektiert. Das kennst du auch von Fensterscheiben oder Wasseroberflächen.

Brechung des Lichtes beim Durchgang durch Körper

Bisher wurde die Brechung von Licht an einer Grenzfläche von zwei Stoffen, wie zum Beispiel Luft und Wasser oder Luft und Glas, untersucht. Wie erfolgt aber der Durchgang durch einen lichtdurchlässigen Körper? Dazu kannst du Experimente mit Glaskörpern verschiedener Form durchführen.

Planparallele Platte. Sind die beiden Grenzflächen eben (auch „plan" genannt) und zueinander parallel, so wie bei einer Fensterscheibe, dann spricht man in der Optik von einer planparallelen Platte.

EXPERIMENT 4

1. Richte auf eine dicke planparallele Platte aus Glas ein schmales Lichtbündel. Beschreibe die Vorgänge an den beiden Grenzflächen!
2. Drehe die planparallele Platte und beschreibe die Veränderungen des Lichtweges!
3. Vergleiche den Verlauf des in den Glaskörper eintretenden Lichtbündels mit dem Verlauf des aus dem Glaskörper austretenden Lichtbündels!

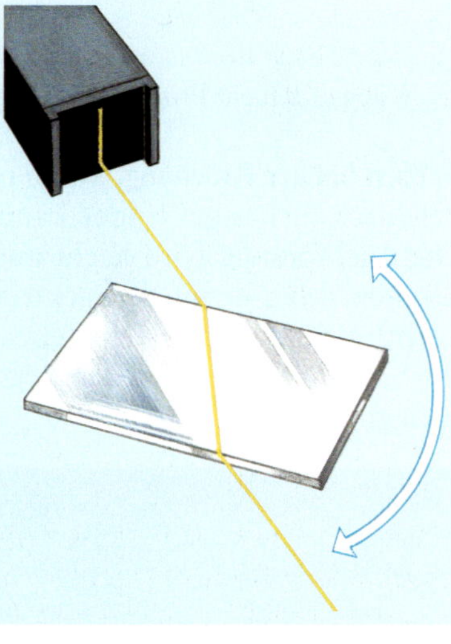

1

Das Experiment zeigt:

> Eine planparallele Platte verändert nicht die Richtung eines Lichtbündels. Das Lichtbündel wird nur seitlich versetzt.

Prisma. Sind die beiden Grenzflächen eines Glaskörpers nicht parallel, sondern keilförmig angeordnet, so nennt man ihn Prisma. Ein einfallendes Lichtbündel wird zweimal gebrochen (Bild 2). Beide Male gilt das Brechungsgesetz.
- Beim Übergang von Luft in Glas wird das Lichtbündel zum Lot hin gebrochen.
- Beim Übergang von Glas in Luft wird das Lichtbündel vom Lot weg gebrochen.
- Insgesamt wird das Licht abgelenkt.

So kann man mit einem Prisma um die Ecke schauen (Bild 1).
Bild 3 zeigt ein rechtwinkliges Prisma – ein so genanntes **Umkehrprisma**. Trifft das Licht auf die Basisfläche, wird es innerhalb des Prismas zweifach reflektiert. Es verlässt das Prisma wieder in der Richtung, aus der es gekommen ist (Bild 3a). Trifft das Licht senkrecht auf eine Seitenfläche, dann wird die Richtung um 90° abgelenkt (Bild 3b). Ein Umkehrprisma kann also dieselbe Aufgabe wie ein Spiegel übernehmen. Der Vorteil des Prismas besteht jedoch darin, dass das Licht beim Durchgang nicht gebrochen, sondern vollständig reflektiert wird. Bei der Reflexion an einem Spiegel treten dagegen immer Verluste auf.

1
Ein Blick um die Ecke

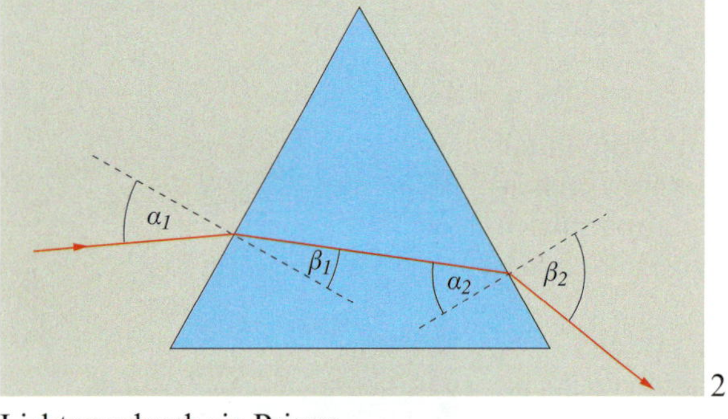

2
Lichtweg durch ein Prisma

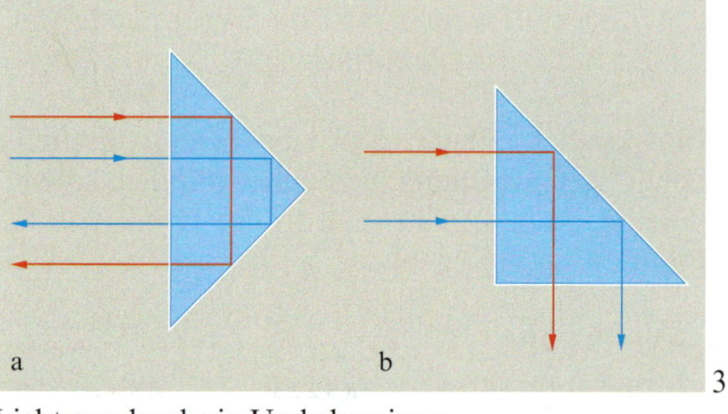

3
Lichtweg durch ein Umkehrprisma

Farben bei der Brechung. Wenn man ein schmales weißes Lichtbündel durch ein Prisma sendet, kann man Folgendes feststellen (Bild 4): Das Lichtbündel wird leicht aufgeweitet und es entstehen farbige Streifen. Man nennt sie **Spektrum**. Ein Beispiel dafür, dass bei der Lichtbrechung Farben entstehen können, ist der Regenbogen. Weißes Sonnenlicht wird an den Regentropfen gebrochen und in Farben zerlegt (Bild 5).

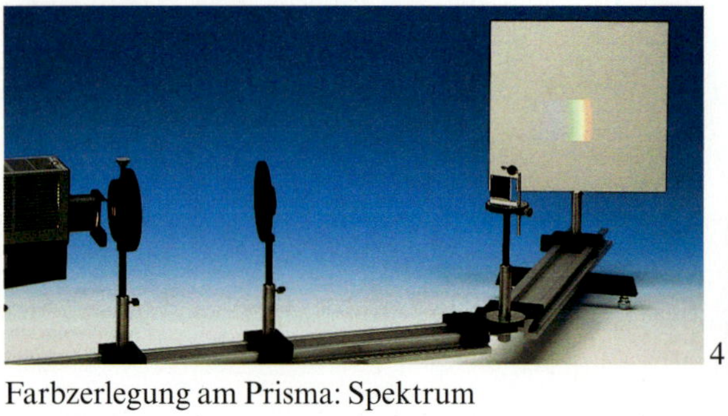
4
Farbzerlegung am Prisma: Spektrum

5
Farbzerlegung an Regentropfen: Regenbogen

AUFGABEN

1. Wohin muss man zielen, wenn man einen Fisch im Wasser mit einem Speer treffen will? Fertige dazu eine Zeichnung an!
2. Du siehst vom Ufer einen schönen Stein auf dem Grund des Sees liegen, tauchst und holst ihn an Land. Nun sieht er kleiner aus. Warum?
3. Ein Lichtbündel trifft unter einem Einfallswinkel von 50° auf die Wasseroberfläche einer am Boden verspiegelten Wanne. Zeichne den Verlauf des Lichtbündels bis es das Wasser wieder verlässt! (Der Brechungswinkel beträgt 35°.)
4. Peile über die Kante einer Glasscheibe eine senkrechte Linie an – z. B. einen Fensterrahmen. Drehe nun die Glasscheibe um ihre vertikale Achse. Beschreibe deine Beobachtung und erkläre sie!

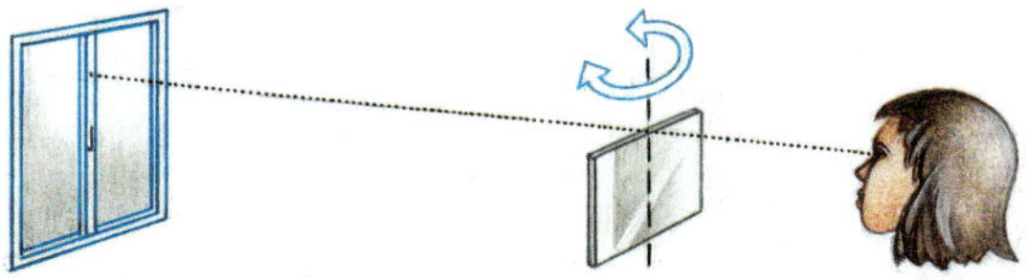
1

5. Ist es möglich, dass Thomas Silvia im Wasser sehen kann? Kann Silvia Thomas sehen? Erkläre die Vorgänge mithilfe einer Skizze!

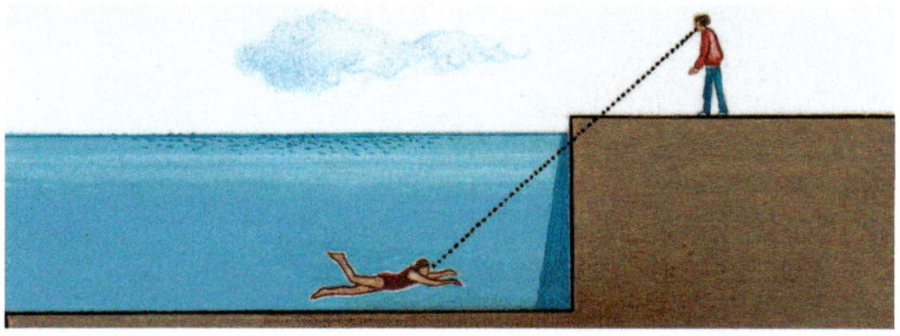
2

6. Erkläre Schritt für Schritt den Verlauf der Lichtbündel und benenne die Vorgänge an den Grenzflächen! Ist die Zeichnung vollständig?

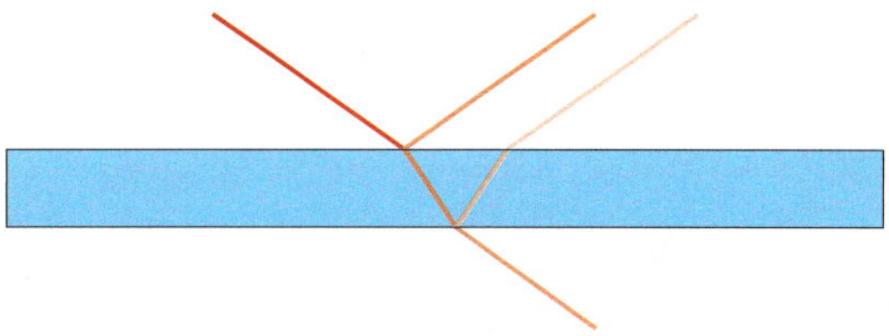
3

ZUSAMMENFASSUNG

Wenn Lichtbündel von Luft in Glas oder Wasser übergehen, so werden sie an der Grenzfläche zum Lot hin gebrochen. Der Brechungswinkel ist stets kleiner als der Einfallswinkel.
Für $\alpha > 0°$ gilt immer: $\beta < \alpha$.

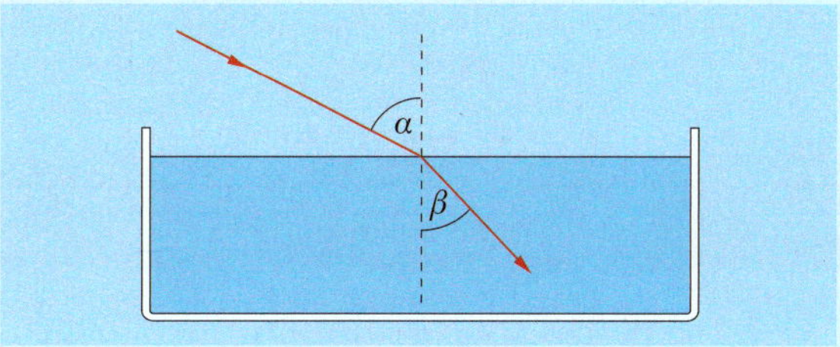

Wenn Lichtbündel von Glas oder Wasser in Luft übergehen, so werden sie an der Grenzfläche vom Lot weg gebrochen. Der Brechungswinkel ist stets größer als der Einfallswinkel.
Für $\alpha > 0°$ gilt: $\beta > \alpha$.

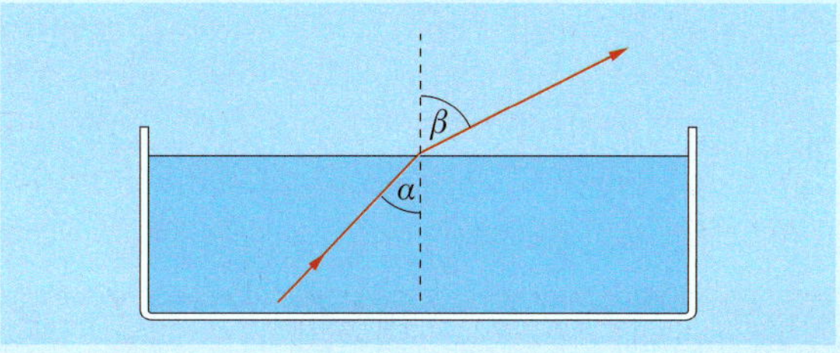

Beim Durchgang durch eine planparallele Platte werden Lichtbündel seitlich versetzt.

Beim Durchgang durch ein Prisma wird ein Lichtbündel zweimal gebrochen und dadurch abgelenkt.

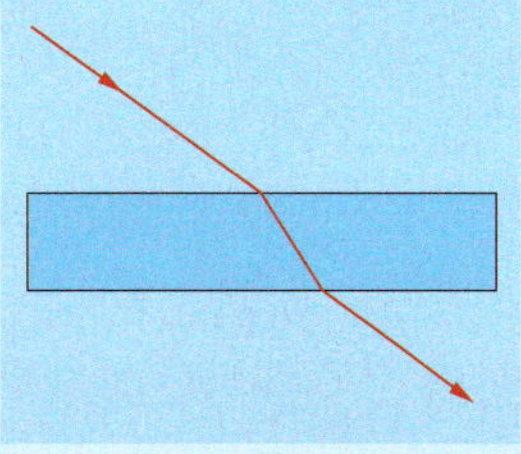

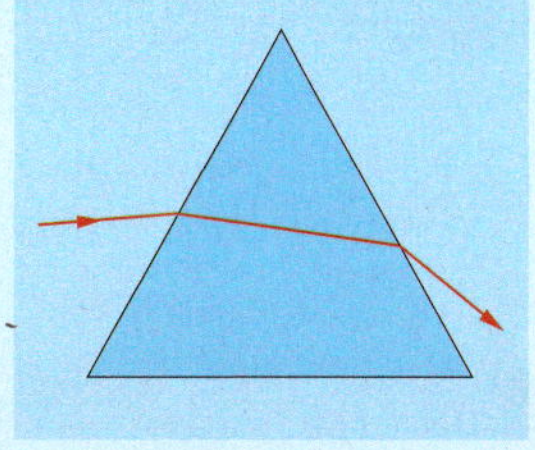

Farben

Zerlegung weißen Lichtes in Farben. Manche Menschen hängen sich in ihr Fenster Glasschmuck und erfreuen sich an dem Lichtspiel. Je nachdem, wie man auf den Glaskörper schaut, leuchten jeweils andere Flächen im Glas farbig auf. Noch schöner sind die Farbbänder, die das geschliffene Glas an den Wänden erzeugen.
Wie entstehen in dem glasklaren Schmuckstück leuchtende Farben? Von der Sonne gelangt weißes Licht auf den farblosen Glasschmuck. Betrachtet man den Schmuck genauer, erkennt man viele geschliffene Flächen und Kanten. Die Farben können also erst entstehen, wenn weißes Licht durch einen solchen geschliffenen Glaskörper hindurchgeht und dabei gebrochen wird. Um das zu untersuchen, kannst du ein Glasprisma benutzen. Es besitzt ebenfalls mehrere geschliffene Flächen und Kanten.

EXPERIMENT 1

1. Halte mit Zeigefinger und Daumen ein Prisma in das Sonnenlicht und betrachte die Flächen des Prisma! Drehe das Prisma langsam im Sonnenlicht!
2. Halte das Prisma wie im Bild 1 in einem bestimmten Abstand vor eine weiße Fläche! Was beobachtest du? Zähle die Farben in ihrer Reihenfolge auf, beginne bei Rot!
   Halte das Prisma danach waagerecht! Was ändert sich und was bleibt gleich?

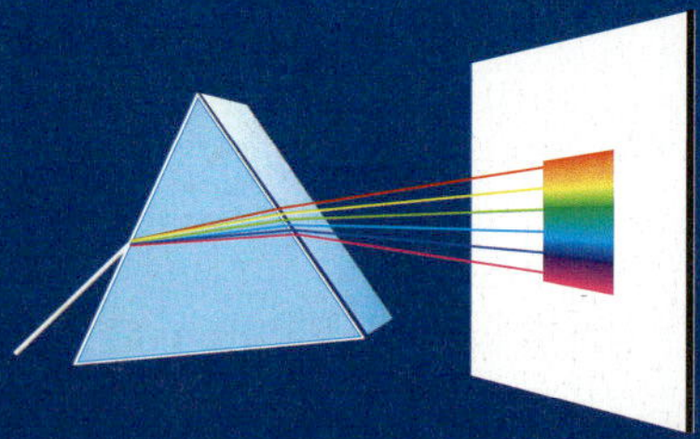

1

Licht wird beim Durchgang durch ein Prisma gebrochen und in farbiges Licht zerlegt. Auf einem Schirm entstehen farbige Streifen.

Spektrum und Spektralfarben. Weißes Licht enthält eine Reihe verschiedener Farben, die bei der Brechung erscheinen. Beim Durchgang des Lichtes durch ein Prisma werden die einzelnen Farben unterschiedlich stark gebrochen. Blaues Licht wird stärker gebrochen als grünes Licht und grünes Licht wiederum stärker als rotes Licht. Das Farbenband, das aus dem weißen Licht entsteht, nennt man Spektrum. Die einzelnen Farben heißen Spektralfarben. Auf einem Spektrum sieht man nebeneinander sechs Hauptfarben: Rot, Orange, Gelb, Grün, Blau und Violett.
Diese Hauptfarben sind nicht scharf gegeneinander abgegrenzt, sie gehen vielmehr allmählich ineinander über.
Im Spektrum kommen nicht alle Farben vor. Es fehlen zum Beispiel, Braun, Rosa und Weiß. Die Farben, die im Spektrum vorkommen, nennt man bunte Farben.

Jetzt kannst du dir auch die Farben in dem Glasschmuck vor dem Fenster erklären. Betrachtest du geschliffenen Glasschmuck genauer, erkennst du, dass die Flächen viele Prismen ergeben. Jedes Prisma erzeugt durch die Brechung sein eigenes Farbband.
Was geschieht, wenn die farbigen Lichter hinter dem Prisma wieder vereint werden?

EXPERIMENT 2

Weißes Licht wird durch ein Prismas gelenkt, sodass auf einem Schirm ein Spektrum entsteht.
Zwischen Prisma und Schirm wird nun eine Sammellinse so aufgestellt, dass alle farbigen Lichter durch die Sammellinse hindurchgehen! Was beobachtest du auf dem Schirm?

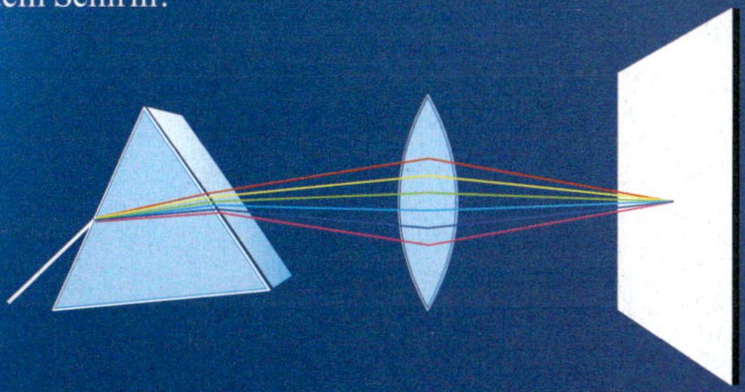
1

Werden alle farbigen Lichter eines Spektrums vereinigt, so entsteht wieder weißes Licht.

AUFGABEN

1. An welchen Gegenständen in euerer Wohnung kannst du ebenfalls die Zerlegung des weißen Lichtes in ein Spektrum beobachten? Wo befindet sich jeweils das Prisma?
2. Welche Hauptfarbe des Spektrums wird am wenigsten und welche am stärksten gebrochen?
3. Worauf beruht das farbige Funkeln
   a) eines Diamanten,
   b) des Glasbehanges am Kronleuchter,
   c) eines Tautropfens an einem Ast?

Additive Farbmischung

Bei vielen Konzerten begeistern sich die Zuschauer nicht nur an der Musik, sondern auch an den Lichteffekten. Die Musiker, Sänger und Tänzer werden von vielen Scheinwerfern mit farbigen Lichtern angestrahlt. Auf der Bühne fallen die verschiedenfarbigen Lichtkegel aufeinander und mischen sich zu neuen Farben. Wie entstehen diese Farbmischungen?

Mischung von Lichtfarben verschiedener Lichtquellen. In einem Experiment kannst du erkennen, wie sich die Lichtfarben verschiedener Lampen mischen.

EXPERIMENT 3

1. Drei Schüler erzeugen jeweils mit einer Experimentierleuchte und einem Farbfilter (rot, grün oder blau) auf einem weißen Bildschirm ein farbiges Rechteck. Die drei farbigen Rechtecke sollen sich anfangs noch nicht überdecken.
2. Verdreht jeweils eine Lampe so, dass sich auf dem Bildschirm die Farben zweier Lampen zum Teil überlagern! Was beobachtet ihr?
3. Stellt die drei Lampen so ein, dass sich auf dem Bildschirm die Farben aller drei Lampen teilweise überdecken! Was beobachtet ihr?

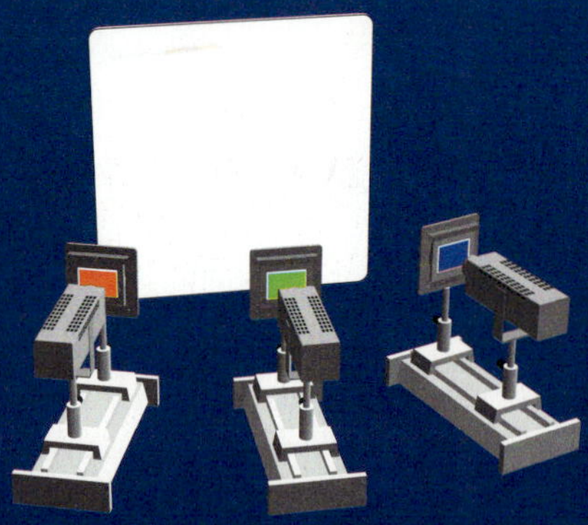

1

Mischt man die Lichtfarben zweier Lichtquellen, so ergibt sich eine Mischfarbe (Bild 2).

Diese Art der Farbentstehung nennt man additive Farbmischung. Mischt man jeweils Licht mit zwei der drei Farben Rot, Grün und Blau, erhält man als Mischfarbe die anderen drei Hauptfarben Cyan (Blaugrün), Gelb und Magenta (Purpur). Ändert man bei der Mischung die Intensität der einzelnen Lichtfarben, erhält man alle anderen Farben. Die Farben Rot, Grün und Blau nennt man die drei Grundfarben der additiven Farbmischung. Sie selbst können nicht aus anderen Lichtfarben gemischt werden.
Die additive Farbmischung kannst du täglich bei einem Fernsehgerät oder einem Farbmonitor erleben. Man spricht dort von den RGB-Farben, was nichts anderes bedeutet als Licht in den Farben R(ot), G(rün) und B(lau).

Rot	+	Grün	=	Gelb
Grün	+	Blau	=	Cyan
Blau	+	Rot	=	Magenta

2

3

Bei der additiven Farbmischung wird farbiges Licht gemischt. Aus den drei Grundfarben Rot, Grün und Blau können alle Farben entstehen.

Farbenkreis. Der englische Physiker ISAAC NEWTON (1642 – 1727) war der Erste, der die Zerlegung des Sonnenlichtes in seine farbigen Bestandteile beim Durchgang durch ein Prisma planmäßig untersuchte.
Es gab viele Forscher, die versuchten, ein Ordnungssystem für die Farben zu schaffen. Sehr oft wurde dazu ein Farbenkreis genutzt. NEWTON ordnete erstmalig die Farben des Sonnenlichtes in einem Kreis an. Da sich in der Natur das violette und das rote Ende des Spektrums nicht berühren, hat er zum Schließen des Kreises noch die Farbe Purpur aufgenommen. Purpur entsteht als Mischfarbe aus Rot und Violett.

1

Der Farbenkreis in Bild 2 zeigt die 6 Hauptfarben bei der additiven Farbmischung.
Mit ihm lassen sich alle Experimente zur additiven Farbmischung einfach beschreiben und die Ergebnisse von Farbadditionen vorhersagen:

- Mischt man zwei Grundfarben, ergibt sich eine Mischfarbe, die zwischen den zwei Grundfarben liegt:
  Rot + Grün = Gelb.
- Mischt man zwei Farben, die sich im Farbenkreis gegenüberstehen, entsteht Weiß.
  Gelb + Blau = Weiß
- Mischt man zwei benachbarte Farben, entsteht eine Farbe, die zwischen beiden liegt.
  Gelb + Rot = Orange

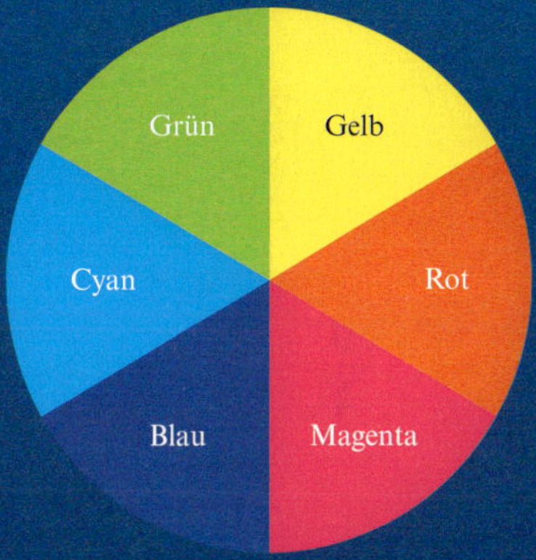

2
Farbenkreis mit den sechs Hauptfarben der additiven Farbmischung

AUFGABEN

1. Stelle dir verschiedene Farbenkreisel her!
   a) Zeichne auf steifes weißes Papier einen Kreis mit einem Durchmesser von etwa 4 cm bis 6 cm! Unterteile den Kreis in 2 bis 6 Sektoren und male sie mit verschiedenen Deckfarben aus! Stecke einen spitzen Bleistift durch die Mitte und lass den Farbenkreisel rotieren!
   b) Male dieselben Farben in einer anderen Reihenfolge! Was geschieht?
   c) Wähle ganz andere Farben! Was stellst du fest?

3

2. Jede Lampe sendet Licht einer der sechs Farben Rot, Grün, Blau, Cyan, Magenta und Gelb aus. Welche Farbe hat dann die Fläche mit dem Fragezeichen?

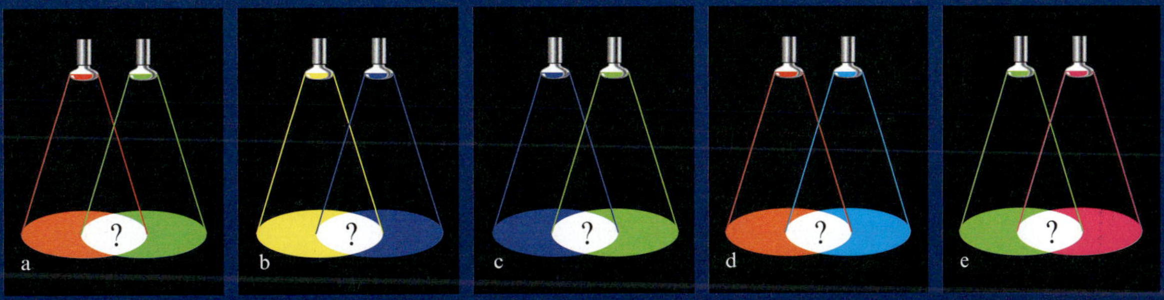

4

Subtraktive Farbmischung

Wenn du auf einem weißen Schirm das Licht einer blau leuchtenden Lampe und einer gelb leuchtenden Lampe mischst, erhältst du Weiß. Mischst du aber aus deinem Tuschkasten die Farben Gelb und Blau, dann erhältst du Grün! Wie kann man diesen Widerspruch erklären?

Farbgläser. Zum Aufdecken des Geheimnisses der Farbmischung mit den Farben aus dem Tuschkasten, untersuchen wir zunächst die Wirkung von Farbgläsern.

EXPERIMENT 4

Auf einem Tageslichtprojektor liegen drei Farbgläser in den Farben Cyan, Magenta und Gelb.
Die Farbgläser werden so verschoben, dass sie sich teilweise überdecken.
Die Farben, die auf der Projektionswand entstehen, werden beobachtet.

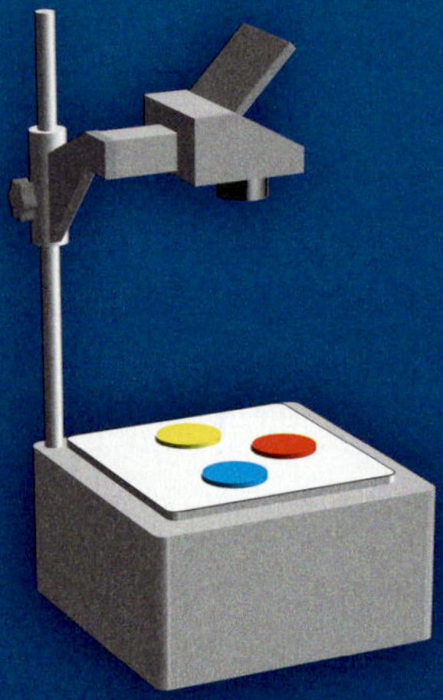

1

Das Experiment zeigt:
Wenn sich Magenta und Gelb überdecken, ergibt das hindurch gelassene Licht auf dem Schirm Rot.
Wenn sich Cyan und Gelb überdecken, ergibt sich Grün.
Wenn sich Magenta und Cyan überdecken entsteht Blau.
Wenn sich alle drei Farben überdecken, entsteht auf dem Schirm Schwarz.

Aus dem Spektrum des weißen Lichtes werden von den Farbgläsern verschiedene Farben weggenommen (oder subtrahiert). Die Restfarben vereinigen sich zu einer Mischfarbe. Diese Form der Farbentstehung nennt man **subtraktive Farbmischung.**
Und wie entsteht der schwarze Bereich in der Mitte von Bild 1?
Ein Cyan-Farbglas subrahiert aus dem Spektrum die Farben Rot, Orange und Gelb. Es lässt nur Grün, Blau und Violett hindurch.
Ein Magenta-Farbglas subtrahiert Gelb, Grün und Blau. Es lässt nur Rot und Violett hindurch.
Ein Gelb-Farbglas subtrahiert Blau und Violett. Es lässt nur Rot, Orange, Gelb und Grün hindurch.
Wenn also alle drei Farbgläser übereinander liegen, gelangt kein Bereich des Spektrums zum Schirm und es entsteht Schwarz (Bild 2).

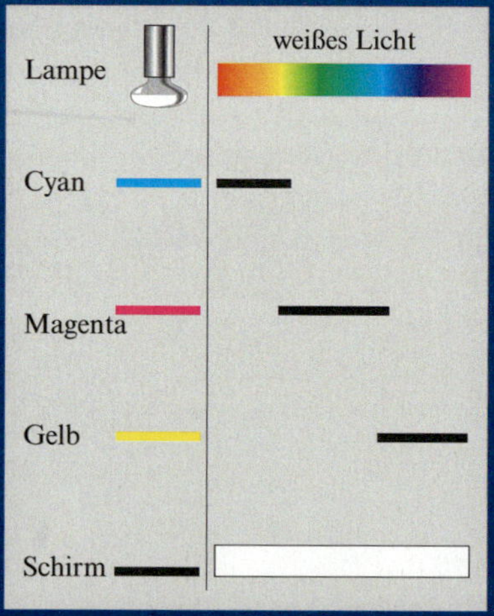

2

Farben aus dem Tuschkasten. Auch die Farben aus einem Tuschkasten nehmen aus dem weißen Licht ganz bestimmte Spektralfarben weg. Die restlichen Lichtfarben werden reflektiert und ergeben eine Mischfarbe. So subtrahiert gelber Farbstoff wie ein gelbes Farbglas die Spektralfarben Blau und Violett. Nur Rot, Orange, Gelb und Grün werden reflektiert und rufen in unserem Auge einen gelblichen Farbeindruck hervor. Je nachdem ob in diesen vier reflektierten Farben Rot, Orange, Gelb oder Grün überwiegt, entsteht ein anderes Gelb.
Bild 2 zeigt, wie beim Mischen von Cyan und Gelb aus dem Tuschkasten in unserem Auge die Farbe Grün entsteht:

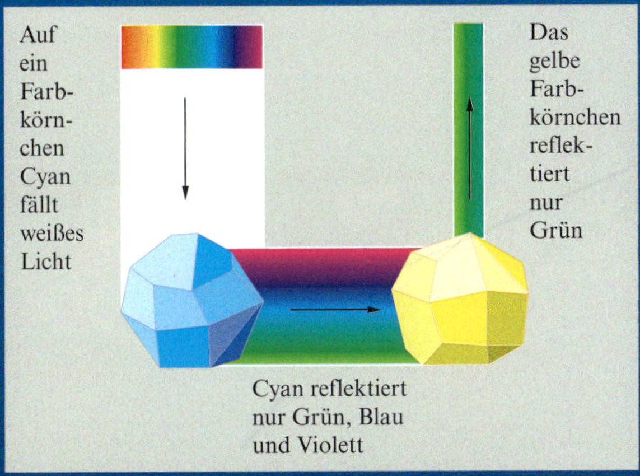

1

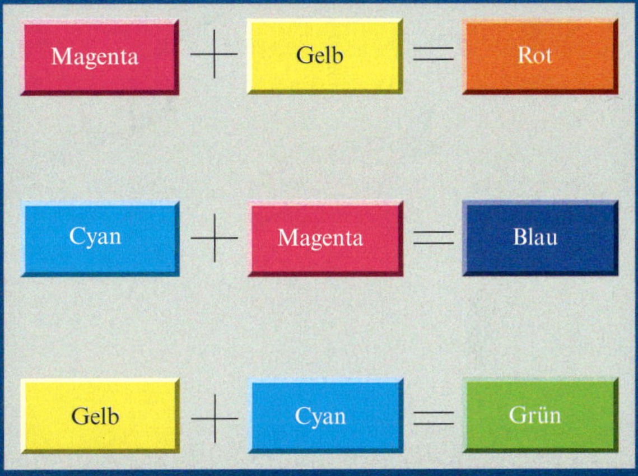

2

Magenta, Gelb und Cyan sind die Grundfarben der subtraktiven Farbmischung.
Mit ihnen können alle anderen Farben gemischt werden; sie selbst können nicht aus anderen Farben gemischt werden.

„Unbunte" Farben im Tuschkasten. Im Tuschkasten gibt es noch die zwei „unbunte" Farben Weiß und Schwarz. Weiße Farbkörperchen reflektieren alle Lichtfarben aus dem weißen Licht, sie vereinigen sich für unser Auge wieder zu Weiß. Schwarze Farbkörperchen nehmen alle Lichtfarben aus dem weißen Licht weg. Von schwarzen Körpern kommt kein Licht in unser Auge. Das kannst du auch experimentell überprüfen, indem du das Spektrum des weißen Lichtes nicht auf weißem Papier, sondern auf nicht glänzendem schwarzen Papier erzeugst.

Übrigens

Auch dieses Buch wurde mit den Farben Cyan, Magenta und Gelb gedruckt. Das sind die Farben, die du von einem Farbdrucker kennst. Diese Farben werden auch als CMY-System bezeichnet: C für Cyan, M für Magenta und Y für Yellow.
Damit die Kontraste stärker werden und ein tiefes Schwarz entsteht, benutzt man beim Drucken auch noch reines Schwarz.

AUFGABEN

1. Prüfe, ob du durch Mischen von Magenta, Gelb und Cyan alle bunten Farben erzeugen kannst!
2. Erkläre anhand einer Zeichnung wie im Bild 1, dass auch dann Grün entsteht, wenn das weiße Licht zuerst auf das gelbe Farbkörnchen und erst danach auf das cyanfarbene Farbkörnchen trifft!
3. Erkläre anhand einer Zeichnung wie im Bild 1, welche Mischfarbe bei
   a) gelben und magentafarbenen Farbkörperchen und
   b) cyanfarbenen und magentafarbenen Farbkörperchen entstehen!

Körperfarben

Warum erscheint eine Hose eigentlich rot oder blau? Die Farbe, in der wir einen lichtundurchlässigen Körper im Sonnenlicht sehen, heißt Körperfarbe. Sie entsteht durch subtraktive Farbmischung.

Scheint die Sonne zum Beispiel auf einen blauen Körper, dann nimmt er alle Farben des Spektrums weg, außer Grün, Blau und Violett. Diese drei Farben reflektiert der Körper und sie ergänzen sich zu einem blauen Mischlicht (Bild 1). Wird der blaue Körper mit gelbem Licht bestrahlt, sieht er schwarz aus (Bild 2). Im gelben Licht ist kein blaues vorhanden. Der Körper kann keine Farbe reflektieren. Gleiche Körperfarben erscheinen also nicht immer gleich. Das kannst du im folgenden Experiment untersuchen.

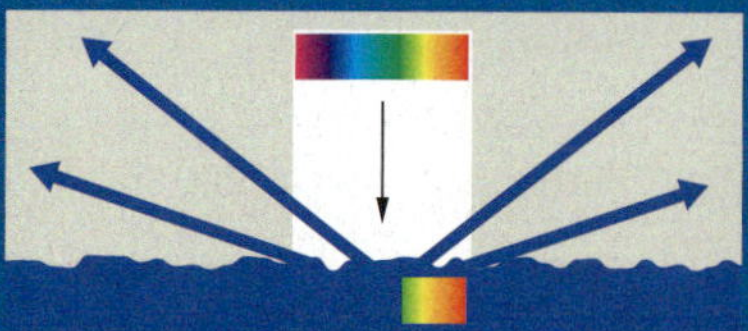
1

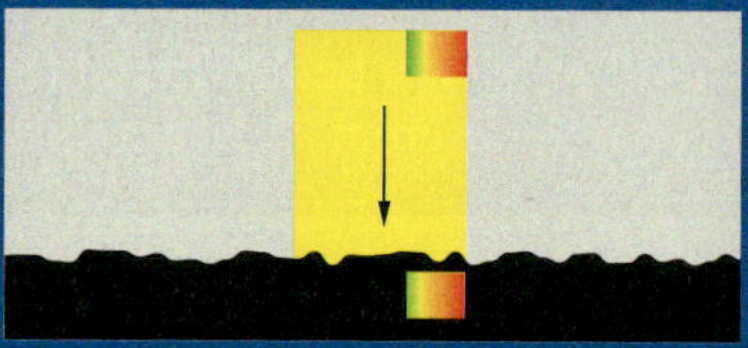
2

EXPERIMENT 5

Beleuchte in einem abgedunkelten Raum unterschiedliche farbige Dinge mit unterschiedlich farbigen Lampen (rot, gelb, grün, blau, weiß). Trage in eine Tabelle ein, in welcher Farbe die Gegenstände erscheinen und welche Helligkeit sie haben. Du kannst für dieses Experiment auch farbige Pappen verwenden.

3

Wenn also ein Körper mit unterschiedlichem Licht beleuchtet wird, so kann er ganz unterschiedlich aussehen.
Kaufst du ein T-Shirt oder einen Apfel, dann ist die wahrgenommene Farbe stets abhängig von der Farbe des Lichtes, mit dem der Gegenstand bestrahlt wird und von dem Reflexionsvermögen des Gegenstandes für verschiedenfarbiges Licht.
Diese Tatsache wird beim Verkauf von Waren oft ausgenutzt, indem die Waren mit farbigem Licht angestrahlt werden und nicht mit weißem. Deshalb sollten Produkte vor dem Kauf möglichst bei normalem Tageslicht betrachtet werden. In Verkaufsvitrinen kann man z.B. durch geschickte Beleuchtung die Farben von Fleisch und Gemüse verschönen.

AUFGABEN

1. Wie muss man eine Fleischvitrine oder eine Obstauslage beleuchten, damit das Fleisch oder das Obst besonders appetitlich aussieht?
2. Worin unterscheiden sich bunte, unbunte und verhüllte Farben?
3. Wie kannst du Olivgrün mischen? Probiere aus!

Verhüllte Farben

In der Natur gibt es Farben, wie Braun, Olivgrün oder Rosa, die nicht im Sonnenspektrum vorkommen. Um diese Farben zu erhalten, muss man bunte Farben (aus der Spektrum) und unbunte Farben (wie Schwarz und Weiß) mischen.
Mischt man zum Beispiel Schwarz und Rot, verhüllen die schwarzen Farbkörperchen die roten Farbkörperchen. Das Auge empfindet diese Mischfarbe nicht als ein schmutziges Rot, sondern als Braun. Rosa entsteht, wenn man rote Farbkörperchen in weiße Farbkörperchen verhüllt. Da die unbunten Farben Schwarz und Weiß die bunten Farben verhüllen, nennt man die so entstehenden Mischfarben verhüllte Farben.

4

Farbfersehen

Betrachtet man ein weiß flimmerndes Standbild des Fernsehers mit der Lupe, sieht man viele Streifen aus kleinen Farbstäbchen. Diese leuchten blau, grün oder rot. Die leuchtenden Farbstäbchen sind in noch kleinere, schwarze, nicht leuchtende Stäbchen eingebettet.
Auf einem Bildschirm befinden sich je nach Größe des Schirms mehr als 1 Million solcher Stäbchen. Jedes kann einzeln (!) an- und ausgestellt und zudem noch in seiner Helligkeit verändert werden. Die Farblichter von je drei benachbarten, farbig leuchtende Stäbchen addieren sich zu einer Mischfarbe und bilden einen Lichtpunkt.

1

2

Das farbige Fernsehbild setzt sich aus mehr als 300 000 solcher Lichtpunkte zusammen. Die Farbigkeit und die Helligkeit der einzelnen Farbstäbchen wird 25-mal pro Sekunde verändert. So entstehen auf dem Bildschirm in jeder Sekunde nacheinander 25 Bilder. Da wir Menschen höchstens 16 Bilder je Sekunde unterscheiden können, entsteht der Eindruck von bewegten Bildern.

AUFGABEN

1. Spritze im Garten aus dem Wasserschlauch fein zerstäubtes Wasser in die Luft. In welche Richtung musst du das Wasser spritzen, um einen Regenbogen zu sehen?
2. Für welche Farben sind die schwarzen Streifen zwischen den blauen, grünen und roten Farbstäbchen notwendig?

Regenbogen

Eines der eindrucksvollsten Naturereignisse ist der Regenbogen. Es regnet noch, aber die Sonne scheint bereits wieder, und da zeigt sich der farbige Bogen, außen kräftig rot und nach innen – deutlich schwächer – orange, gelb, grün, blau und violett.
Du kannst den Regenbogen aber nur sehen, wenn sich genügend Wassertröpfchen in der Luft befinden, die Sonne sich in einer bestimmten Höhe befindet und du mit dem Rücken zur Sonne stehst.
Der Regenbogen ist ein Kreisbogen; in seinem Mittelpunkt liegt der Schatten vom Kopf des Beobachters. Jeder Beobachter sieht also seinen „eigenen" Regenbogen Bild 3).
Einen Regenbogen können wir sehen, weil das Sonnenlicht nicht durch alle Wassertröpfchen nach hinten hindurch geht. Bei den meisten Tröpfchen wird das Licht an der Rückseite reflektiert und geht wieder in die Richtung aus der es gekommen ist zurück.
Das Licht wird aber dabei zweimal gebrochen – das erste Mal beim Eintritt in den Tropfen und das zweite Mal beim Verlassen des Tropfens. Dabei wird das Licht in seine Farbbestandteile zerlegt – das hast du beim Prisma kennen gelernt. Weil aber die verschiedenen Farbanteile des Lichtes unterschiedlich stark gebrochen werden, verlassen sie die Wassertröpfchen unter verschiedenen Winkeln. Blaues Licht verlässt den Tropfen flacher als rotes Licht. Die rot leuchtenden Tropfen sehen wir also über den blauen.

3

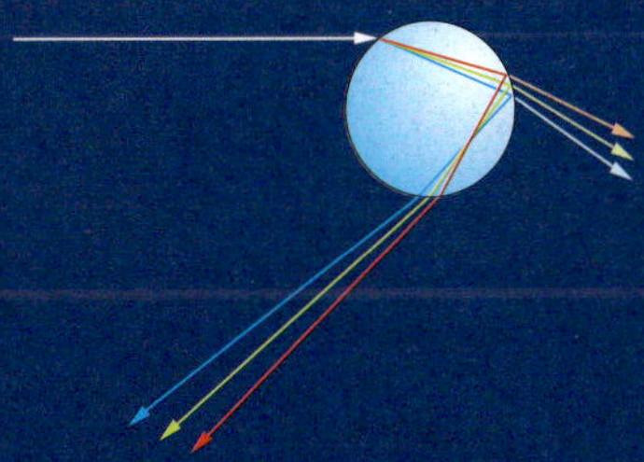
4

Bildentstehung mit Linsen

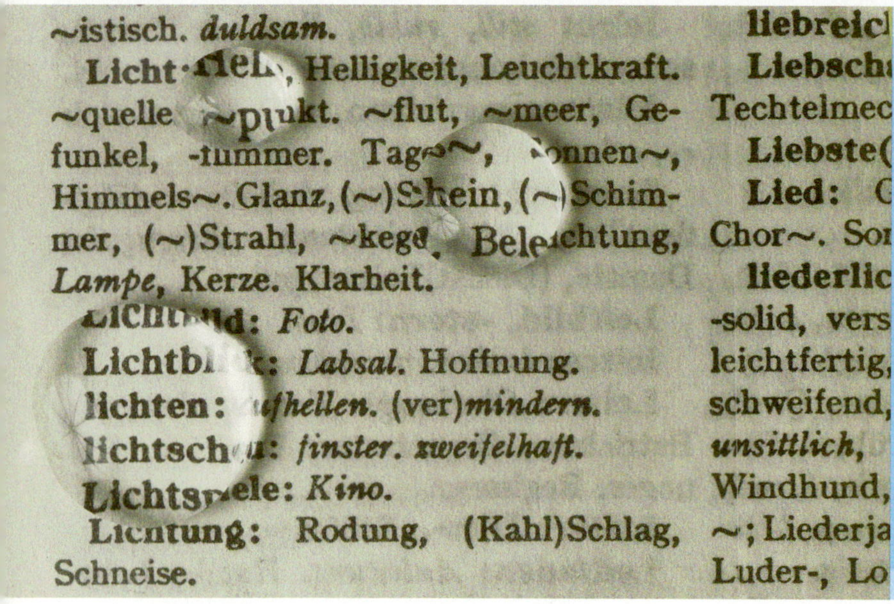

1

Wassertropfen auf einer steifen Klarsichtfolie bilden „Linsen“. Damit kann man z. B. Schrift vergrößern. Für Brillen oder Lupen sind solche Wasserlinsen jedoch ungeeignet. Da braucht man einen festen Stoff.

Optische Linsen

Optische Linsen stellt man aus durchsichtigem Glas oder Kunststoff her. Wenn sie am Rand dünner sind als in der Mitte, handelt es sich um Sammellinsen (Bild 2).
Linsen, die in der Mitte dünner sind als am Rand, heißen Zerstreuungslinsen (Bild 3).

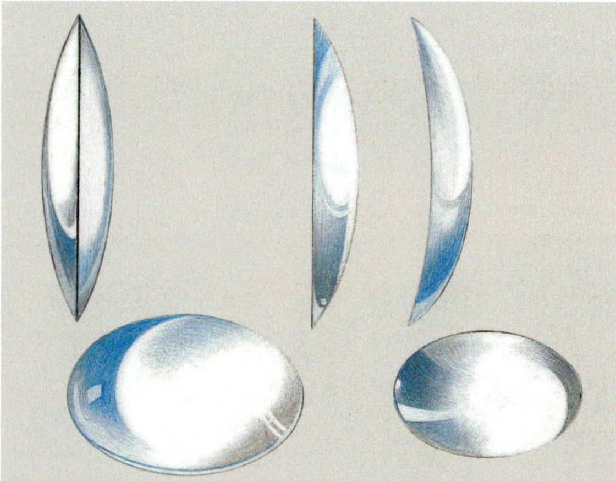
2

Sammellinsen

3

Zerstreuungslinsen

Die Namen der Linsen beschreiben ihre Eigenschaften. Mit einer Sammellinse, die du als Lupe kennst, kannst du das Licht von der Sonne oder einer weit entfernten Lampe in einem kleinen Fleck sammeln (Bild 1, folgende Seite). Das Licht solcher weit entfernten Gegenstände ist nahezu parallel. Der Abstand der Linse zum Sammelpunkt des Lichtes auf der Wand entspricht der Brennweite

1 Sammeln von Sonnenlicht

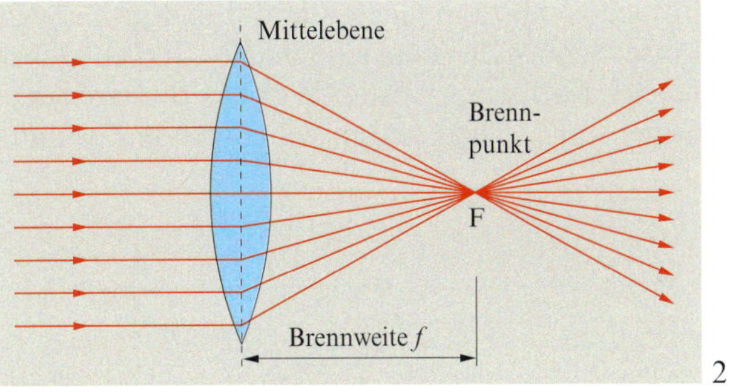

2 Brennpunkt einer Sammellinse

der Linse. In Bild 2 ist der Vorgang mithilfe von Lichtstrahlen dargestellt. Eigentlich wird das Licht zweimal, nämlich an den beiden Oberflächen der Linse, gebrochen. Zur Vereinfachung kann man aber die Zeichnung so ausführen, als würde nur eine Brechung an der Mittelebene der Linse auftreten. Alle parallel einfallenden Lichtstrahlen verlaufen nach der Brechung an der Linse durch den Brennpunkt.

Übrigens

Die Brechkraft ist umso größer, je kleiner die Brennweite einer Sammellinse ist. Ihre Einheit ist die Dioptrie (abgekürzt: dpt).
1 dpt = 1/m.
Beispiel:
Brennweite: $f = 0{,}2$ m
Brechkraft: 1/0,2 m = 5 dpt.
Unser Auge hat übrigens eine Brechkraft von 60 dpt.

Bildentstehung mit Sammellinsen

Mit Sammellinsen lassen sich von Gegenständen Bilder erzeugen. Diese kann man auf einer Leinwand oder einem Papierschirm auffangen.
Mit einem hell leuchtenden Gegenstand, wie einer Lampe oder Kerze, ist am besten zu experimentieren.

3

EXPERIMENT 1
Stellt eine Sammellinse mit einer Brennweite von ungefähr 100 mm etwa 20 cm vor einer Kerze auf. Bewegt den Schirm so lange, bis ihr ein scharfes Bild der Kerzenflamme erhaltet. In welchem Abstand von Linse und Schirm gelingt das? Vergleicht die Größen von Kerzenflamme und ihrem Bild!

Wie im Experiment 1 festgestellt, gilt:

Befindet sich ein Gegenstand außerhalb der Brennweite einer Sammellinse, so steht sein Bild auf dem Kopf und ist seitenverkehrt. Gegenstand und Bild befinden sich auf verschiedenen Seiten der Sammellinse.

Für jeden Abstand Gegenstand–Linse gibt es genau einen Abstand Linse–Schirm, bei dem ein scharfes Bild entsteht (Bild 1).
Je nach Größe der Abstände ist das Bild größer oder kleiner als der Gegenstand. Dabei zeigen sich folgende Zusammenhänge:

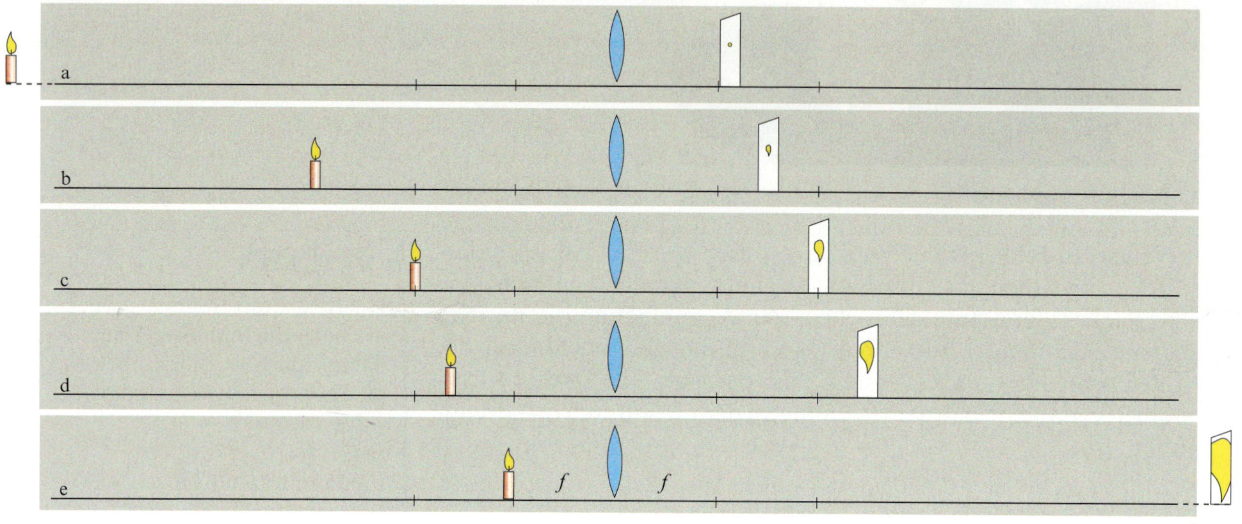

1

Das kleinste Bild entsteht dicht am Brennpunkt, wenn der Gegenstand sehr weit weg ist.
Das größte Bild entsteht auf einem Schirm in großer Entfernung, wenn der Gegenstand sich dicht am Brennpunkt (aber noch außerhalb der Brennweite) befindet.

Strahlenverlauf an Sammellinsen

Wie die Bilder an Sammellinsen entstehen, kannst du dir mithilfe des Verlaufs von Lichtstrahlen erklären. Zum Strahlenverlauf kannst du auch ein einfaches Experiment machen.
Vorher solltest du dir jedoch das Bild 2 anschauen: Jede Sammellinse hat zwei Brennpunkte, die symmetrisch zur Mittelebene auf der optischen Achse liegen.
Du erkennst Lichtstrahlen, die parallel zur optischen Achse verlaufen; sie heißen Parallelstrahlen. Außerdem sind Brennpunkt- und Mittelpunktstrahlen eingezeichnet.

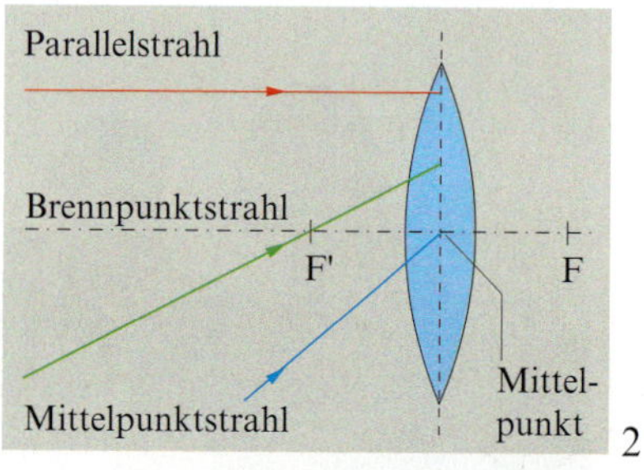

2

EXPERIMENT 2

1. Lege eine Sammellinse (aus der Heftoptik) auf ein Blatt Papier und zeichne die optische Achse ein!
2. Bestimme mit Lichtbündeln, die wie Parallelstrahlen einfallen, die Brennpunkte der Linse. Zeichne beide Brennpunkte ein!
3. Richte das Lichtbündel so auf die Linse, dass es wie ein Brennpunktstrahl verläuft.
   Betrachte den Verlauf des Lichtbündels hinter der Linse!
4. Wiederhole das Experiment mit einem Lichtbündel, das wie ein Mittelpunktstrahl verläuft!

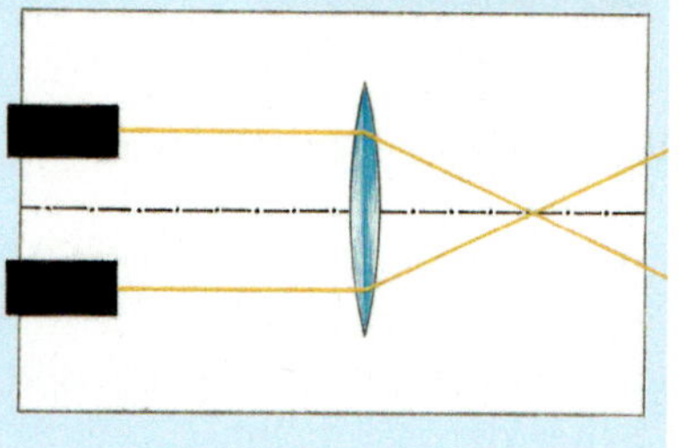
3

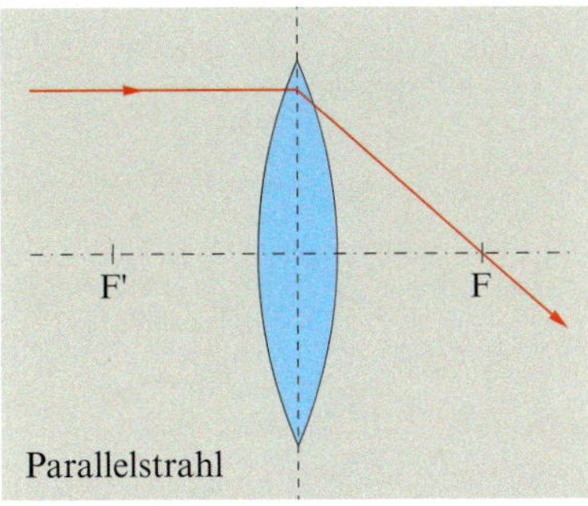

1

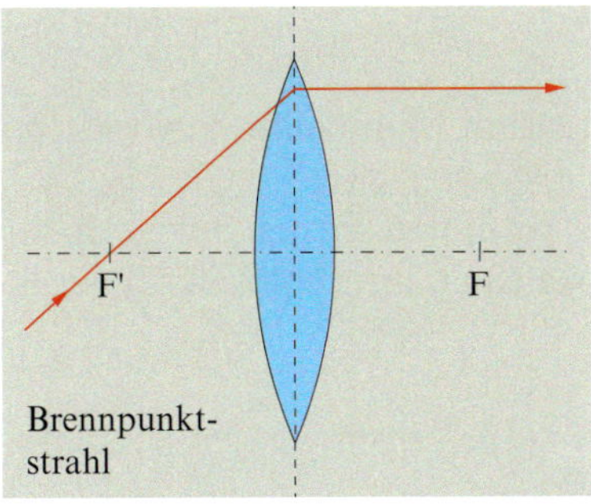

2

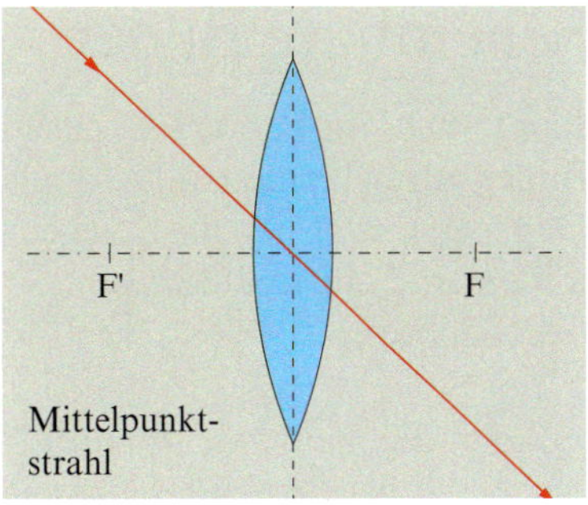

3

Aus Parallelstrahlen werden beim Durchgang durch Sammellinsen Brennpunktstrahlen.
Brennpunktstrahlen werden beim Durchgang durch Sammellinsen zu Parallelstrahlen.
Mittelpunktstrahlen werden durch Sammellinsen nicht gebrochen und durchlaufen sie geradlinig.

Konstruktion von Bildern

Bisher wurde der Verlauf von Lichtbündeln durch Sammellinsen untersucht und Gegenstände abgebildet. Die auf dem Schirm aufgefangenen Bilder nennt man wirkliche oder reelle Bilder.
Nun soll mithilfe der Gesetze über Lichtstrahlen an Linsen versucht werden, das Bild eines Gegenstandes zeichnerisch zu finden, man sagt: zu konstruieren. Stelle dir dazu der Einfachheit halber einen nahezu punktförmigen Gegenstand, z.B. eine kleine Lampe, vor. Das von dort ausgehende Licht breitet sich geradlinig in alle Raumrichtungen aus. In Bild 4 ist davon eine Ebene gezeichnet.
Für die Abbildung des punktförmigen Gegenstandes G kommt natürlich nur das Licht infrage, das auf die Linse trifft. Dieses Licht sammelt die Linse in einem Punkt. Man nennt ihn Bildpunkt B. Wenn du die gezeichneten Strahlen (Bild 4) genauer betrachtest, fallen dir drei besonders auf. Du hast sie bereits im Experiment 2 kennen gelernt. Sie sind farblich hervorgehoben: Parallelstrahl (rot), Mittelpunktstrahl (blau) und Brennpunktstrahl (grün).
Um den Bildpunkt B eines Gegenstandes G zu konstruieren, benötigst du nur zwei der drei genannten Strahlen.

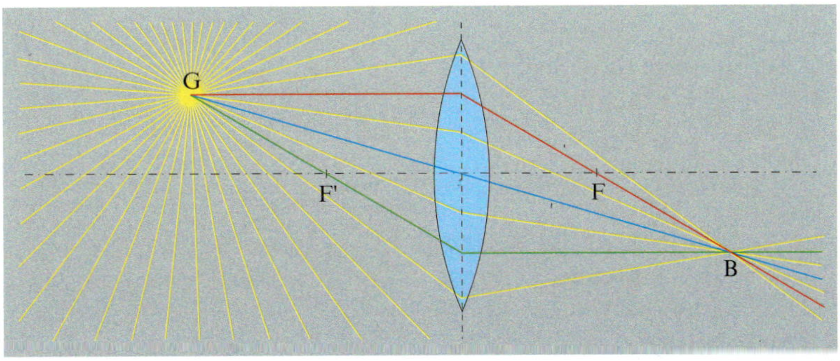

4

Abbildung eines Gegenstandspunktes

Scheinbare Bilder

Bisher hast du bei den Experimenten mit Sammellinsen wirkliche Bilder auf Schirmen aufgefangen.
Dagegen lassen sich die Spiegelbilder an einem ebenen Spiegel nicht mit einem Schirm auffangen: Sie erscheinen uns hinter der Spiegeloberfläche.

Bilder, die nicht mit einem Schirm aufgefangen werden können, heißen scheinbare oder virtuelle Bilder.

Was mit dem Bild passiert, wenn man den Gegenstand von großer Entfernung bis zum Brennpunkt auf die Linse zu bewegt, hast du bereits untersucht (Bild 1, S. 50). Was geschieht mit dem Bild, wenn der Gegenstand noch dichter an die Linse gerückt wird, sodass er innerhalb der Brennweite steht?

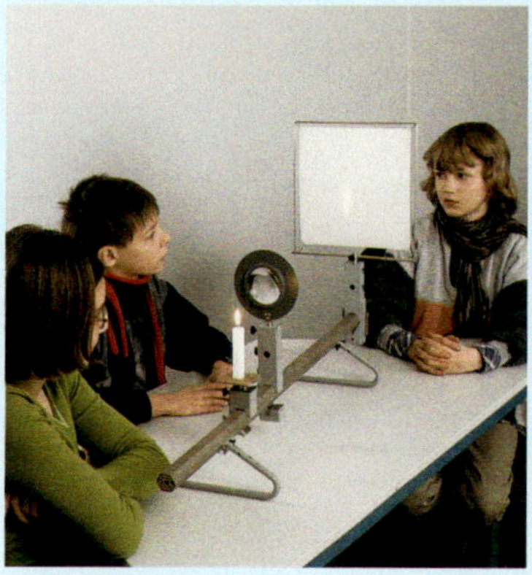
1

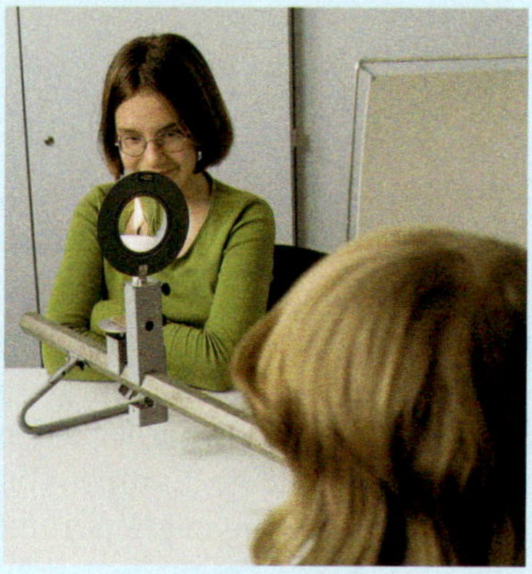
2

EXPERIMENT 3
1. Ordne eine Sammellinse, eine Kerze und einen Schirm so auf dem Tisch an wie in Bild 1. Betrachte den Schirm!
2. Schaue vom Schirm zur Linse (Bild 2). Was siehst du?

Im Bild 1 ist der Schirm zwar hell, aber es ist kein Bild der Kerzenflamme erkennbar.
Befindet sich die Kerze innerhalb der Brennweite einer Sammellinse, dann sieht man durch die Linse ein Bild. Es ist vergrößert und aufrecht.
Es ist ein scheinbares Bild, wie das Bild eines Spiegels. Man kann es nicht mit einem Schirm auffangen.
Für Gegenstände innerhalb der Brennweite wirken Sammellinsen als **Lupe**. Man kann damit kleine Dinge vergrößert betrachten, wie es z. B. Uhrmacher tun.
Wenn du nun versuchst, wie gewohnt das Bild der Kerzenspitze zu konstruieren, stellst du fest, dass es keinen Schnittpunkt der Strahlen hinter der Linse gibt (Bild 3).
Das Licht der Kerze wird nicht hinter der Linse gesammelt. Es entsteht kein reelles Bild.
Wenn man die Strahlen jedoch rückwärts verlängert, ergibt sich ein Schnittpunkt. Hier lässt sich das vergrößerte Bild hinter dem Gegenstand konstruieren. Mithilfe einer solchen Konstruktion kannst du die vergrößernde Wirkung einer Lupe bestimmen.

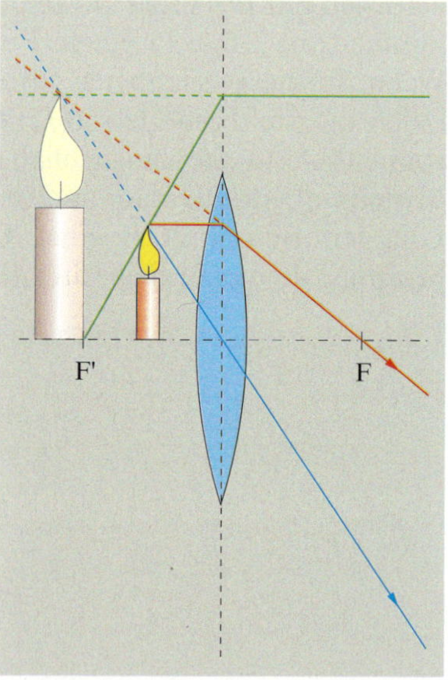

3
Konstruktion scheinbarer Bilder

Bildentstehung bei Auge und Fotoapparat

Mit optischen Linsen lassen sich von Gegenständen Bilder erzeugen. Bei einem Fotoapparat sind oft mehrere Linsen hintereinander angeordnet, die man Objektiv nennt. Solche Objektive sorgen für eine bessere Abbildung, als einzelne Linsen es können. Der Abstand zwischen Objektiv und Film muss so eingestellt werden, dass der gewünschte Gegenstand auf dem Film scharf abgebildet wird. Beim Auge besorgen Hornhaut und Linse zusammen die Abbildung von Gegenständen. Ein wirkliches Bild entsteht dabei auf der Netzhaut. Das Scharfstellen geschieht durch Muskeln, mit denen die Krümmung der Linse verändert werden kann. Der Abstand von „Objektiv" und Netzhaut ist beim Auge des Menschen nicht veränderbar.

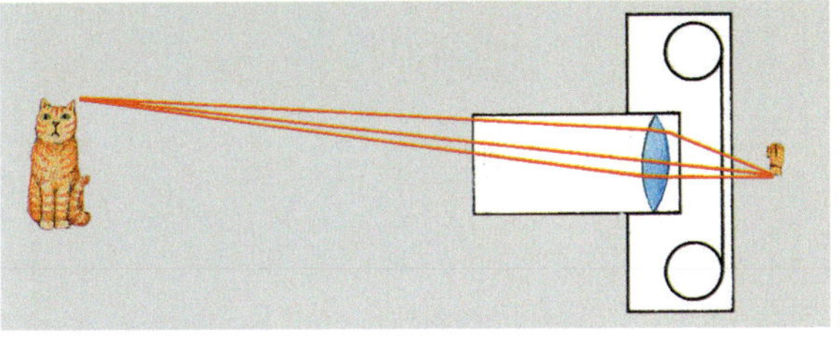
1

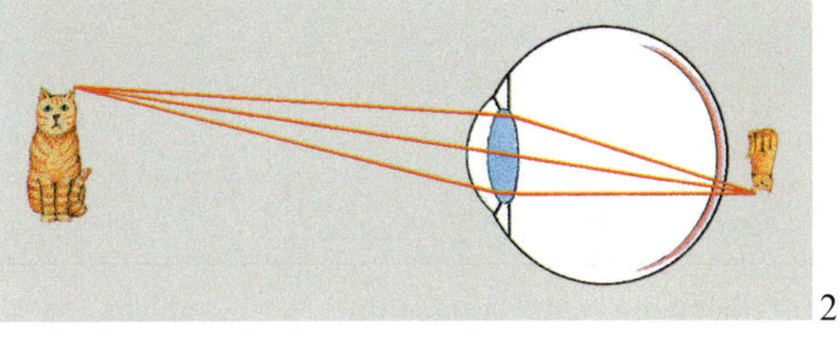
2

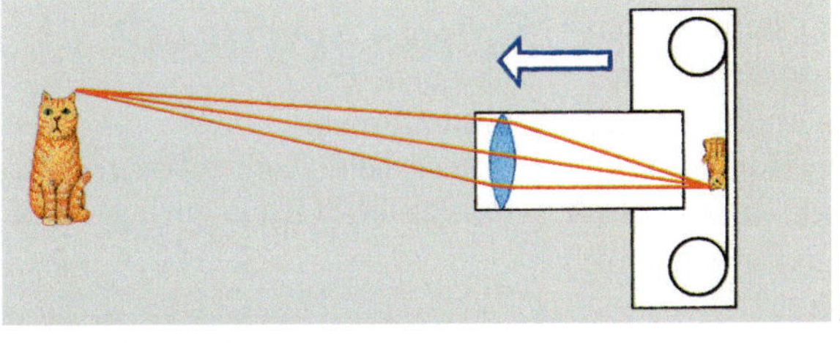
3

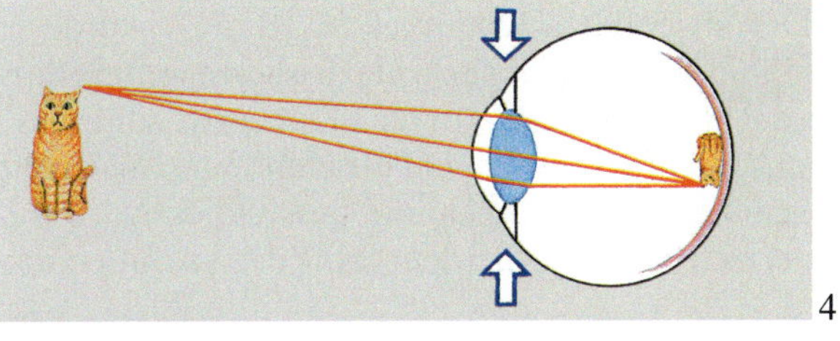
4

Mit Brillen den Durchblick bekommen. Für ein normales, gesundes Auge eines jüngeren Menschen ist ein Scharfsehen durch Krümmung der Linse bis zum Nahpunkt von 7 cm möglich. Mit zunehmendem Alter lässt diese Fähigkeit oft nach und viele Menschen benötigen eine Lesebrille gegen diese Altersweitsichtigkeit. Manche Menschen benötigen aber schon als Kind eine Brille, weil ihr Augapfel zu kurz oder zu lang ist. Dann kann kein scharfes Bild auf der Netzhaut entstehen. Was heißt kurzsichtig oder weitsichtig genau?

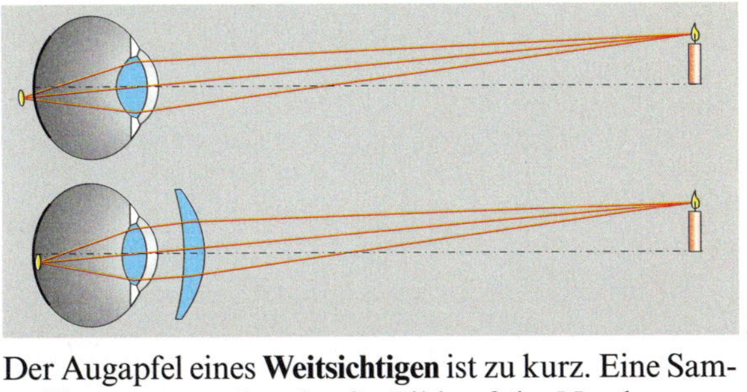
5

Der Augapfel eines **Weitsichtigen** ist zu kurz. Eine Sammellinse erzeugt ein scharfes Bild auf der Netzhaut.

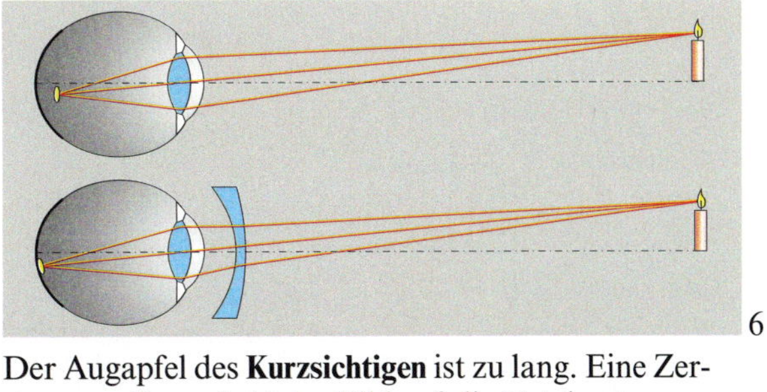
6

Der Augapfel des **Kurzsichtigen** ist zu lang. Eine Zerstreuungslinse rückt das Bild auf die Netzhaut.

Bildwerfer

Als Bildwerfer oder Projektoren bezeichnet man Geräte, die es ermöglichen, eine kleine Bildvorlage auf einer Leinwand einer größeren Gruppe von Menschen zu zeigen.

1

Diaprojektor. Bei einem Diaprojektor (Bild 1) besteht die Vorlage aus einem Diapositiv. Dieses ist in der Regel 24 mm × 36 mm groß. Es befindet sich in einem Rahmen.
Die Abbildung beim Diaprojektor verläuft im Grunde umgekehrt wie beim Fotoapparat (Bilder 2 und 3).

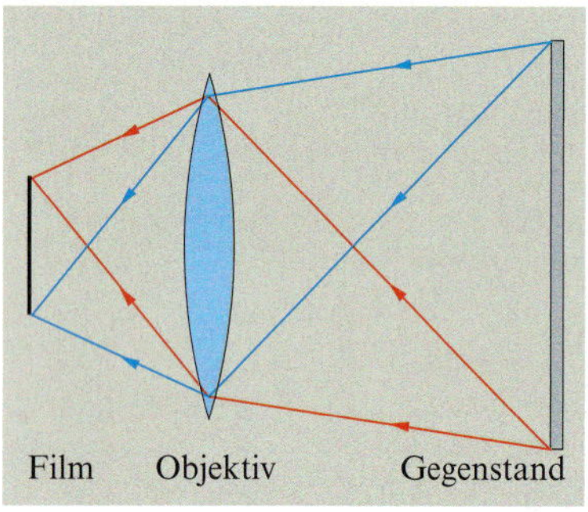

2 Strahlengang beim Fotoapparat

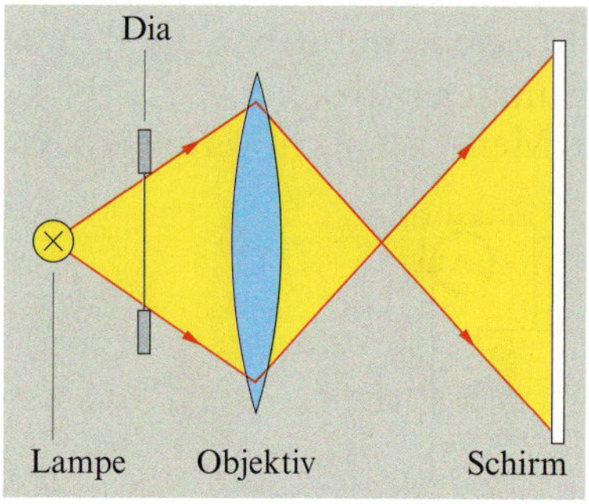

3 Strahlengang beim Diaprojektor

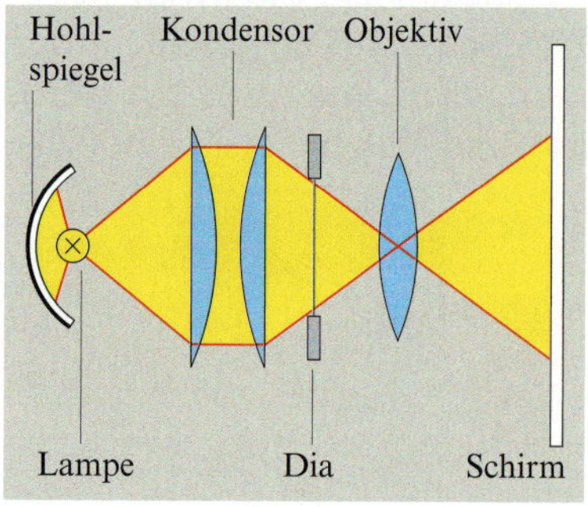

4 Diaprojektor mit Kondensor

Der abgebildete Diaprojektor (Bild 3) würde jedoch kein gleichmäßig helles Bild liefern. Dazu ist eine weitere Sammellinse, oft auch zwei als Kondensor, vor dem Dia notwendig. Ein zusätzlicher Hohlspiegel sorgt für gute und gleichmäßige Ausleuchtung (Bild 4). Man benötigt helle Lampen und gute Objektive, um Freude an den Bildern zu haben. Außerdem sollte der Vorführraum abgedunkelt sein.

Tageslichtprojektor. Ein Tageslichtprojektor benötigt auch eine Lampe, aber er kann in hellen Räumen betrieben werden. Man nennt ihn auch Overheadprojektor. Beim Tageslichtprojektor muss eine etwa 100fach größere Fläche gleichmäßig ausgeleuchtet werden. Eine so große Kondensorlinse wäre teuer und sehr schwer. Den gleichen Zweck erfüllen dünne Linsen aus Plexiglas, die man nach ihrem Erfinder Fresnellinsen (sprich: Frennel) nennt.

Schon gewusst?

Linsenformen:
Konvex heißt nach außen gewölbt.
Konkav heißt nach innen gewölbt.

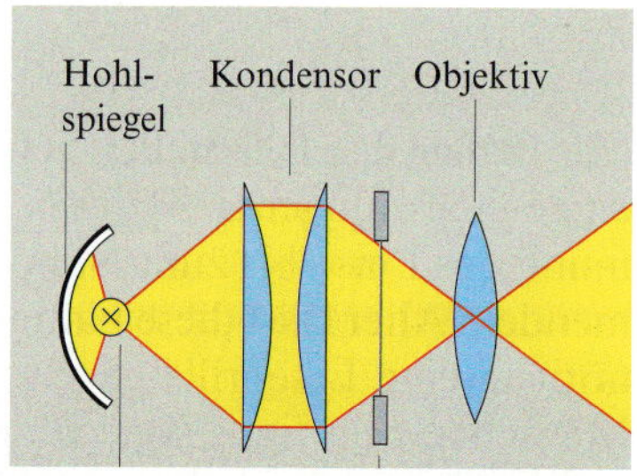

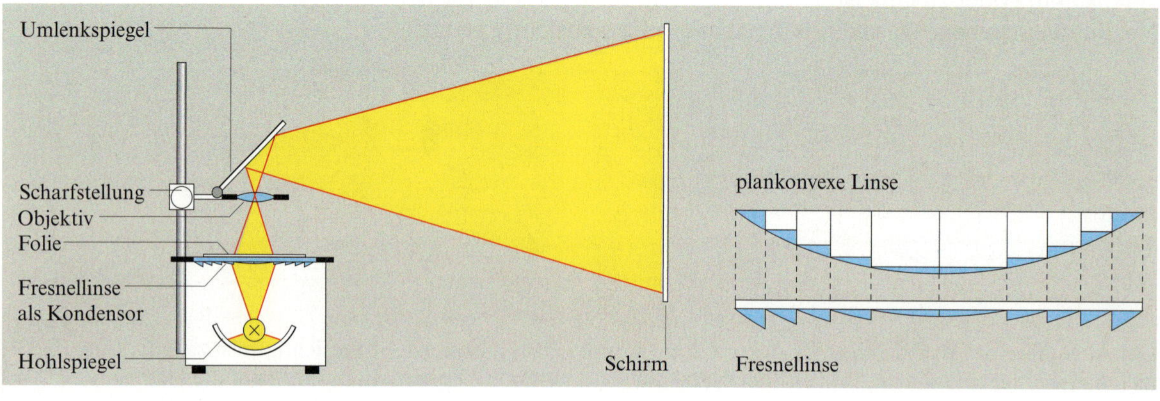

5

Mikroskop

Mit einer Lupe lassen sich kleine Dinge optisch vergrößern. Aber das hat seine Grenzen. Für ganz kleine Objekte benötigt man ein Mikroskop. Es besteht aus zwei Sammellinsen.

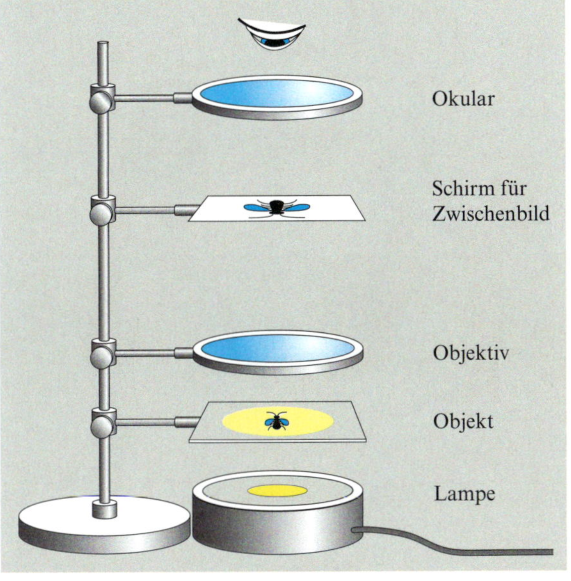

1

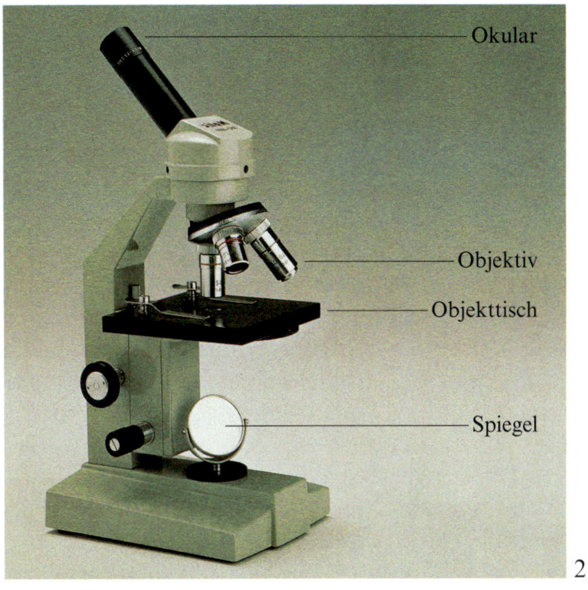

2

Als Objektiv wählt man eine Sammellinse mit kleiner Brennweite, das man dicht an das Objekt heranführt. Es entsteht ein Zwischenbild. Dieses kann man mit einem Schirm sichtbar machen. Das vergrößerte Zwischenbild wird nun mit dem Okular, wie mit einer Lupe betrachtet und so nochmals vergrößert.
Im richtigen Mikroskop (Bild 2) ist natürlich kein Schirm wie im Modell (Bild 1) vorhanden. Statt der beiden Sammellinsen verwendet man wegen der besseren optischen Qualität Linsensysteme als Objektiv und Okular.
Das Objekt muss gut beleuchtet sein, um Kontraste zu erkennen. Das kann durch einen Spiegel oder eine Lampe erfolgen. Die Gesamtvergrößerung ergibt sich als Produkt aus Objektivvergrößerung und Okularvergrößerung: z. B. 50fach und 15fach ergibt 750fach.

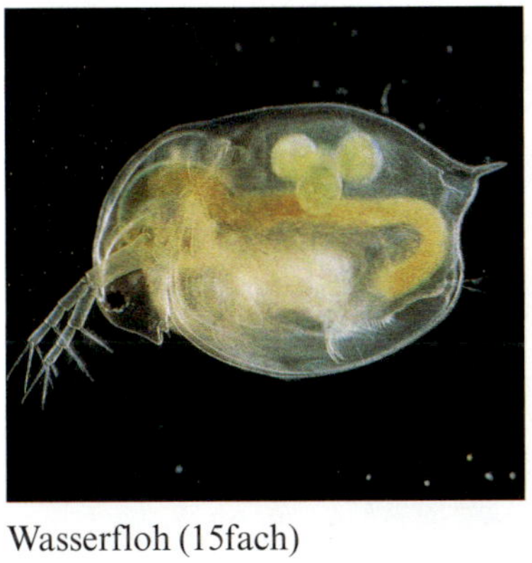
3
Wasserfloh (15fach)

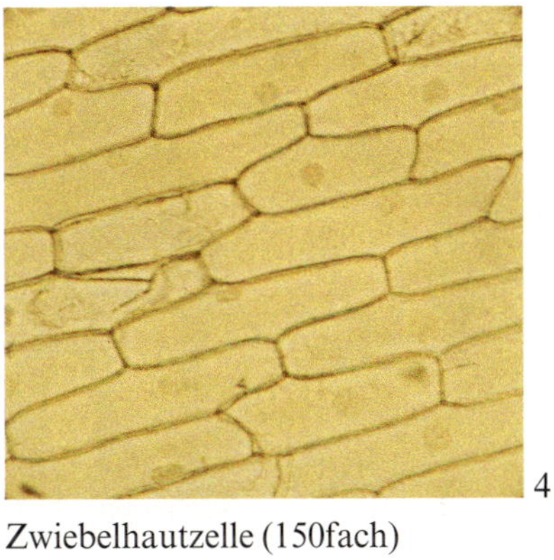
4
Zwiebelhautzelle (150fach)

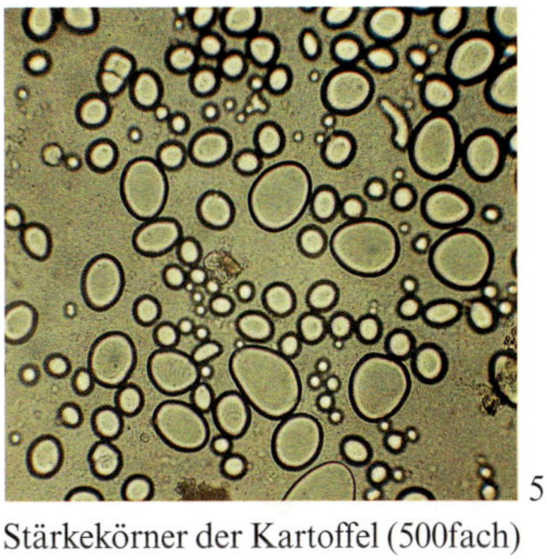
5
Stärkekörner der Kartoffel (500fach)

Ein Blick in die Geschichte

Technik der Linsenherstellung

Auch wenn es heute schon Linsen aus Kunststoff gibt, so ist Glas immer noch der wichtigste Stoff, aus dem Linsen hergestellt werden. Sein Hauptbestandteil ist Quarzsand. In Form fast farbloser, milchig durchscheinender Sandkörner finden wir ihn am Meeresstrand. Quarzsand ist sehr beständig, er schmilzt erst bei einer Temperatur von über 1000 °C.

So einfach heute die Glasherstellung ist, durchsichtiges Glas für Linsen können die Menschen erst seit gut 500 Jahren produzieren. Zwar haben ägyptische Metallschmelzer vor 5 000 Jahren schon farbiges Glas gefunden. Da es aber undurchsichtig war, konnte man es nur als Schmuck verwenden.

Glas lässt sich einfach herstellen, indem man Quarzsand und Soda (Natriumcarbonat) mischt und das Gemenge in einem Brennofen auf etwa 1500 °C erhitzt. Die glühende Glasschmelze wird dann in einen Metalltiegel gefüllt. Nach dem Abkühlen lässt sich das Glas herausnehmen.

Die Herstellung von Linsen, zunächst vor allem für Mikroskope, brachte Mitte des 19. Jahrhunderts CARL ZEISS (1816–1888) aus Jena zu Weltruhm. Er war zunächst in der feinmechanisch-optischen Werkstatt der Universität tätig, bevor er die noch heute bekannte Optikfirma gründete.

Das Verfahren zur Herstellung von Linsen ist im Prinzip gleich geblieben. Was im vorigen Jahrhundert in Handarbeit und mit fußbetriebenen Schleif- und Poliermaschinen durchgeführt wurde, geschieht heute in vollautomatisierten Fabrikanlagen.

1

2

3

AUFGABEN

1. Worin unterscheiden sich Sammel- und Zerstreuungslinsen?
2. Beschreibe eine einfache Möglichkeit, die Brennweite einer Sammellinse zu bestimmen?
3. Warum sind in Taschenlampen häufig Sammellinsen eingebaut?
4. Wie verändert sich die Größe eines Bildes, wenn man einen Gegenstand aus großer Entfernung zur Sammellinse hin bewegt?
5. Konstruiere das von einer Sammellinse erzeugte Bild eines Punktes! Der Gegenstandspunkt ist 5 cm von der Linse entfernt und liegt 2 cm über der optischen Achse. Die Brennweite f beträgt 3 cm.
6. Bei der Abbildung durch eine Sammellinse (f = 10 cm) sind Gegenstand und Bild gleich groß. In welcher Entfernung von der Linse befindet sich dann der Gegenstand? Wo entsteht das Bild?
7. Beschreibe die Gemeinsamkeiten bei der optischen Abbildung im Auge und im Fotoapparat. Beschreibe auch, wie in beiden Fällen das Bild scharf gestellt wird!
8. Wozu benötigt man beim Fotoapparat eine Blende?
9. Nenne die wichtigsten Teile eines Fotoapparats!
10. Ein Diaprojektor erzeugt Kopf stehende und seitenvertauschte Bilder. Warum sieht man sie beim Diavortrag aufrecht und seitenrichtig?
11. Bei einem Tageslichtprojektor erscheint das Bild auf der Leinwand unscharf. Was kann man tun, um es scharf zu stellen?
12. Wozu benötigt man beim Dia- und beim Tageslichtprojektor einen Kondensor?
13. Was würde passieren, wenn ein Tageslichtprojektor keinen Umlenkspiegel hätte?
14. Beschreibe den Aufbau eines Mikroskops!

ZUSAMMENFASSUNG

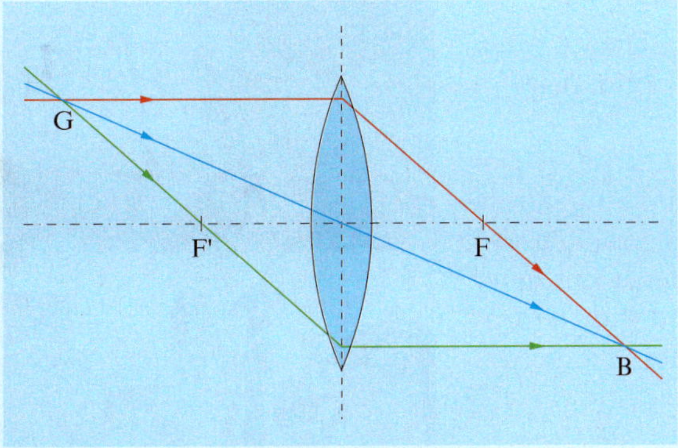

Bei der Abbildung durch Sammellinsen konstruiert man einen Bildpunkt als Schnittpunkt zweier vom Gegenstand ausgehender Strahlen.
Dazu sind Parallel-, Mittelpunkt- und Brennpunktstrahlen geeignet.

Parallelstrahlen werden beim Durchgang durch Sammellinsen zu Brennpunktstrahlen.
Mittelpunktstrahlen werden beim Durchgang durch Sammellinsen nicht gebrochen.
Brennpunktstrahlen werden beim Durchgang durch Sammellinsen zu Parallelstrahlen.

Die optische Abbildung im Auge ist mit derjenigen im Fotoapparat vergleichbar:

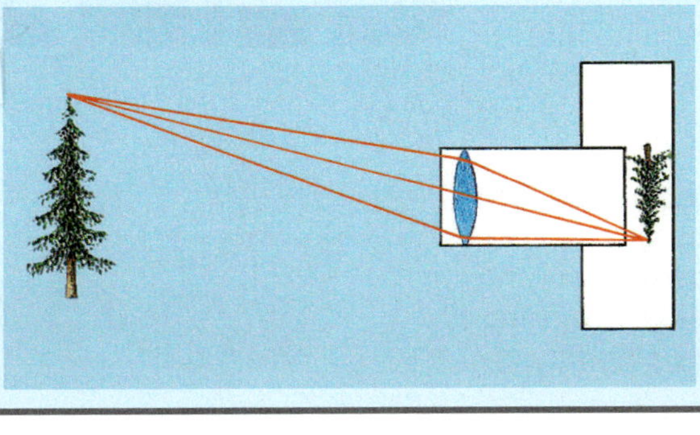

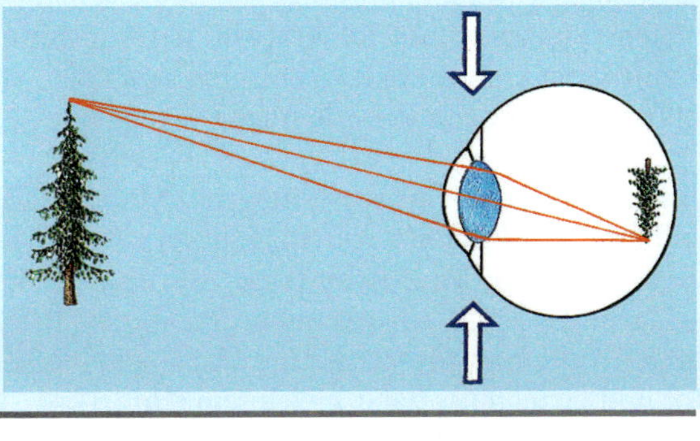

Was der Augenarzt untersucht

Vielen Leuten fällt es von selbst nicht auf, dass sie eine Brille brauchen. Sie merken gar nicht, dass sie viele Dinge erheblich klarer sehen könnten. Wer aber beim Lesen, Fernsehen, an der Schultafel oder beim Rad fahren feststellt, dass er nicht so gut sieht wie die anderen, sollte unbedingt zum Augenarzt gehen. Das angestrengte Sehen kann auch Kopfschmerzen und Haltungsschäden verursachen.

Untersuchung der Sehschärfe. Als erstes untersucht der Augenarzt die Sehschärfe (er nennt das auch Visus). Dazu verwendet er eine Tafel mit Optotypen (Bild 1). Sie ist im Original fünfmal größer als die nebenstehend abgebildete.
Die Zahlen links geben an, aus welcher Entfernung ein Normalsichtiger die entsprechende Zeile noch lesen kann. Kann der Untersuchte aus fünf Metern Entfernung die ersten 8 Zeilen fehlerfrei lesen, beträgt seine Sehschärfe 5/5 = 1 und er benötigt keine Brille.
Wer aus fünf Metern Entfernung nur bis zur siebten Zeile lesen kann, hat einen Visus von 5/7,5 – also 67%. Menschen, die auch über die achte Zeile hinaus lesen können, haben einen Visus von über 100%.
Stelle als kleinen Selbsttest das Buch aufrecht hin und betrachte die Optotypentafel aus vier Metern Entfernung! Normalsichtige können bei guter Beleuchtung bis zur vierten Zeile fehlerfrei lesen.
Anstelle der Zahlen werden auch Buchstaben oder einseitig geöffnete Ringe (Landolt-Ringe) verwendet.
Bei Fehlsichtigkeit probiert der Augenarzt durch vorgesetzte Linsen so lange eine Korrektur, bis die Sehschärfe mit Brille optimal ist.

Untersuchung der Durchsichtigkeit von Hornhaut und Linse. Hornhaut, vordere Augenkammer mit Kammerwasser und Augenlinse müssen völlig klar und durchsichtig sein. Der Arzt betrachtet das Auge mit einer Art Mikroskop und beleuchtet es dabei mit einer Spaltlampe. Diese richtet ein spaltförmiges Lichtbündel auf Hornhaut und Linse. So werden eventuelle Trübungen oder Ablagerungen erkennbar.

Untersuchung des Augenhintergrundes. Mithilfe eines Augenspiegels gelingt es dem Arzt, in den Augapfel hineinzuschauen. HERMANN VON HELMHOLTZ (1821–1894) hat dieses Gerät 1850 erfunden. Über den Spiegel wird Licht in das Augeninnere geleitet. Durch ein kleines Loch im Spiegel schaut der Arzt auf den Augenhintergrund (Bild 3). Damit kann er krankhafte Veränderungen der Netzhaut, der Blutgefäße und des Sehnervs erkennen.

Untersuchung des Farbsehvermögens. Manche Menschen sind farbenblind. Wer Rot und Grün nicht unterscheiden kann, hat eine Rot-Grün-Blindheit. Man kann diese Störung des Farbsehvermögens mit farbigen Testtafeln erkennen. Auf diesen Tafeln sind z. B. grüne Zahlen auf einem roten Hintergrund abgebildet. Die Helligkeit von Rot und Grün muss dabei gleich sein (Bild 4).

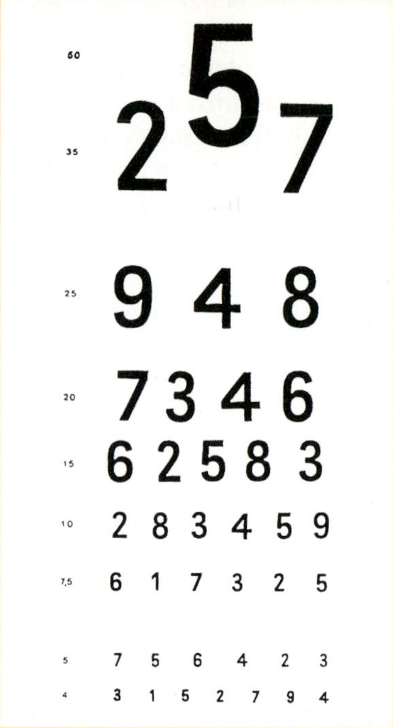

1

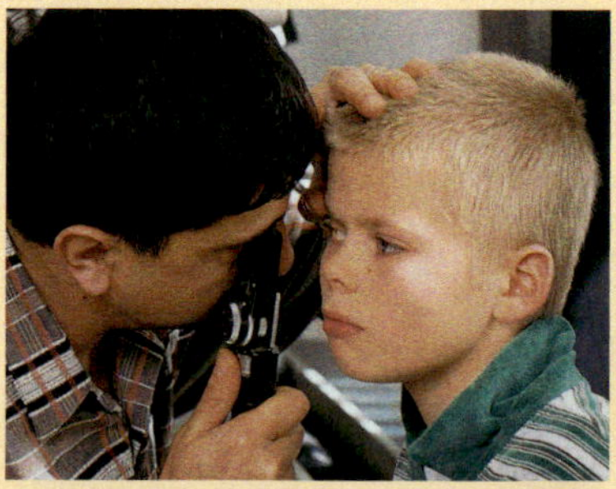
2

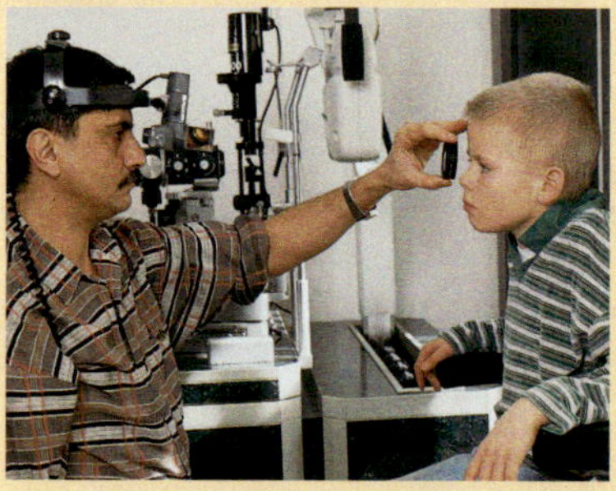
3

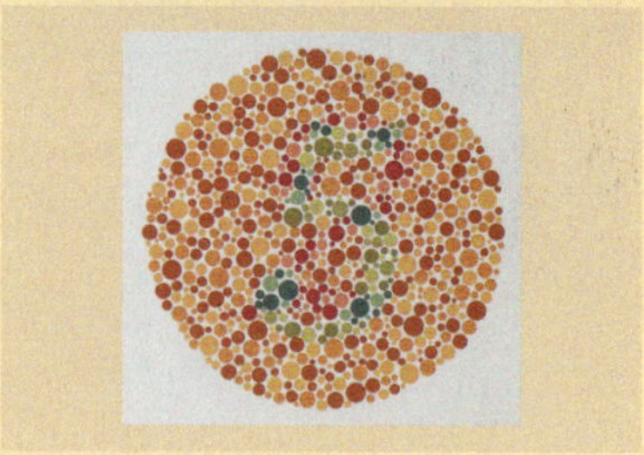
4

Täuschungen beim Sehen. Wenn du das Bild 1 betrachtest, erkennst du nach kurzer Zeit einen Hund. – Aber eigentlich sind auf dem Papier nur ein paar schwarze Flecken abgedruckt.
Beim Sehen öffnen wir nicht nur unsere Augen und lassen passiv Licht hineinströmen, sondern wir sind beim Sehen selbst aktiv. Unser Gehirn erinnert sich an früher gesehene Bilder und vergleicht. Daher kommt es, dass wir beim Sehen manchmal auch verunsichert sind oder uns getäuscht fühlen. Dann gerät das, was wir sehen, mit dem, was wir erwarten, in Widerspruch.
Wie lang sind die beiden Linien in Bild 2? – Nimm ein Lineal und miss genau nach! Eine ähnliche Überraschung kannst du erleben, wenn du die Größe der Figuren im Bild 3 mit einem Lineal nachmisst. Täuschungen wie diese lassen sich folgendermaßen erklären:
Alle Dinge, die wir sehen, ordnen wir nach Größen und Entfernungen. Wir sind daran gewöhnt, dass ein weit entfernter Kirchturm größer ist als der Mensch, der neben uns steht. Beim Sehen schätzt unser Gehirn die Entfernung mit ab. Dabei werden wir in Bild 3 „betrogen“: Durch den Verlauf der Linien erwarten wir, dass die eine Figur weiter hinten steht und demnach größer ist.
Andere Täuschungen lassen sich nicht so einfach erklären. So erscheinen die beiden Linien in Bild 4 gekrümmt – obwohl doch unsere Augen nur Geraden wahrnehmen. Die Bilder 5 und 6 sind Beispiele für „Kippfiguren“. Da sieht man mal das eine und plötzlich etwas anderes.
Das Erkennen von Bildern ist eine beachtliche Leistung unseres Gehirns. Wir brauchen dazu Erfahrung und Fantasie. Ein Computer würde im Bild 6 wahrscheinlich nur krumme Linien erkennen.

1

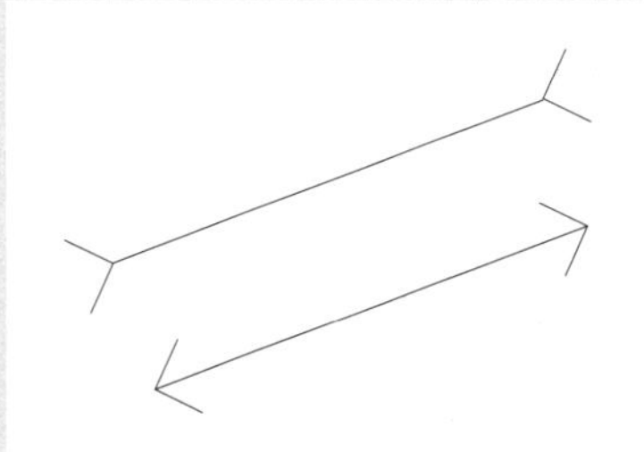
2

3

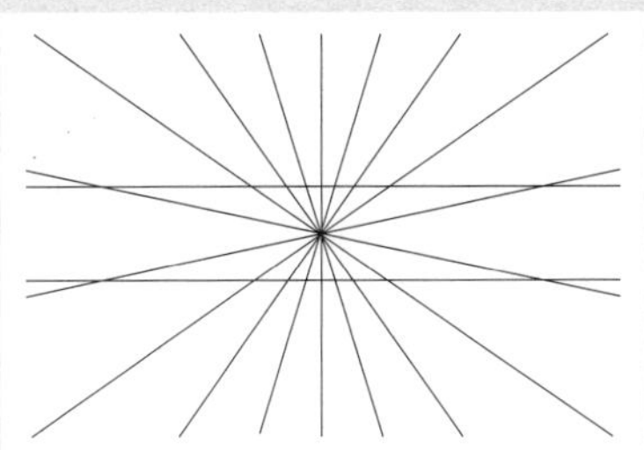
4

Sind die beiden Linien gekrümmt?

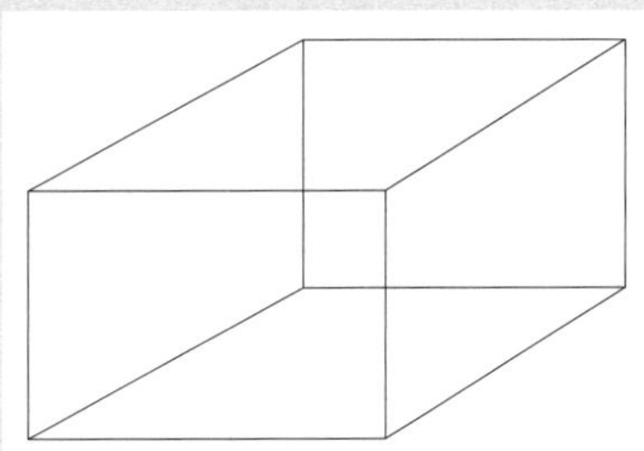
5

Welche Seite ist vorne?

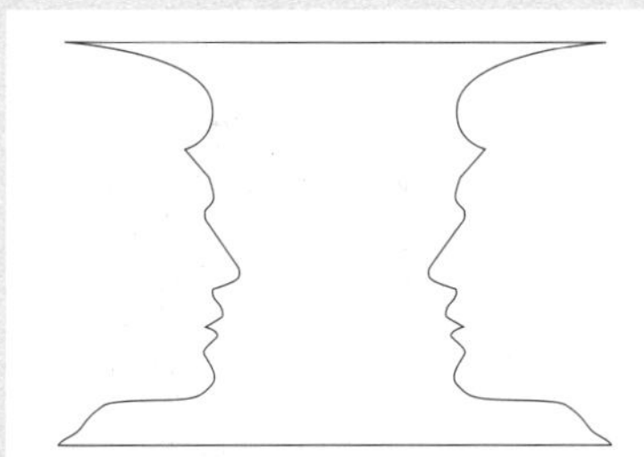
6

Zwei Gesichter oder eine Vase?

AUFGABEN

1. Wie kann ein Augenarzt Kurzsichtigkeit feststellen? Wie stellt er Weitsichtigkeit fest?
2. Warum nehmen Kurzsichtige manchmal die Brille ab, um eine kleine Schrift zu lesen?
3. Stelle dir ein „Daumenkino“ her, bei dem eine einfache Bewegung dargestellt ist (etwa 20 Bilder). Versuche zu erklären, warum bei schnellem Blättern der Eindruck einer durchgängigen Bewegung entsteht, bei langsamem Blättern aber nicht!
4. Peile über den Daumen einen kleinen Gegenstand in etwa 3 Meter Entfernung an (z. B. eine Kerze)!
   a) Schließe mal das linke und mal das rechte Auge, während du auf die Kerze schaust. Öffne anschließend wieder beide Augen!
   b) Wiederhole dein Experiment, indem du versuchst, den Daumen scharf zu sehen!
   c) Fertige jeweils für die 3 Beobachtungen in a) und in b) eine Skizze an!

Sehen und Fotografieren

Bildentstehung im Fotoapparat. Sicher hast du schon einmal mit einer Kleinbildkamera fotografiert. Solche Fotoapparate sind sehr beliebt. Sie sind einfach zu bedienen, klein und leicht.
Außer den äußerlich sichtbaren Teilen wie Objektiv, Sucherfenster, Sender und Empfänger für automatische Scharfeinstellung, Messzelle für Helligkeit, Blitz, Lampe für Reduzierung des „Rote-Augen"-Effekts, Auslöser und Rad zum Einstellen der Betriebsart gehören zu einer Kleinbildkamera zum Beispiel noch eine Transporteinrichtung für den Film, eine Blende mit Verschluss, ein Minicomputer und eine Batterie.

Wie entstehen in einem Fotoapparat die Bilder? Das kannst du an einem Modell für einen Fotoapparat erkennen.

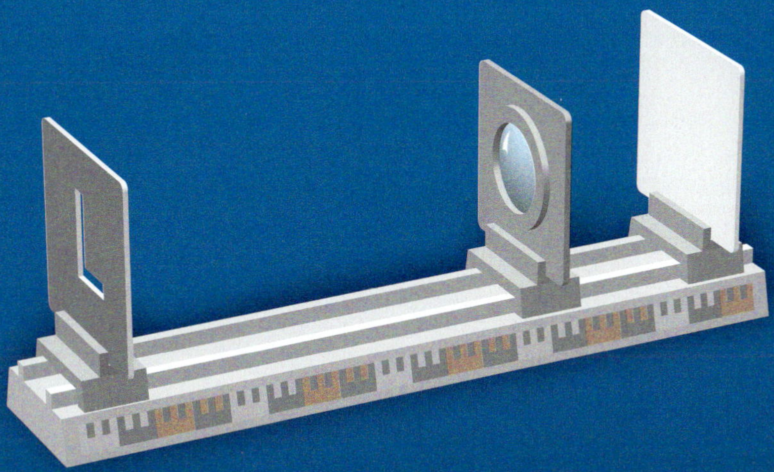

1

EXPERIMENT 1

1. Baue das Modell eines Fotoapparates nach Bild 1 auf! Die Sammellinse stellt das Objektiv dar und der Schirm den Film.
2. Richte deinen Fotoapparat auf ein helles Fenster, ein beleuchtetes L, ein beleuchtetes Dia oder eine Kerze!
3. Verschiebe die Linse, bis du ein scharfes Bild erhältst!
4. Welche Eigenschaften haben die erzeugten Bilder?

Genauso entsteht das Bild in einem Fotoapparat (Bild 2). In diesem befindet sich anstelle des Schirms ein Film. Er besitzt eine lichtempfindliche Schicht, die sich beim Auftreffen des Lichtes verändert. Durch weitere Bearbeitung im Fotolabor können von diesem Film Bilder hergestellt werden.

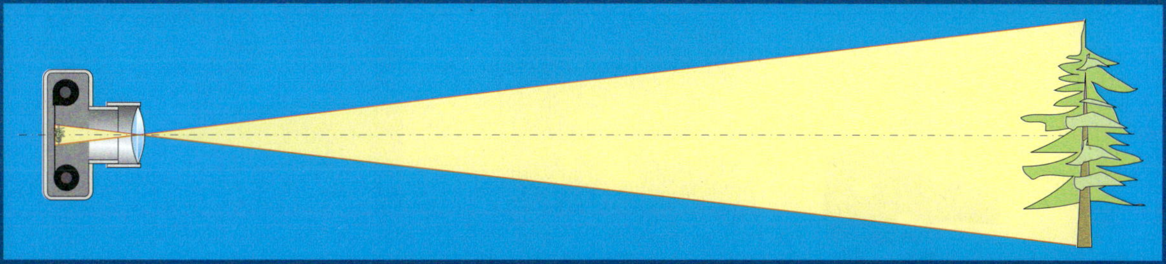

2

Strahlenverlauf bei der Bildentstehung in einem Fotoapparat

Scharfeinstellung durch Verschieben der Linse. Wie kann man von unterschiedlich weit entfernten Gegenständen mit einem Fotoapparat scharfe Bilder erhalten? Das zeigt ein weiteres Experiment.

EXPERIMENT 2

1. Erzeuge mit deinem Fotoapparatmodell von einer weit entfernten Kerze ein scharfes Bild!
2. Bewege die Kerze auf den Fotoapparat zu! Wie kannst du mit der Linse das Bild wieder scharf einstellen?

Beim Scharfeinstellen eines Fotoapparates auf sehr große Entfernungen befindet sich das Objektiv ganz innen. Zum Scharfeinstellen auf kürzere Entfernungen muss das Objektiv heraus geschoben werden. In modernen Kameras besorgt dies ein von einem Minicomputer gesteuerter Stellmotor.

AUFGABEN

1. Erkläre die Funktion der Teile einer Kleinbildkamera (Bild 2, vorhergehende Seite)!
2. Öffne im Beisein deiner Eltern eine Kleinbildkamera ohne Film! Was siehst du alles? Betätige den Auslöseknopf!

Scharfeinstellen durch Blenden. Das folgende Experiment zeigt dir noch eine Möglichkeit, von unterschiedlich weit entfernten Gegenständen scharfe Bilder zu erhalten.

EXPERIMENT 3

1. Nehmt einen Pappstreifen, der in den Schacht eines Diahalters eingeschoben werden kann! Schneidet aus dem Streifen unterschiedlich große Kreise heraus!
2. Baut das Modell für einen Fotoapparat nach Bild 2 auf! Beginnt mit dem größten Loch im Streifen!
3. Erzeugt eine scharfes Bild einer nahen Kerze (20 cm)!
4. Entfernt die Kerze von dem Fotoapparat und lasst die Linse an ihrem Ort! Könnt ihr allein durch das Verkleinern des Loches hinter der Linse das Bild wieder scharf einstellen?

1

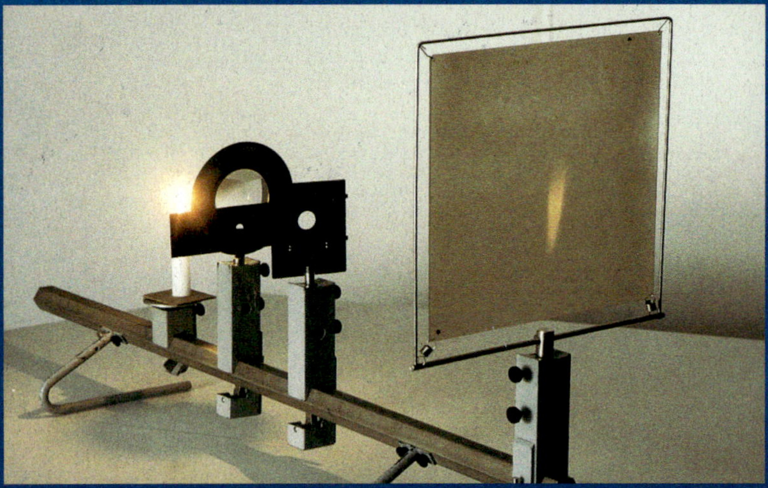

2

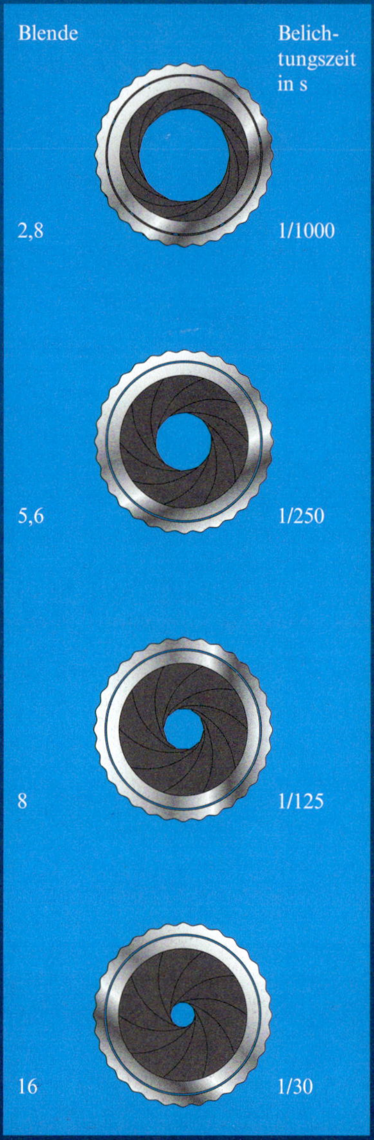

3

In vielen Kleinbildkameras sind die Linsen nicht verschiebbar, sondern fest. Eine solche Kamera heißt Autofocus-Kamera. In ihr erfolgt die Scharfeinstellung durch unterschiedlich große Blenden hinter der Linse.

Auch in anderen Fotoapparaten dienen Blenden einer besseren Scharfeinstellung. Je kleiner die Blendenöffnung wird, desto länger muss der Verschluss des Fotoapparates geöffnet bleiben, damit genügend Licht auf den Film treffen kann.

Die Zeit, in der die Blende zum Fotografieren geöffnet ist, heißt Belichtungszeit. Bei manchen Fotoapparaten kann man diese Zeit selbst einstellen. Ist es sehr hell, wählt man kurze Belichtungszeiten 1/500 bis 1/125 Sekunden, ist es dunkler, nimmt man z. B. 1/30 s.

AUFGABEN

1. Was ist das Besondere einer Autofocus-Kamera?
2. Warum benutzen manche Fotografen ein Stativ?
3. Fotografiert einmal ein vorbeifahrendes Auto mit unterschiedlichen Belichtungszeiten und eine Straßenszene mit unterschiedlichen Blenden!

Lochkamera

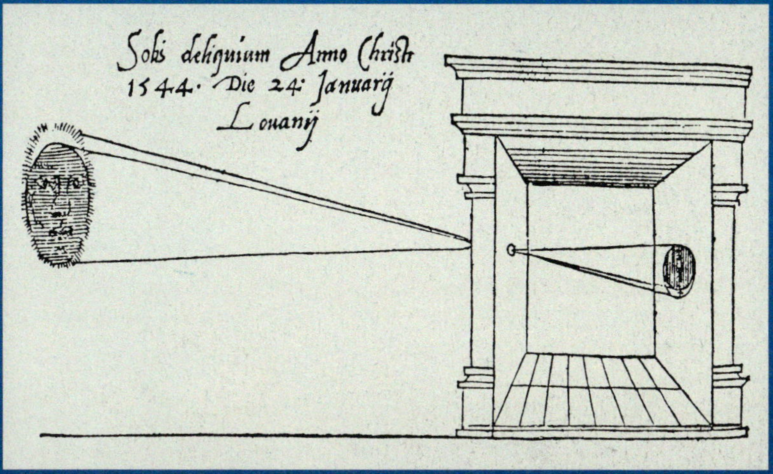

1

Astronomen haben sich schon lange für Sonnenfinsternisse interessiert. Sie konnten aber nicht direkt in die Sonne schauen. Vor etwa 500 Jahren kam ein Astronom auf die Idee, eine Sonnenfinsternis mit einem Gerät zu beobachten, das wir heute Lochkamera nennen. Er nannte sein Bild „Das Verschwinden der Sonne am 24. Januar 1544".

AUFTRAG 1

Baue eine Lochkamera!

1. Bestimme die Mitte im Boden einer Blechdose und stich mit einem Nagel ein Loch hinein!
2. Wickle aus steifem schwarzen Papier eine Rolle, die gerade in die Dose hineinpasst! Klebe die Papierrolle nach und nach mit Tesafilm zusammen!
3. Zeichne auf einem Stück Transparentpapier einen Kreis mit dem Durchmesser dieser Rolle! Zeichne noch einen größeren Kreis darum und zeichne zwischen beide Kreise gleichmäßig Dreiecke!
4. Schneide die Dreiecke zu einer Zahnkante aus und klebe das Transparentpapier über eine Öffnung der Papierrolle!
5. Nun brauchst du nur noch die Rolle mit dem Transparentpapier voran in die Blechbüchse zu schieben und fertig bist du!

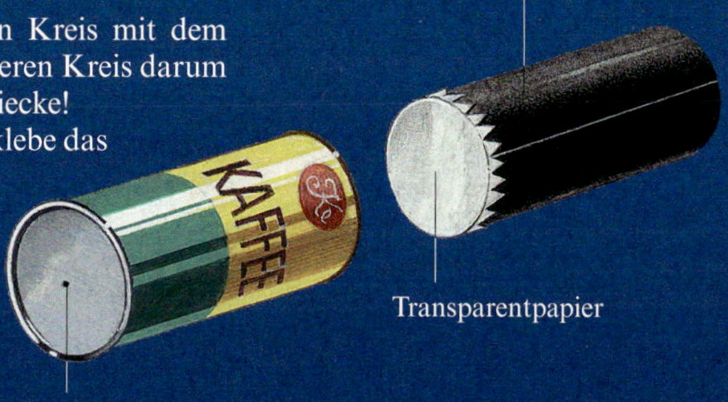

2

EXPERIMENT 4

1. Halte deine Lochkamera vor ein Auge und schließe das andere! Um das Eindringen von Tageslicht zu verhindern, kannst du über dich und die Lochkamera noch ein Tuch legen.
2. Beobachte hell leuchtende oder gut beleuchtete Gegenstände wie ein Fenster, eine brennende Kerze oder ein Haus im Sonnenlicht!
3. Was ändert sich, wenn du die Papierrolle weiter hineinschiebst oder weiter herausziehst?

Die Beobachtungen zeigen: In einer Lochkamera entsteht ein umgekehrtes und seitenvertauschtes Bild des Gegenstandes. Die Erklärung gibt Bild 3. Das Licht breitet sich geradlinig aus. Von jedem Punkt des Gegenstandes geht ein kleines Lichtbündel durch das Loch und erzeugt auf dem Transparentpapier ein Bild des jeweiligen Punktes. Zusammen ergeben sie das Bild des Gegenstandes.

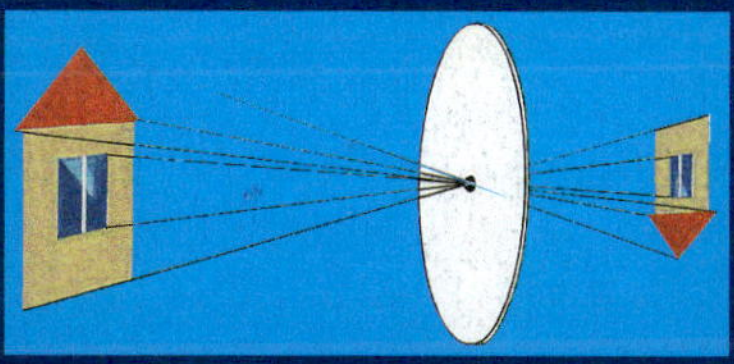
3

Wenn das abbildende Loch sehr klein ist, ist das Bild am schärfsten. Aber es ist sehr lichtschwach. Bei Vergrößerung des Loches wird das Bild zwar heller, aber auch unschärfer.

Besonders eindrucksvoll ist eine große begehbare Lochkamera, in der es vollkommen dunkel ist und die nur durch ein kleines Loch Licht ins Innere lässt. So kann man im Inneren auf einer Leinwand oder einem Schirm ein farbiges Bild der Außenwelt erzeugen.

Solche dunklen Kammern, lateinisch **Camera obscura,** hat man in früheren Zeiten, als es noch keine Fotoapparate gab, auf Marktplätzen aufgestellt. Die Menschen waren fasziniert von den Bildern der Kirche, des Schlosses oder der Bäume und Menschen außerhalb. Allerdings standen auf diesen Bildern alle Dinge Kopf.

Auch Maler nutzten die Camera obscura. Sie bespannten die Rückwand mit Leinen und zeichneten darauf die Umrisse der hell beleuchteten Landschaft. Zu Hause vollendeten sie auf der umgekehrten Leinwand das Bild mit Farbe.

Um das Jahr 1750 blühte Dresden zu einer glanzvollen Residenzstadt auf. August der Starke, Kurfürst von Sachsen, ließ prächtige Bauten (Zwinger, Hofkirche, Brühl'sche Terrasse) errichten. Auch der italienische Künstler CANALETTO kam und malte das Stadtbild. Er benutzte dazu eine so genannte **Zeichenkamera.** Diese war eine verbesserte Camera obscura. Sie war bereits mit einer Linse ausgestattet, die hellere und schärfere Bilder erzeugte. Ein Spiegel im Inneren reflektierte das Licht auf den Transparentpapierbogen, der auf einer Glasplatte lag.

1

Bis zur Herstellung von Bildern auf Papier oder gar Filmen war es jedoch noch ein weiter Weg.

2

Strahlengang in einer Zeichenkamera

AUFGABEN

1. Beobachte mit deiner Lochkamera an einem sternklaren Abend den Mond! Was fällt dir auf?
2. Baut euch eine große begehbare Lochkamera! Geeignet dafür wären die Verpackungskartons von Kühlschränken oder Waschmaschinen.
3. Wie kann man die Qualität des Bildes bei einer Lochkamera verbessern?

Linsenaugen

In der Natur gibt es verschiedene Augenformen – vor allem Linsenaugen und Facettenaugen. Linsenaugen erkennst du daran, dass sie wie deine Augen eine glänzende Hornhaut, eine farbige Iris, eine schwarze Pupille und meist auch zwei Lider haben.

1 Facettenauge von einem Insekt

2

Das Linsenauge liegt in einer knöchernen Augenhöhle, es ist in ein Fettgewebe eingebettet und kann mit Augenmuskeln bewegt werden. Alle Linsenaugen haben einen ähnlichen Aufbau (Bild 3):

- Sie bestehen aus drei äußeren Häuten: der Lederhaut 1, der Aderhaut 2 und der Netzhaut 3.
- Im sichtbaren Teil des Augapfels befindet sich vor der Lederhaut eine nach vorn gewölbte, glasklare und elastische Hornhaut 4.
- Die Lederhaut hat vorn eine Öffnung, sie lässt die Iris 5 erkennen. In der Iris befindet sich das Sehloch, die Pupille 6.
- Im Innern des Auges befinden sich die elastische Augenlinse 7 und der gallertartige Glaskörper 8.
- Im menschlichen Auge ist die Augenlinse ringsherum mit kleinen Fasern 9 an der Aderhaut aufgehängt. Zusammen mit den Ziliarmuskeln 10 in der Aderhaut können sie die Krümmung der Linse verändern.

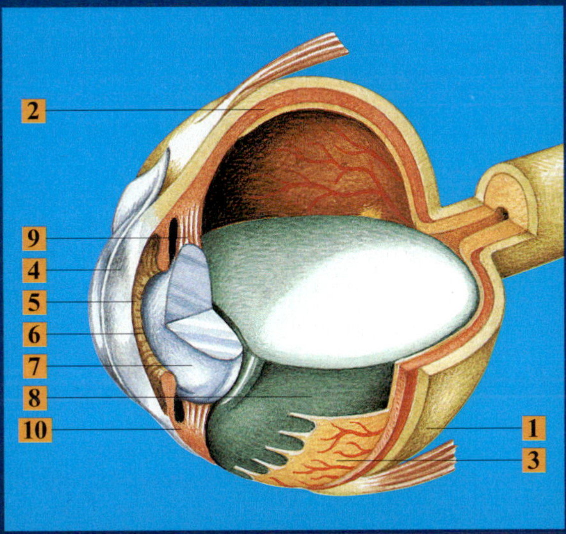

3

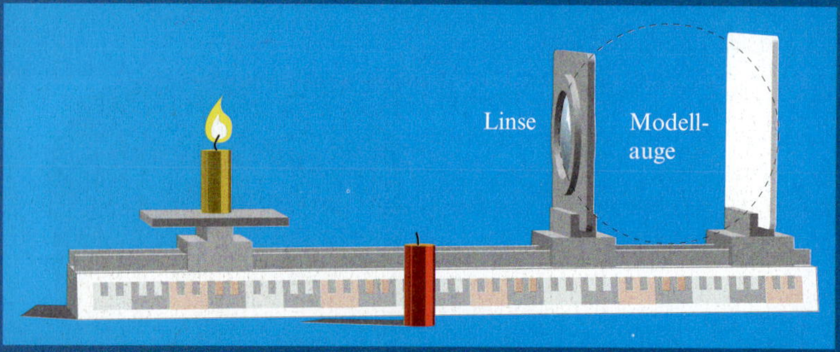

1

EXPERIMENT 5

1. Baue das Modell eines Auges auf! Die Linse entspricht der Augenlinse, der Schirm entspricht der Netzhaut. Welches Bild entsteht auf der Netzhaut des Modellauges?
2. Stelle neben die Kerze eine weitere farbige Kerze! Welches Bild entsteht auf der Netzhaut des Modellauges?

Das Experiment zeigt, im Auge entsteht ein umgekehrtes, seitenvertauschtes und verkleinertes Bild.

Die Brechung des Lichtes erfolgt im Zusammenwirken von Hornhaut und Augenlinse. Die gekrümmte Hornhaut übernimmt den größten Teil der Brechung. Die Augenlinse sorgt für die Feineinstellung des Bildes. Sinneszellen in der Netzhaut verwandeln das Bild in elektrische Impulse, die durch den Sehnerv in das Gehirn geleitet werden. Aufgrund der Erfahrung wandelt das Gehirn diese elektrischen Impulse in seitengerechte und aufrecht stehende Wahrnehmungen um.

Vergleich des Linsenauges mit einem Fotoapparat. Äußerlich unterscheiden sich ein Linsenauge und ein Fotoapparat sehr. Aus der Sicht der Physik gibt es aber zwischen beiden viele Gemeinsamkeiten:

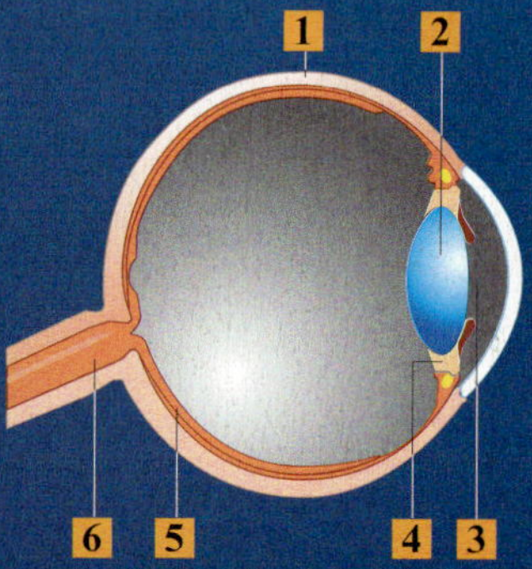

1 Die Lederhaut entspricht dem Gehäuse des Fotoapparats.
2 Hornhaut und Augenlinse entsprechen dem Linsensystem im Fotoapparat.
3 Die Pupille entspricht der Blende im Fotoapparat.
4 Fasern und Aderhaut mit Ziliarmuskeln entsprechen dem Stellmotor der Linsen im Fotoapparat.
5 Die Netzhaut entspricht dem Film im Fotoapparat.
6 Der Sehnerv entspricht in einer Digitalkamera der Leitung zu der Speicherkarte.

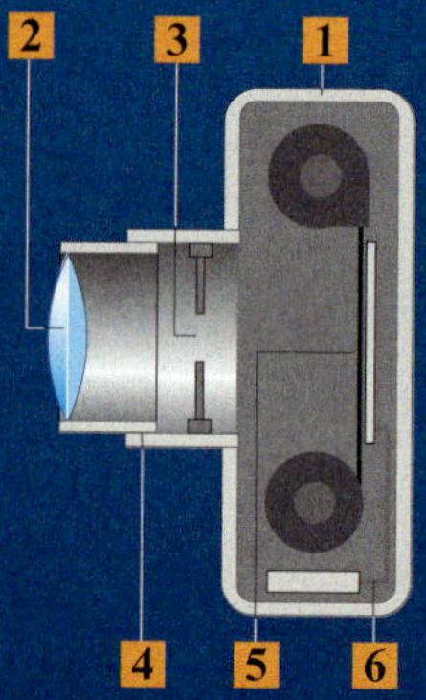

2

AUFGABEN

1. Schreibe in einer Tabelle in die linke Spalte einige Druckbuchstaben wie F, T, S und Z und Zahlen wie 1,3,7 und 8! Zeichne in die rechte Spalte die Bilder dieser Buchstaben und Zahlen, wie sie auf der Netzhaut entstehen!
2. Wie oft wird das Licht auf seinem Wege bis zur Netzhaut des Auges gebrochen?
3. Neugeborene Kinder können sofort sehen. Warum können ihre Augen nicht sofort einer Bewegung der Hand der Mutter folgen?
4. Die Aderhaut ernährt mit dem Blut das Auge. Wie wird die Hornhaut ernährt?

3

Augenformen

1

2

3

Eulen haben große Augen, das Rotkehlchen hat kleine. Warum ist das so? Das zeigt dir ein Experiment.

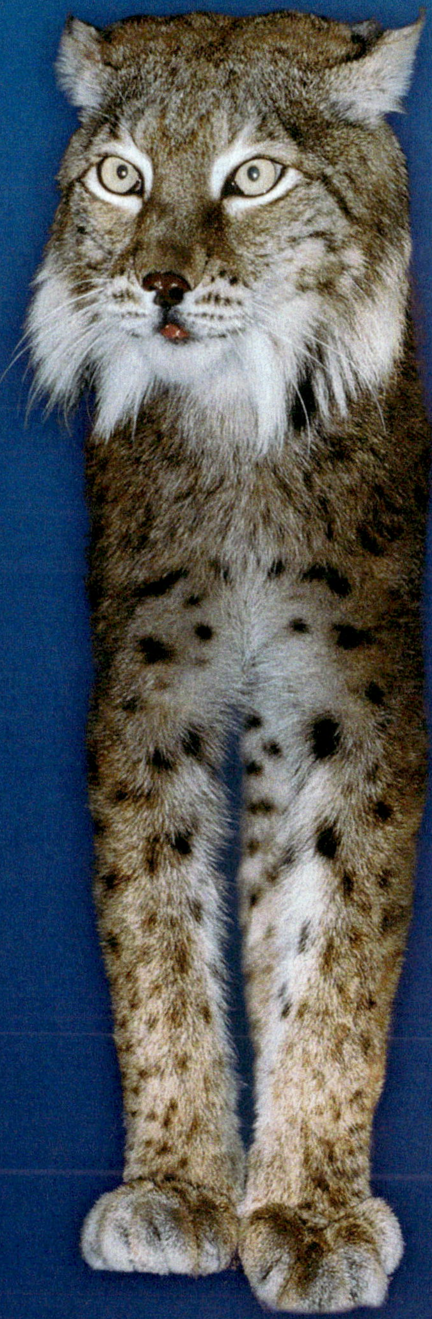

EXPERIMENT 6

1. Schneide aus dünner Pappe einen Streifen mit den unten angegebenen Maßen für den Streifen und für die Abstände der kleiner werdenden Kreise!
2. Baue die Experimentieranordnung auf!
3. Schiebe den Pappstreifen in den Diahalter ein! Beginne mit dem kleinsten Kreis! Vergleiche die Bilder, wenn die wirksame Fläche der Linse immer größer wird! Was bleibt jeweils im Bild der Kerze gleich, worin unterscheiden sich die Bilder der Kerze?

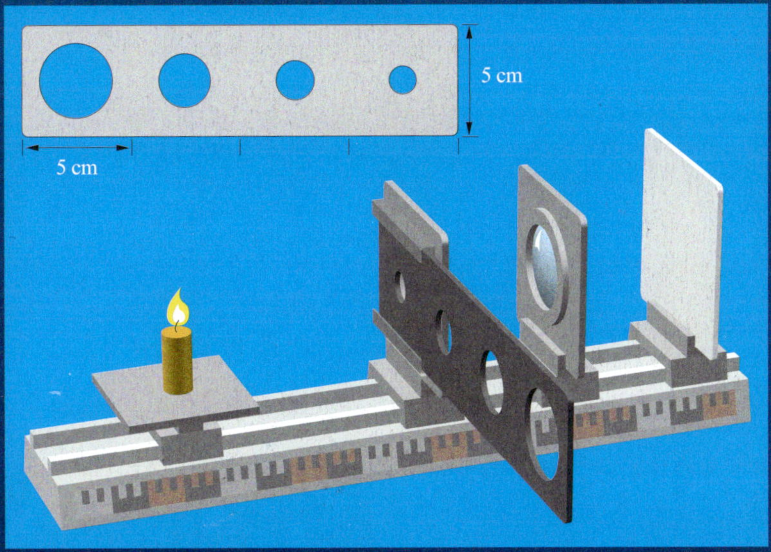

4

Zwischen der Größe der Tiere und der Größe ihrer Augen gibt es keinen direkten Zusammenhang. Das Auge eines jeden Tieres muss so groß sein, dass von den in seiner Lebenswelt wichtigen Gegenständen ein ausreichend helles Bild im Auge entsteht. Deshalb haben dämmerungs- und nachtaktive Tiere wie Eulen oder Rehe große Augen, deren Pupille sich weit öffnen kann.

Anpassung des Auges an verschiedene Entfernungen. Aus verschiedenen Experimenten weißt du bereits: Wenn sich ein Gegenstand der Linse nähert, dann entfernt sich das Bild von der Linse.
Wie kommt es, dass von einem Gegenstand immer ein scharfes Bild auf der Netzhaut deines Auges entsteht, auch wenn du unterschiedlich weit von ihm entfernt bist?

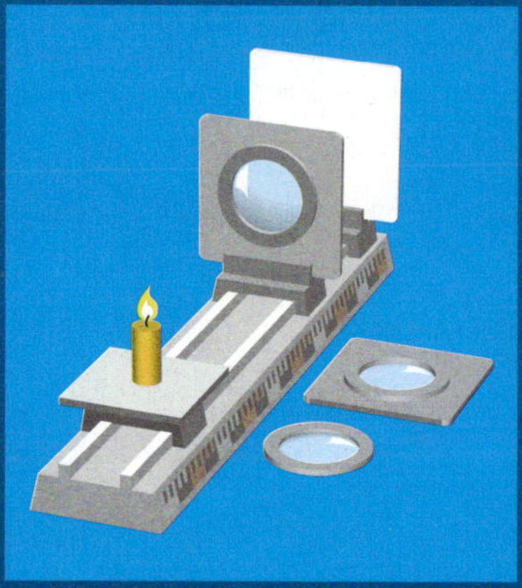
1

EXPERIMENT 7

1. Erzeuge mit einer Linse (10 cm) auf der „Netzhaut" des Modellauges das Bild einer 1 m entfernten Kerze!
2. Nähere die Kerze langsam bis auf etwa 9 cm an die Linse heran und beobachte die Änderung des Bildes!
3. Wechsle in dieser Stellung die Linse gegen andere Sammellinsen aus! Mit welcher Linse kannst du von der Kerze bei dieser Entfernung auf der „Netzhaut" wieder ein scharfes Bild erzeugen?

Das Experiment zeigt: Beim Annähern eines Gegenstandes an das Auge muss sich die Augenlinse stärker krümmen. Dann entsteht auf der Netzhaut ein scharfes Bild. Das besorgt das Zusammenspiel der Fasern und der Ziliarmuskeln in der Aderhaut.

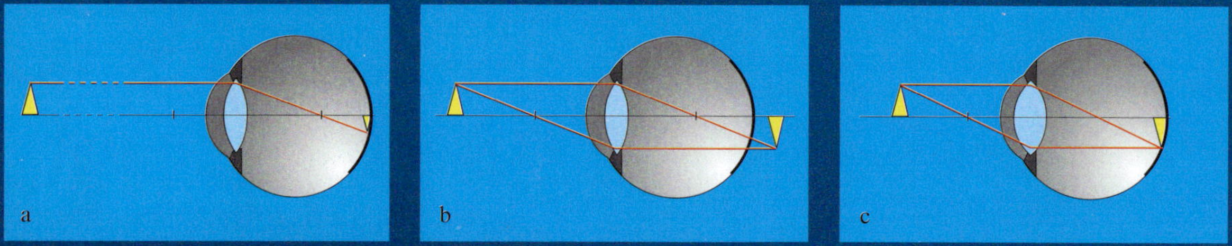

2

Ein normalsichtiges Auge erzeugt von einem weit entfernten Gegenstand ein scharfes Bild auf der Netzhaut. Das entspannte Auge ist auf Fernsicht eingerichtet. Allein die elastische Aderhaut spannt die Fasern rings um die Augenlinse und zieht die Linse flach.

Kommt der Gegenstand näher an das Auge, würde bei unveränderter Augenlinse das scharfe Bild erst hinter der Netzhaut einstehen. Man sähe unscharf.

Wenn sich die Ziliarmuskeln in der Aderhaut anspannen, ziehen sie die Aderhaut nach vorn und der Zug auf die Fasern verschwindet. Die Linse zieht sich zusammen und wölbt sich stärker. Dadurch entsteht wieder ein scharfes Bild auf der Netzhaut.

AUFGABEN

In der Natur passen sich bei einigen Tieren die Linsenaugen auch auf andere Weisen an die Entfernung an. Erkläre jeweils, warum scharfe Bilder entstehen!

1. Fische haben einen inneren Linsenmuskel. Dieser zieht beim Betrachten entfernter Gegenstände die Augenlinse nach hinten.
2. Lurche ziehen beim Betrachten naher Gegenstände ihre Augenlinse nach vorn.
3. Wollen Vögel in der Nähe scharf sehen, drückt ein Muskel direkt auf die Linse und verformt sie.
4. Tintenfische drücken beim Betrachten naher Gegenstände mit einem Muskel auf den gesamten Augapfel und verlängern diesen.

Körper, Dichte der Stoffe, Bewegungen

Schnelle Autos begeistern immer wieder die Besucher bei Autorennen. Eisenbahnen ermöglichen ein rasches und bequemes Reisen. Damit Autos und Züge so schnell und sicher fahren, mussten die Techniker viele komplizierte Aufgaben lösen. Die Autoreifen und das Fahrgestell müssen sehr viel aushalten, wenn sich das Fahrzeug über unebene Straßen und in Kurven bewegt. Dazu braucht man Stoffe mit besonderen Eigenschaften: Gummi und Gewebe für die Reifen und Metalle und Schmiermittel für das Fahrwerk. Das Gebiet der Physik, in dem die Bewegungen und Eigenschaften von Körpern untersucht werden, ist die Mechanik. Sie ist das älteste Gebiet der Physik. Mit ihr beschäftigten sich die Menschen schon im Altertum. Die Gesetze der Mechanik sind auch heute noch für technische Entwicklungen von großer Bedeutung.

Aufbau der Körper aus Teilchen

1

In deiner Freizeit beschäftigst du dich mit den verschiedensten Dingen.
Egal, ob du Ball spielst, Bike fährst oder Blumen pflanzt – immer hast du es mit irgendwelchen Gegenständen zu tun. Hast du dich schon einmal gefragt, ob diese Gegenstände Gemeinsamkeiten besitzen?

Körper und Stoff

Körper. Mit all den Gegenständen, die oben auf dem Bild zu sehen sind, beschäftigen sich auch die Physiker. Obwohl der Ball, das Bike und die Gießkanne sich sehr voneinander unterscheiden, haben die Physiker ihnen einen gemeinsamen Namen gegeben. Sie nennen sie Körper. Auch das Wasser in der Gießkanne ist ein Körper, ebenso die Luft in einem Fahrradreifen.

Stoffe. In deinem Kleiderschrank findest du Kleider, T-Shirts, Hosen und Strümpfe aus Baumwolle (Bild 2). Fensterscheiben, Trinkgläser, Flaschen und Konservengläser bestehen aus Glas (Bild 3). In den Müllcontainer mit der Aufschrift „Papier“ wirfst du Zeitungen, Hefte und Zeitschriften (Bild 4). Das Material, aus dem ein Körper besteht, nennen die Physiker Stoff.

2

Alle diese Kleidungsstücke bestehen aus Baumwolle.

3

Fensterscheiben, Gläser und Flaschen bestehen aus Glas.

4

In diesem Müllcontainer wird Papier gesammelt.

Die meisten Körper bestehen aus mehreren Stoffen. So besteht ein Fenster z. B. aus Holz, Glas und Gummi und ein Rucksack kann aus Leder, Nylon und Stahl bestehen (Bild 1).

Körper	Stoff, aus dem der Körper besteht
Tasse	Keramik
Tasse Schere	Eisen
Flüssigkeit im Kanister	Benzin
Flüssigkeit im Aquarium	Wasser
Gas im Ball	Luft
Bleistift	Holz, Graphit

1

Dieser Körper besteht aus verschiedenen Stoffen.

Jeder Körper besteht aus einem Stoff oder aus mehreren Stoffen.

Aggregatzustand. Ein Körper kann sich in einem festen, flüssigen oder gasförmigen Zustand befinden. Einen solchen Zustand nennt man Aggregatzustand.

Es gibt drei Aggregatzustände: fest, flüssig und gasförmig.

Eine Mineralwasserflasche ist ein fester Körper. Das Mineralwasser in der Flasche ist eine Flüssigkeit. Das Kohlenstoffdioxid über dem Wasser ist ein Gas (Bild 2). In der folgenden Tabelle sind einige Beispiele für feste Körper, Flüssigkeiten und Gase zusammengestellt.

2

Feste Körper	Flüssigkeiten	Gase
Buch	Tee in der Kanne	Luft im Ball
Bleistift	Benzin im Kanister	Luft im Fahrradreifen
Ziegelstein	Wasser im Tank	Sauerstoff in der Gasflasche
Eisenträger	Öl in der Flasche	Helium in der Gasflasche

Formverhalten von Körpern. Feste Körper, wie Ziegelsteine, Eisenträger oder Glasscheiben haben eine bestimmte Form, die man auch mit großer Anstrengung kaum verändern kann.
Wenn du eine Teekanne schräg hältst, fließt der Tee heraus. An der Tankstelle fließt Benzin durch den Schlauch in den Tank. Tee und Benzin sind Flüssigkeiten. Sie haben keine bestimmte Form und nehmen immer die Form des Gefäßes an, in dem sie sich befinden.
Auch gasförmige Körper haben keine bestimmte Form. Du kannst z. B. Luft in eine Luftpumpe einsaugen und dann in einen Fahrradreifen hineinpumpen. Dabei hat die Luft zuerst die Form der Pumpe und dann die Form des Reifens (Bild 3).

3

Feste Körper haben eine bestimmte Form.
Flüssigkeiten und Gase haben keine bestimmte Form.

Teilbarkeit der Stoffe

Zum Süßen deines Tees nimmst du manchmal Kandiszucker oder Bienenhonig. Tee ist eine Flüssigkeit. Honig ist auch eine Flüssigkeit, aber eine sehr zähe. Kandiszucker ist ein fester Körper mit einer sehr regelmäßigen Form.

1

Haben diese sehr unterschiedlichen Körper auch Gemeinsamkeiten? Um das herauszufinden, kannst du in einem Experiment Zucker immer weiter zerkleinern.

EXPERIMENT 1

1. Schütte etwas Haushaltszucker auf eine Untertasse!
2. Betrachte den Zucker unter einer Lupe und vergleiche ihn mit Kandiszucker!
3. Zerdrücke den Zucker mit einem Teelöffel zu Pulver!
4. Betrachte den zerdrückten Zucker unter dem Mikroskop!
5. Löse einen kleinen Teil des Zuckers in einem Teelöffel Wasser auf!
6. Betrachte einen Tropfen der Lösung unter dem Mikroskop!

2

Haushaltszucker besteht aus kleinen Kristallen. Sie sind viel kleiner als die Kristalle von Kandiszucker. Beim Zerdrücken entstehen noch viel kleinere Kristalle. Du kannst den Zucker weiter zerteilen, indem du ihn in Wasser auflöst. Dann kannst du seine kleinsten Bausteine selbst unter dem Mikroskop nicht mehr erkennen. Sie sind aber noch da, das kannst du schmecken: Die Zuckerlösung ist süß.
Die kleinsten Bausteine der Körper nennt man **Teilchen.**

Alle Körper bestehen aus Teilchen.

Die Namen dieser Teilchen hast du vielleicht schon gehört. Die Physiker nennen sie *Atome* und *Moleküle*. Die Teilchen ein und desselben Stoffes sind einander gleich. Die Teilchen verschiedenartiger Stoffe unterscheiden sich jedoch voneinander.

Die Teilchenvorstellung als Modell

Wenn die Physiker einen komplizierten Vorgang erklären wollen, dann benutzen sie dazu ein Modell. Ein solches Modell ist z. B. deine Modelleisenbahn. Sie ist einer richtigen Eisenbahn sehr ähnlich. In der Form und in der Farbe stimmen Modelleisenbahn und große Eisenbahn überein. Das Innere der kleinen Lokomotive und der Wagen ist aber viel einfacher als bei der wirklichen Eisenbahn.

1

2

Ein solches Modell ist auch die Vorstellung vom Aufbau der Körper aus Teilchen. Man stellt sich vereinfacht vor, dass die Atome und Moleküle, aus denen die Körper bestehen, kleine Kugeln sind. Mit diesen Kugeln kann man dann zeigen, wie die Teilchen in einem Körper angeordnet sind und wie sie sich bewegen.

Diffusion

Wenn ihr zu Hause Kuchen backt, riecht man es in allen Zimmern (Bild 3). Auch der Duft von Parfüm breitet sich schnell aus. Auf welche Weise gelangt der Geruch von einem Ort zum anderen?
Diese Erscheinung kann man besonders gut beobachten, wenn man ein farbiges Gas benutzt, z. B. Brom. Aber Vorsicht! Brom ist giftig. Das Experiment darf nur unter dem Abzug durchgeführt werden.
In Bild 4 befindet sich im unteren Glaszylinder Bromdampf. Der obere ist mit Luft gefüllt. Zunächst sind beide Zylinder durch eine Glasplatte getrennt. Diese Platte wird nun herausgezogen.

3

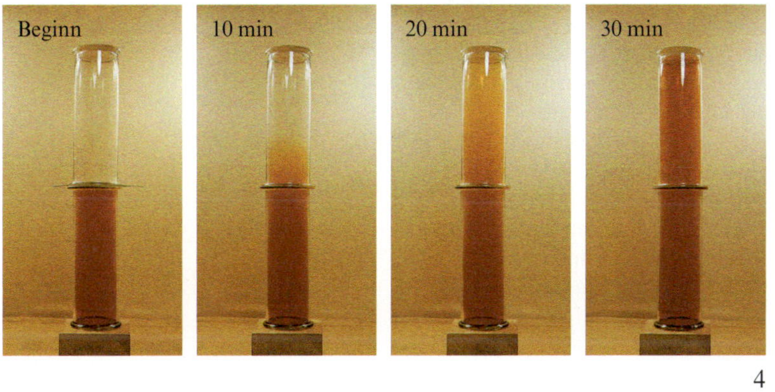

4

Diffusion von Bromdampf mit Luft

Bromdampf ist schwerer als Luft. Er bleibt deshalb zunächst im unteren Zylinder. Bereits nach wenigen Minuten sieht man aber, dass etwas Bromdampf in den oberen Zylinder eingedrungen ist. Nach 30 Minuten hat sich der Bromdampf mit der Luft von ganz allein völlig vermischt. Dieses Durchmischen ohne Einwirkung von außen nennt man **Diffusion.**

Wie kommt dieses selbstständige Durchmischen zustande? Man kann es erklären, wenn man annimmt:

1. Brom und Luft bestehen aus Teilchen.
2. Diese Teilchen sind in ständiger Bewegung.

Bromteilchen bewegen sich in den oberen Zylinder hinein und Luftteilchen wandern nach unten. Bild 1 zeigt diese Wanderung.

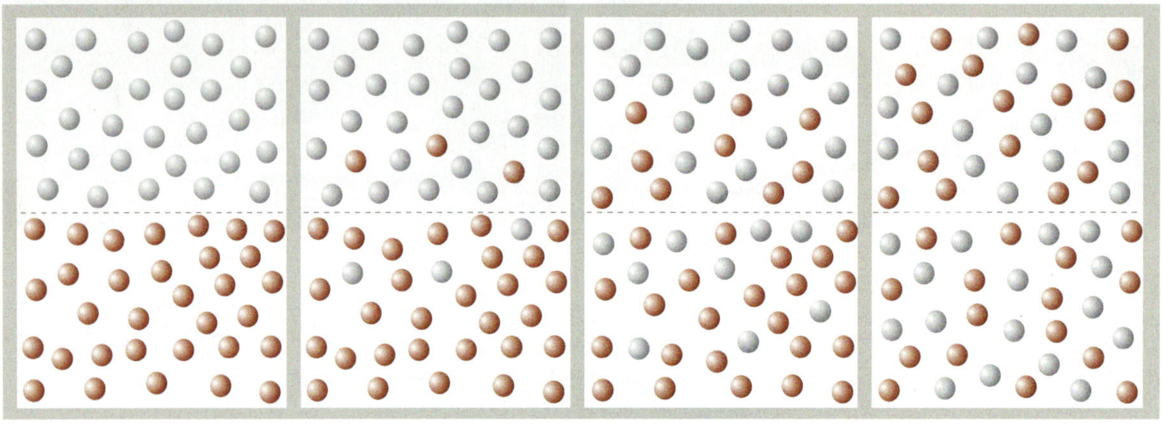

1

Diffusion ist das selbstständige Durchmischen zweier Stoffe. Die Stoffe durchmischen sich, weil sich ihre Teilchen in ständiger Bewegung befinden.

Experimente mit Bromdampf und anderen sichtbaren Gasen sind nur unter sorgfältigen Schutzmaßnahmen möglich. Man kann jedoch die Diffusion auch mit einfachen Mitteln untersuchen. Man muss sich dabei nur etwas mehr Zeit lassen. Das folgende Experiment kannst du zu Hause durchführen.

EXPERIMENT 2

1. Fülle ein Marmeladenglas etwa zu einem Drittel mit Fruchtsaft, der eine kräftige Färbung besitzt!
2. Schneide aus Papier eine Kreisscheibe. Ihr Durchmesser soll etwas geringer sein als der Durchmesser der Öffnung des Marmeladenglases!
3. Lege die Papierscheibe auf den Fruchtsaft im Marmeladenglas!
4. Fülle langsam und vorsichtig das Glas fast vollständig mit Wasser auf! Lasse dazu das Wasser an einem Stab herablaufen, sodass es auf der Mitte der Kreisscheibe auftrifft!
5. Nimm die Scheibe heraus und verschließe das Glas mit einem Deckel! Stelle das Glas vorsichtig an einem ruhigen Ort auf und betrachte aller 2 Tage die Grenzschicht zwischen Fruchtsaft und Wasser!

2

Aufbau von Gasen

Vom Aufpumpen deines Fahrradreifens weißt du, dass sich Luft verformen und zusammendrücken lässt. Diese Eigenschaften kann man erklären, wenn man Folgendes annimmt:
1. In Gasen bewegen sich die Teilchen unregelmäßig.
2. Zwischen den Teilchen bestehen große Abstände.

Stellt man dem Gas einen größeren Raum zur Verfügung, so verteilt es sich darin. Der Abstand der Teilchen wird größer. Andererseits kann man das Gas z. B. mit einer Luftpumpe zusammenpressen. Dann wird der Abstand der Teilchen kleiner. Weil sich die Teilchen regellos bewegen und nicht aneinander haften, kann ein Gas jedes Volumen einnehmen.

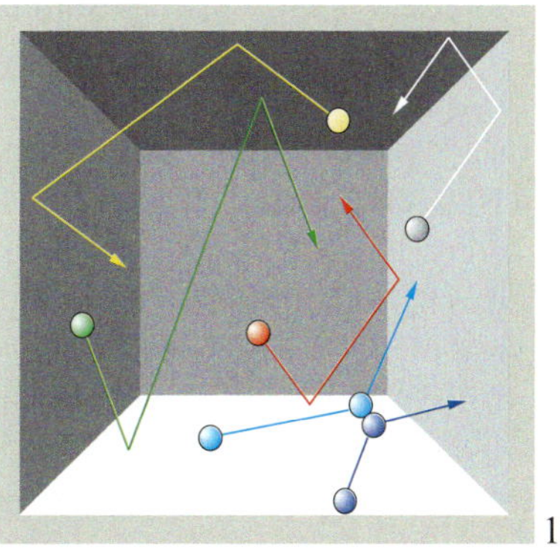

1

Anordnung und Bewegung der Teilchen in einem Gas

In Gasen haben die Teilchen keinen bestimmten Platz. Zwischen ihnen bestehen große Abstände. Die Teilchen prallen aufeinander und auf die Wände des Gefäßes. Dadurch haben Gase keine bestimmte Form und kein bestimmtes Volumen.

Aufbau fester Körper

Du willst einen Holzpfahl in die Erde schlagen und einen Baum daran anbinden. Dazu brauchst du einen großen Hammer. Obwohl du heftig schlägst, verändern Pfahl und Hammer ihre Form fast nicht. Wie ist das zu erklären?

Bild 2 zeigt, wie die Teilchen in einem festen Körper angeordnet sind. Sie liegen dicht beieinander. Und jedes Teilchen hat einen festen Platz. Um diesen Platz bewegt es sich ein wenig. Es schwingt hin und her, kann aber diesen Platz nicht verlassen. Die Teilchen sind miteinander verbunden, sie halten sich gegenseitig an den Plätzen fest.

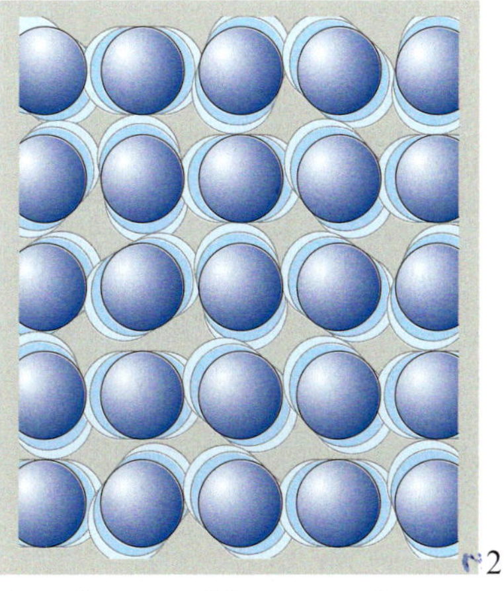

2

Anordnung und Bewegung der Teilchen in einem festen Körper

In festen Körpern hat jedes Teilchen einen bestimmten Platz.
Die Teilchen liegen dicht beieinander. Sie halten fest zusammen.
Dadurch haben feste Körper eine bestimmte Form und ein bestimmtes Volumen.

Aufbau von Flüssigkeiten

Vielleicht ist es dir schon einmal passiert, dass eine Schokoladentafel in der Sonne warm geworden ist. Dann ist die Schokolade geschmolzen. Das Volumen der Schokolade hat sich dabei nur wenig vergrößert. Also liegen die Teilchen in der flüssigen Schokolade ebenfalls dicht beieinander.

Auch in Flüssigkeiten bewegen sich die Teilchen um die Stelle, an der sie sich gerade befinden. Nur haben sie keinen festen Platz (Bild 3). Man kann sie leicht gegeneinander verschieben. Das merkst du, wenn du die geschmolzene Schokolade anfasst.

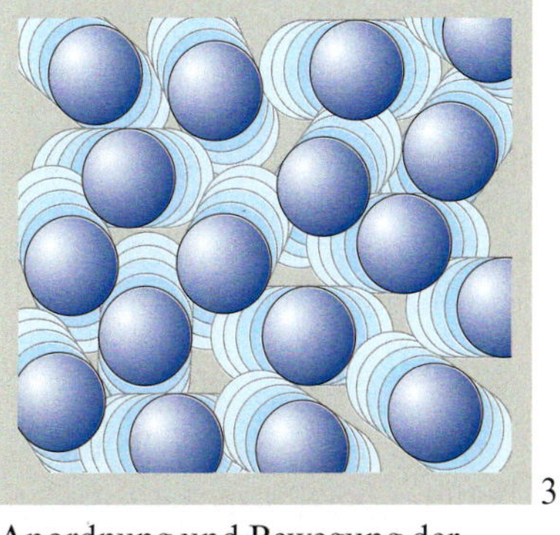

3

Anordnung und Bewegung der Teilchen in einer Flüssigkeit

Weil die Teilchen so leicht gegeneinander verschiebbar sind, kann das Wasser in einem Bach und durch eine Wasserleitung fließen. Trotzdem bleibt der Abstand der Teilchen in einer Flüssigkeit unverändert. Du spürst das z.B. dann, wenn du versuchst, Wasser zusammenzudrücken (Bild 1).
Den Zusammenhalt der Teilchen einer Flüssigkeit kann man auch daran erkennen, dass die Flüssigkeit Tropfen bildet.

1

In Flüssigkeiten haben die Teilchen keinen bestimmten Platz. Sie liegen dicht beieinander, sind aber leicht gegeneinander verschiebbar. Dadurch haben Flüssigkeiten keine bestimmte Form aber ein bestimmtes Volumen.

Brown'sche Bewegung

Wenn du unter einem Mikroskop Rauch betrachtest, so erkennst du, dass dieser aus lauter kleinen Aschekörnchen besteht, die in der Luft schweben. Sie ruhen aber nicht! Die Körnchen bewegen sich zickzackförmig (Bild 2). Eine solche Bewegung hat als Erster der englische Botaniker Robert Brown 1827 beobachtet. Deshalb nennt man sie Brown'sche Bewegung.
Wie kommt diese Bewegung zustande? Um das zu erklären, kannst du als Modell Murmeln und einen Baustein benutzen.

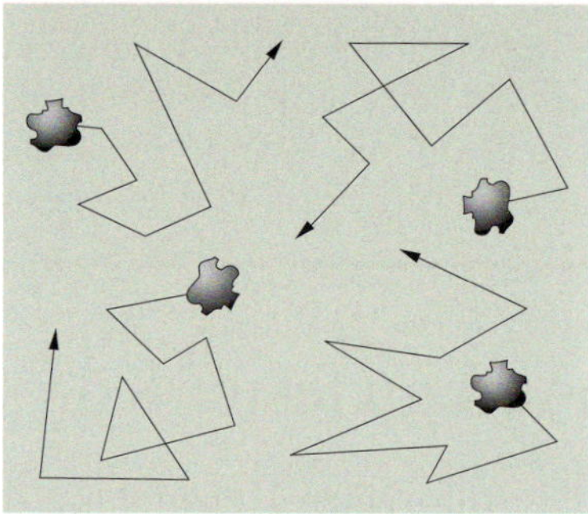
2
Rauch unter dem Mikroskop

EXPERIMENT 3
1. Bringe etwa 20 Murmeln in einen flachen Pappkarton. Lege außerdem einen Baustein hinein!
2. Schüttle den Karton auf dem Tisch heftig hin und her!
3. Beobachte die Bewegung der Murmeln und des Bausteins!

3

Die Murmeln stellen im Modell die Luftteilchen dar. Der Pappkarton ist das Gefäß, in dem sich die Luft befindet. Die Murmeln bewegen sich unregelmäßig hin und her und stoßen dabei häufig auf die Seitenwände des Kartons und ab und zu auch aufeinander. Diese Vorgänge veranschaulichen die Bewegung der Moleküle in einem Gas. Die Murmeln stoßen auch gegen den Baustein. Dadurch bewegt sich auch der Baustein unregelmäßig. Genau so vollziehen sich die Vorgänge im Rauch. Die Aschekörnchen werden von den Luftteilchen angestoßen. Da die Luftteilchen sehr klein sind, kann man sie im Mikroskop nicht sehen, wohl aber die Aschekörnchen.

Kleine Aschekörnchen (Rauch) führen in Luft eine unregelmäßige Bewegung aus, die man unter dem Mikroskop beobachten kann. Diese Brown'sche Bewegung wird dadurch hervorgerufen, dass die Luftteilchen mit den Aschekörnchen zusammentreffen.

AUFGABEN

1. Ordne die Worte nach Körper und Stoff: Schere, Bike, Eisen, Vase, Buch, Wasser, Erdgas, Öl, Glasflasche, Luft im Ball, Sauerstoff, Kartoffel, Benzin im Tank, Wasser im Aquarium, Holz!
2. Ordne die in Aufgabe 1 genannten Körper nach Aggregatzuständen!
3. Nenne Vorgänge, bei denen zu Hause und in Werkstätten und Fabriken Stoffe in kleine Teile zerlegt (z. B. zermahlen) werden!
4. Wenn ihr zu Hause Beeren einweckt, füllt ihr sie in das Einweckglas, schüttet den Zucker darüber und gießt Wasser dazu. Wenn ihr später das Glas öffnet, sind die Beeren und der Saft süß. Wie ist das zu erklären?
5. Zur Pflege deines Gesichtes und deiner Hände benutzt du Creme. Wie gelangen die Wirkstoffe ins Innere deiner Haut?
6. Beschreibe anhand der Bilder auf Seite 75 die Anordnung der Teilchen in festen Körpern, Flüssigkeiten und Gasen! Welche Bewegungen führen die Teilchen aus?
7. Bei welchem Aggregatzustand ist der Zusammenhalt der Teilchen am größten, bei welchem am kleinsten?
8. Haben feste Körper, Flüssigkeiten und Gase eine bestimmte Form? Erkläre das jeweilige Formverhalten mit den Vorstellungen vom Aufbau der Körper aus Teilchen!
9. Was weißt du über das Volumen von festen Körpern, Flüssigkeiten und Gasen? Erkläre das Volumenverhalten mit den Vorstellungen vom Aufbau der Körper aus Teilchen!
10. Beschreibe die Brown'sche Bewegung eines Aschekörnchens!

ZUSAMMENFASSUNG

Alle Gegenstände, die uns umgeben, nennt man Körper.
Es gibt 3 Aggregatzustände: fest, flüssig und gasförmig.
Körper, die sich in diesen Zuständen befinden, nennt man feste Körper bzw. Flüssigkeiten und Gase.
Jeder Körper besteht aus einem Stoff oder aus mehreren Stoffen.

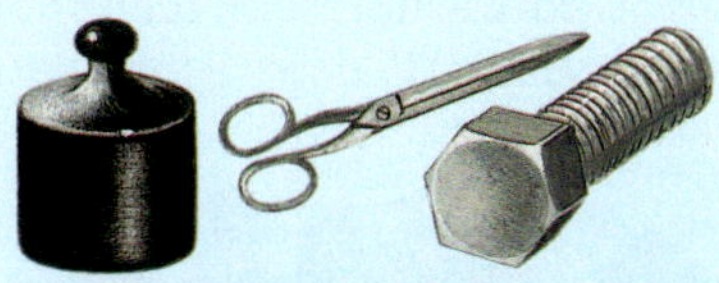

Gemeinsamer Stoff: Eisen

Alle Stoffe bestehen aus Teilchen.
Die Teilchen befinden sich in ständiger Bewegung.
Die Teilchen von festen Körpern und Flüssigkeiten halten zusammen, Gasteilchen nicht.
Man kann sich die Teilchen vereinfacht als kleine Kugeln vorstellen.

Vorstellung vom Aufbau der Körper aus Teilchen

Feste Körper	Flüssigkeiten	Gase
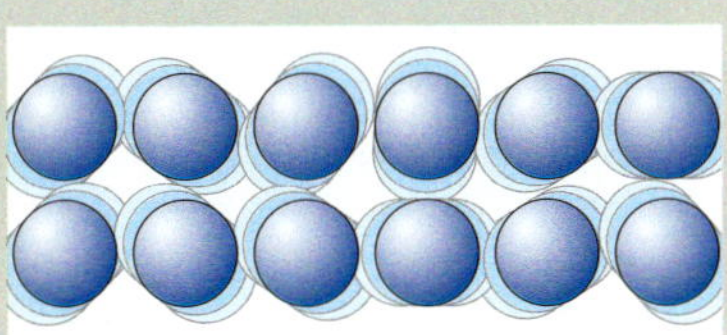	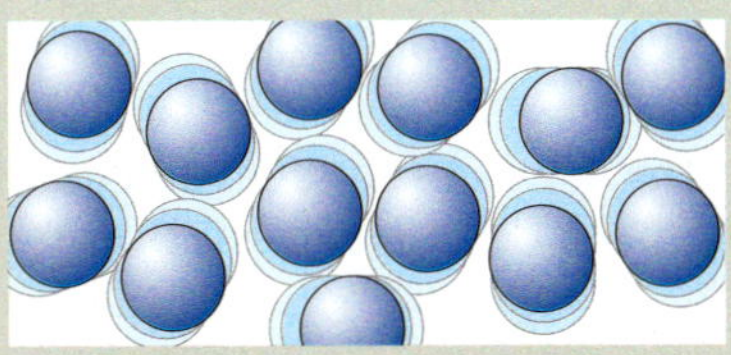	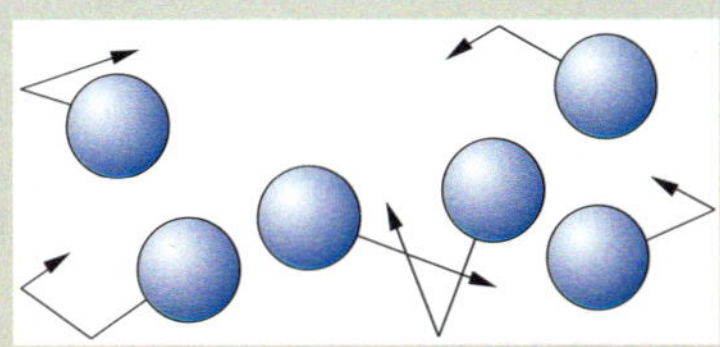
Jedes Teilchen hat einen bestimmten Platz, um den es sich bewegt.	Jedes Teilchen bewegt sich um den Platz, an dem es sich gerade befindet.	Die Teilchen bewegen sich unabhängig voneinander, sie sind an keinen bestimmten Platz gebunden.

Diffusion ist das selbstständige Durchmischen zweier Stoffe.

Aufsteigen des Wassers in Hohlräumen

Bestimmt hast du schon einmal einen Würfelzucker mit einer Ecke in den Tee eingetaucht. Dabei hat er sich schnell voll Tee gesaugt (Bild 1). In Bild 2 sind die 5 Glasröhrchen miteinander verbunden. Hier steht das Wasser in den rechts gelegenen Röhrchen jedoch viel höher als im linken! Die rechten Röhrchen sind dünner als das linke. Solche dünnen Röhrchen heißen Kapillaren. In ihnen steigt das Wasser von selbst auf. Diese Erscheinung nennt man Kapillarität.
Warum steigt das Wasser so hoch? Die Teilchen einer Flüssigkeit halten fest zusammen. In den Glasröhrchen haften die Flüssigkeitsteilchen außerdem an der Glaswandung. Die Anziehungskräfte zwischen den Teilchen eines Stoffes und zwischen den Teilchen verschiedener Stoffe sind die Ursachen der Kapillarität. Die Flüssigkeitsteilchen werden vom Glas angezogen: Deshalb steigt die Flüssigkeit an den Wänden etwas nach oben. Die Flüssigkeitsteilchen halten zusammen: Dadurch wird weitere Flüssigkeit nachgesaugt.

1

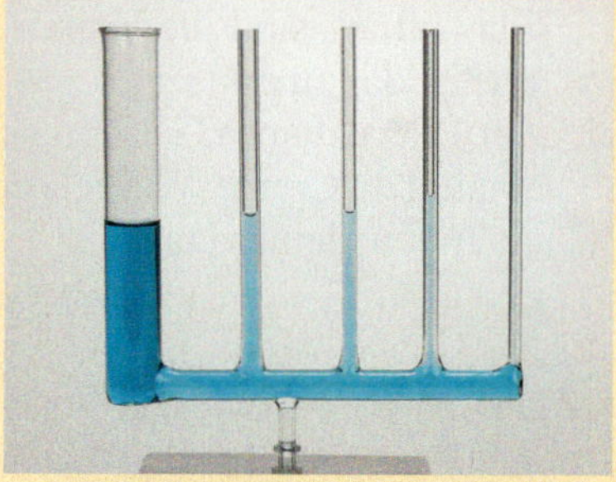
2

Kapillarität und Bodenbearbeitung. Durch den Regen und den Schnee im Winter ist der Boden fest geworden. Deshalb wird auf dem Feld und im Garten die oberste Erdschicht gelockert (Bilder 3 und 4). Warum ist diese Bodenbearbeitung gerade im Frühjahr so wichtig? Und warum ist es nicht notwendig, den Waldboden aufzulockern (Bild 5)?

3

4

5

Im Winter und im Frühjahr hat sich der Boden durch Schnee und Regen mit Wasser voll gesaugt. Durch die Last von Schnee und Eis ist die obere Schicht des Erdbodens fest. Im Frühjahr und im Sommer trocknen Wind und Sonne den Erdboden aus. Dabei wirken die kleinen Hohlräume in der Erde wie Kapillaren. Ständig steigt Wasser aus den tieferen Bodenschichten durch die Kapillaren nach oben (Bild 6a). Durch Sonne und Wind geht dieses Wasser für die Pflanzen verloren. Deshalb muss die Oberfläche des Erdbodens gelockert werden. Dadurch werden die Kapillaren im Boden zerstört (Bild 6b).

Im Wald liegt eine lockere Laubschicht auf dem festen Boden. Die Hohlräume zwischen den Blättern sind dabei so groß, dass das Wasser nicht bis zur Oberfläche gelangen kann. Deshalb braucht der Erdboden im Wald und in Hecken nicht gelockert zu werden. In Hecken, unter Sträuchern und Bäumen sollte man die Laubschicht nicht entfernen. Dadurch erhält man auch den Lebensraum für viele Tiere, vor allem für Würmer und Insekten.

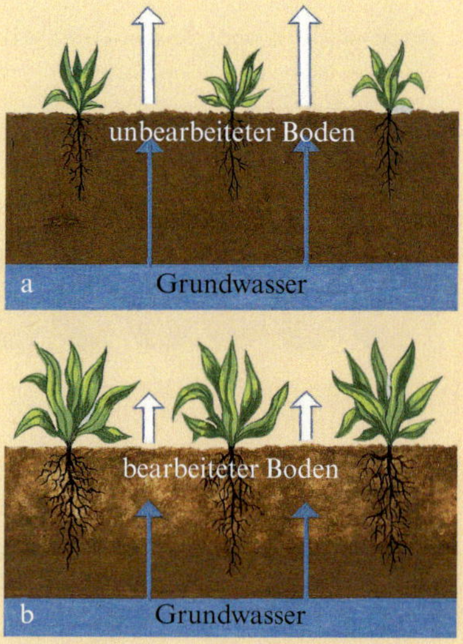

6

Kapillarität und Wachstum der Pflanzen. Die Wurzeln der Pflanzen nehmen ständig Wasser mit Nährstoffen aus dem Boden auf. Die engen Hohlräume im Erdboden bewirken, dass infolge der Kapillarität neues Wasser mit Nährstoffen zu den Wurzeln gelangt.
Die Kapillarität trägt auch mit dazu bei, dass das nährstoffhaltige Wasser in den Pflanzen von den Wurzeln über den Stängel zu den Blättern gelangt. Im Bild 1 sind die langgestreckten Gefäße im Stängel einer Pflanze gut zu erkennen, in denen Wasser und Nährstoffe aufsteigen.

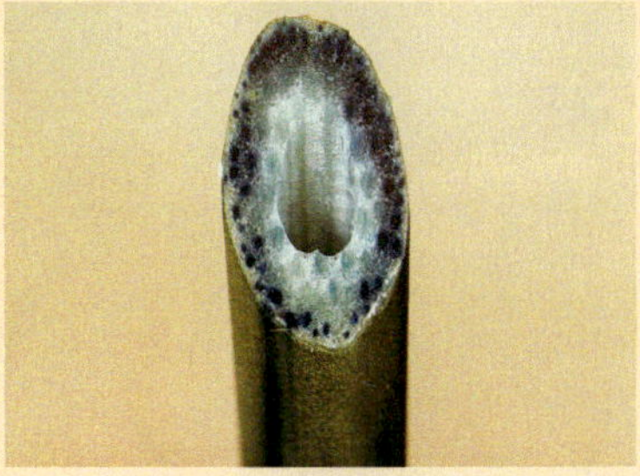
1

Kapillarität und Häuserbauen. Die Fundamente von Häusern und anderen Bauwerken bestehen aus Beton, Ziegeln oder anderen Steinen. In all diesen Stoffen gibt es kleine Hohlräume.
Damit die Feuchtigkeit nicht in die Fundamente eindringen und in den Wänden aufsteigen kann, werden diese isoliert. Das erfolgt durch einen Anstrich mit Teer und das Anbringen von Wasser undurchlässigen Sperrschichten. Der Anstrich verschließt die Poren im Mauerwerk. Dadurch kann kein Wasser eindringen (Bild 2).

2
Außenisolierung eines Fundaments

Sanierung von Altbauten. In alten Häusern ist oft diese Sperrschicht defekt. So kann die Feuchtigkeit des Erdreiches in das Fundament eindringen und in den Wänden aufsteigen, die Wände werden feucht. Für die Menschen ist das nicht gesund. Krankheiten der Atemwege (Asthma) und der Gelenke (Rheuma) sind häufige Folgen. Solche Bauten müssen saniert werden. Dazu muss das Fundament des Hauses aufgegraben und neu verputzt werden. Nach dem Austrocknen versieht man es mit einem Wasser undurchlässigen Anstrich und umgibt es mit einer Wasser sperrenden Folie. Danach werden die Außenwände des Hauses dicht über dem Erdboden Stück für Stück aufgesägt (Bild 3). In den entstandenen Spalt wird eine Wasser abweisende Schicht gebracht. Danach ist das Haus für Jahrzehnte gegen aufsteigende Feuchtigkeit geschützt.

3

AUFGABEN

1. Stelle 2 Glasplatten so in ein flaches Gefäß, dass sie sich an einer vertikalen Kante berühren. Gieße Wasser in das Gefäß. Erkläre!

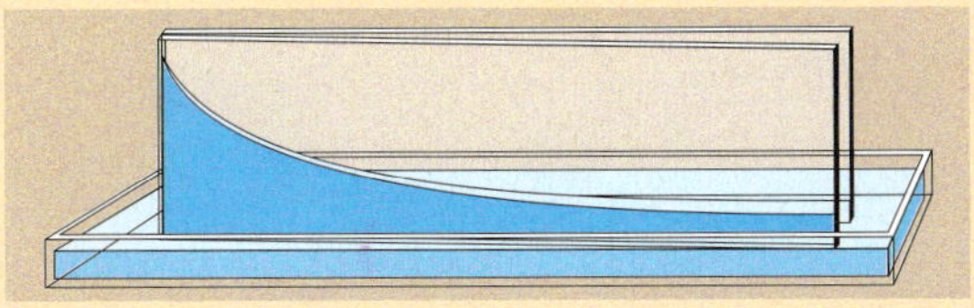
4

2. Du kannst leicht nachweisen, dass in Pflanzen die Nährstofflösung durch Kapillaren im Stängel zu den Blüten gelangt. Dazu musst du ein Marmeladenglas zur Hälfte mit Wasser füllen und einige Tropfen Lebensmittelfarbe hinzusetzen. In dieses Glas stellst du eine Schnittblume mit einer weißen Blüte (Schneeglöckchen, Tulpe, Margerite, Wilde Möhre). Bereits nach einigen Stunden kannst du die Veränderung sehen. Erkläre die Beobachtungen!
3. Wenn du einige Tage verreist, kannst du deine Zimmerpflanzen mit einer Blumentränke bewässern. Überprüfe die Wirksamkeit einer solchen Tränke und erkläre, wie sie funktioniert!

5

Volumen und Masse von Körpern

1

Elefanten und Elefantenspitzmäuse haben viele Gemeinsamkeiten. Sie sind Säugetiere. Beide haben auch einen Rüssel und einen Schwanz! Den Physiker interessieren jedoch andere Eigenschaften der Tiere, nämlich, dass sie klein bzw. groß sind oder schwer bzw. leicht sind.

Physikalische Größen

Aus dem Mathematik- und Sachkundeunterricht sind dir schon einige Größen bekannt, die auch in der Physik eine große Rolle spielen, z. B. die Länge, das Volumen, die Masse, die Zeit oder die Temperatur.
Bei der genauen Untersuchung physikalischer Zusammenhänge in Experimenten müssen oft physikalische Größen gemessen werden.

Eine physikalische Größe wird als Produkt aus einem Zahlenwert und einer Einheit geschrieben.

Physikalische Größe = Zahlenwert × Einheit

Beispiel: Länge = 15 m

Die Messung physikalischer Größen erfolgt mit Messgeräten.

Physikalische Größe	Einheit	mögliches Messgeräte
Länge	Meter (m)	Lineal
Volumen	Kubikmeter (m^3)	Messzylinder
Masse	Kilogramm (kg)	Waage
Zeit	Sekunde (s)	Stoppuhr
Temperatur	Grad Celsius (°C)	Thermometer

Einige physikalischen Größen bei einem menschlichen Körper. Das Blutvolumen eines erwachsenen Menschen der Masse 78 kg beträgt etwa 6 dm3 (6 l). Ein Tropfen (0,02 ml) seines Blutes enthält etwa 5 000 000 rote und 10 000 weiße Blutkörperchen. Die Länge aller seiner Blutgefäße beträgt etwa 100 000 km. Das Herz eines gesunden erwachsenen Menschen schlägt etwa 72-mal in 1 min. Pro Herzschlag werden 100 ml Blut durch den Körper gepumpt. Die Körpertemperatur eines gesunden Menschen beträgt 37 °C.

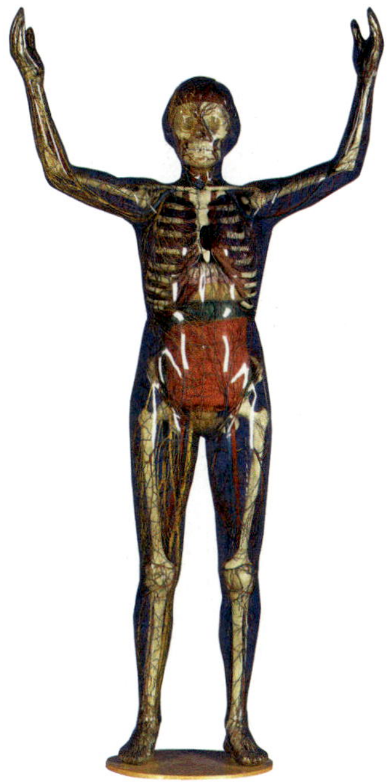

1

Messen heißt Vergleichen. Auch im täglichen Leben muss man mit physikalischen Größen arbeiten.
Für dein Zimmer hast du ein neues Sofa geschenkt bekommen, auf dem du es dir schön gemütlich machen kannst. Aber wo passt es hin? Du kannst es zu den verschiedenen Stellen in deinem Zimmer schieben, von denen du glaubst, dass genügend Platz zur Verfügung steht. Aber da wirst du bald ins Schwitzen kommen. Einfacher ist es, den Platz auszumessen. Was macht man eigentlich beim Messen?

Bei der Messung der Länge nimmt man einen Maßstab (Lineal, Zollstock, Bandmaß), auf dem festgelegte Einheiten abgetragen sind (z. B. 1 m). Wenn du bei deinem Sofa die Einheit 1 m zweimal aneinanderreihen kannst, so beträgt die Länge des Sofas 2 m. Du hast somit für die Länge des Sofas einen Zahlenwert ermittelt, indem du die Länge mit der vorher festgelegten Einheit m verglichen hast. Dieser Zahlenwert gibt Auskunft darüber, wie oft die Einheit m in der zu bestimmenden Länge enthalten ist. Längen werden also gemessen, indem man sie mit einer vorgegebenen Längeneinheit vergleicht.

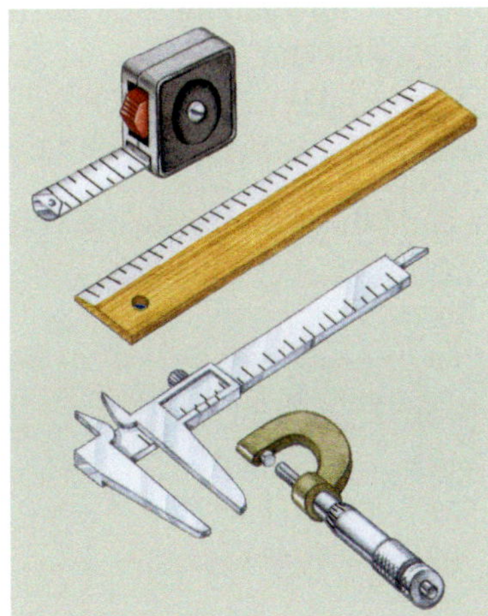

2

Es gibt viele verschiedene Geräte zur Längenmessung. Alle besitzen einen **Messbereich.** Er geht aus der ersten und der letzten Marke seiner Skala hervor. Ein Lineal hat z. B. einen Messbereich von 1 mm bis 20 cm. Bei einer Mikrometerschraube beginnt der Messbereich bei 0,01 mm, bei einem Messschieber bei 0,1 mm. Vom Messbereich hängt es ab, welches Gerät man zum Messen einer Länge auswählt. Wenn du den Durchmesser eines Bleistiftes mit einem Messschieber ermittelst, dann wird die **Messgenauigkeit** im Vergleich zum Lineal höher sein, weil er sich auf 0,1 mm genau ablesen lässt.

Die physikalische Größe Volumen

Dir sind schon oft Angaben begegnet, die sich auf das Volumen von Körpern beziehen. Auf der Wasserrechnung deiner Eltern steht: Verbrauch 75 m^3 (Bild 3). An der Tankstelle zeigt die Zapfsäule 50 l an. Du kaufst im Supermarkt 250 ml Duschgel.
Du kennst den Begriff „Volumen“ bereits aus dem Mathematikunterricht.

> Das Volumen gibt an, wie groß der Raum ist, den ein Körper einnimmt.

Wasserwerke

Rechnungsnummer: 101928

Betragsermittlung der Wasserlieferung

Tage	Lieferung/ Leistung m^3	Preis €/m^3	Betrag in €
365	75	1,73	129,75
Nettobetrag Wasserlieferung			129,75
Umsatzsteuer 7%			9,08
Bruttobetrag für Wasserlieferung			**138,83**

3

In der Physik werden häufig Abkürzungen benutzt, um das Rechnen mit Formeln einfacher zu machen. Die physikalische Größe Volumen wird mit *V* abgekürzt.

Das Formelzeichen für das Volumen ist V.

An den Beispielen mit der Wasserrechnung, der Tankstelle und dem Supermarkt hast du bereits gemerkt, dass es nicht genügt, nur die Zahl für das Volumen anzugeben. Man muss auch die Einheit nennen. Die Physiker haben sich darauf geeinigt, das Volumen in der Einheit Kubikmeter anzugeben.

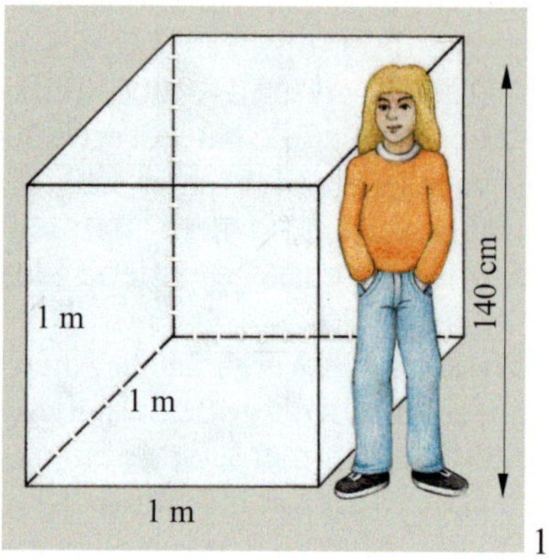

1 So groß ist ein Kubikmeter.

Die Einheit des Volumens ist Kubikmeter (m^3).

Ein Kubikmeter ist das Volumen eines Würfels mit der Kantenlänge 1 m (Bild 1). Kubikmeter ist eine große Einheit. Deshalb verwendet man im täglichen Leben meist kleinere Teile dieser Einheit.
Du kennst solche Teile bereits: Kubikdezimeter (dm^3), Kubikzentimeter (cm^3) und Kubikmillimeter (mm^3).

Für die Umrechnung zwischen den Einheiten gilt:

$1\ m^3 = 1000\ dm^3$

$1\ dm^3 = 1000\ cm^3$

$1\ cm^3 = 1000\ mm^3$

In der Tabelle findest du die Volumenangaben einiger Körper:

Körper	Volumenangabe
Cheopspyramide in Ägypten	2 500 000 m^3
Öltanker	300 000 m^3
Klassenzimmer	250 m^3
Sperrmüllcontainer	6 m^3
Volumen deines Körpers	40 dm^3
Brotlaib	3 dm^3
Streichholzschachtel	30 cm^3
Bleistift	5 cm^3
Ameise	2 mm^3

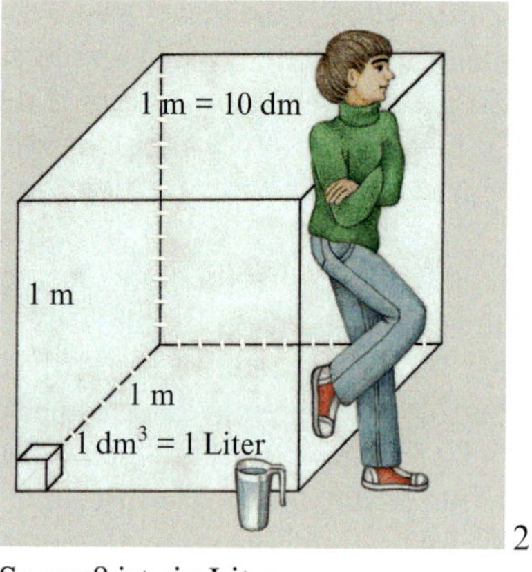

2 So groß ist ein Liter.

Für Flüssigkeiten und Gase verwendet man als Volumeneinheit oft Liter (l) (Bild 2). In einer Brauerei benutzt man die größere Einheit Hektoliter (hl). Der Arzt gibt das Volumen der Injektionen in Milliliter (ml) an (Bild 3).
Für die Umrechnung zwischen diesen Einheiten gelten die Beziehungen:

$1\ m^3 = 10\ hl = 1000\ l$

$1\ hl = 100\ l$

$1\ l = 1\ dm^3 = 1000\ ml$

$1\ ml = 1\ cm^3$

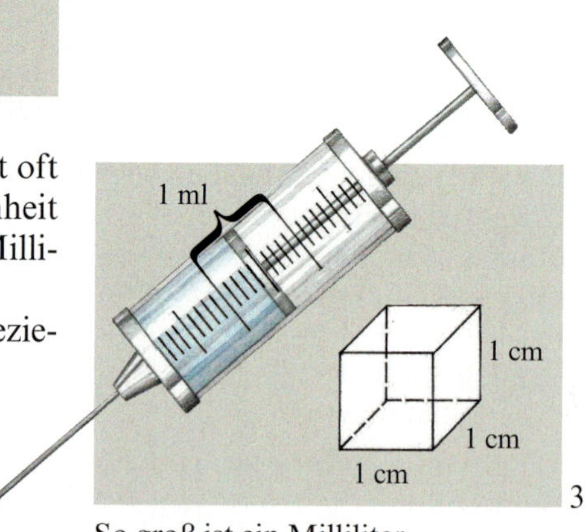

3 So groß ist ein Milliliter.

Volumenbestimmung

Bei vielen Stoffen muss das Volumen genau bestimmt werden, weil sich der Preis nach dem Volumen richtet, so z. B. bei flüssigen Stoffen wie Trinkwasser, Benzin und Öl, bei Baustoffen wie Sand und Holz. Beim Kochen und Backen muss das Volumen von Wasser oder Milch abgemessen werden, so wie es im Rezept angegeben ist. Wie kann man das Volumen von Körpern bestimmen?

Messung des Volumens flüssiger Körper. Das Volumen von Flüssigkeiten kann man sehr einfach ermitteln. Dazu benutzt man geeignete Messgeräte wie Messbecher und Messzylinder (Bild 1).

EXPERIMENT 1
Bestimme das Volumen einer Flüssigkeit!
1. Wähle einen Messzylinder aus, der die erforderliche Größe besitzt.
2. Stelle den Zylinder auf eine horizontale Unterlage.
3. Gieße die Flüssigkeit ein.
4. Lies ab, bis zu welchem Skalenteil die Flüssigkeit in der Mitte des Zylinders steht.

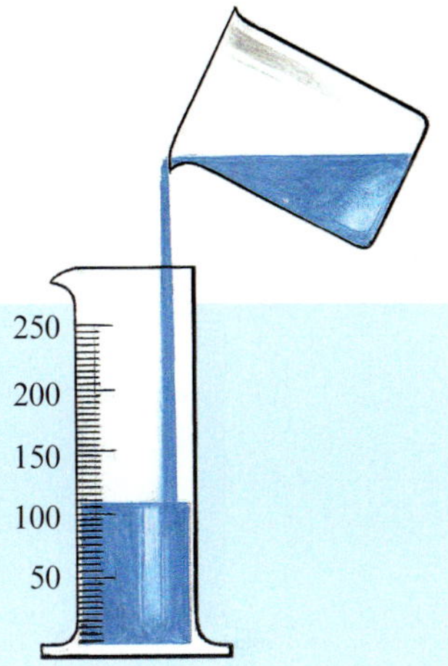

1

Messung des Volumens regelmäßiger fester Körper. Viele Körper haben eine regelmäßige Form. Ihr Volumen lässt sich leicht ermitteln. Man berechnet es einfach! Für das Volumen von Würfeln und Quadern kennst du die folgenden Gleichungen:

Würfel: $V = a \cdot a \cdot a$ Quader: $V = a \cdot b \cdot c$

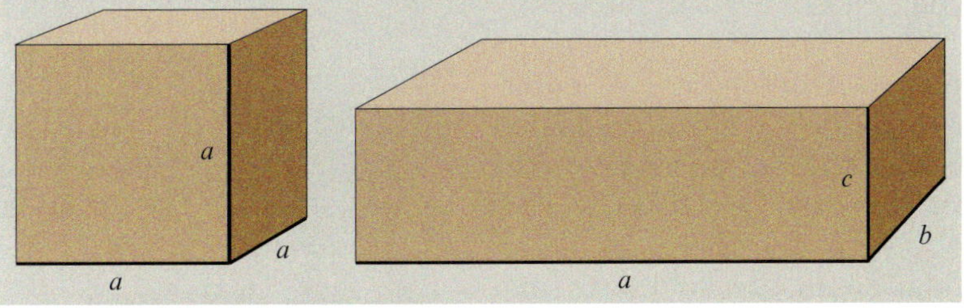

2

Messung des Volumens unregelmäßig geformter fester Körper. Die meisten Gegenstände sind unregelmäßig geformt, z. B. Essbestecke, Kartoffeln und Feldsteine. Wie lässt sich das Volumen solcher Körper bestimmen?
Wenn du einen Stein in eine Wasserpfütze wirfst, spritzt es. Der Stein verdrängt das Wasser. Wenn du ein leeres Trinkglas auf dem Kopf stehend ganz in Wasser eintauchst, so verdrängen das Glas und die Luft im Glas das Wasser. Drehst du dann das Glas langsam um, so fließt Wasser in das Glas hinein. Dieses Wasser verdrängt die Luft im Glas. Dadurch steigen Luftblasen auf (Bild 3). Du erkennst: Wo ein Körper ist, kann kein zweiter Körper sein.

3
Das Wasser verdrängt die Luft.

Körper verdrängen sich gegenseitig.

Ein Verfahren zur Volumenbestimmung unregelmäßig geformter Körper ist in Bild 1 dargestellt. Man taucht einen Stein in ein Gefäß mit Wasser. Je tiefer der Stein eintaucht, umso mehr steigt der Wasserspiegel. Befindet sich der ganze Stein unter Wasser, so verdrängt er genau so viel Wasser, wie es seinem eigenen Volumen entspricht. Dieses Verfahren heißt **Differenzverfahren.**

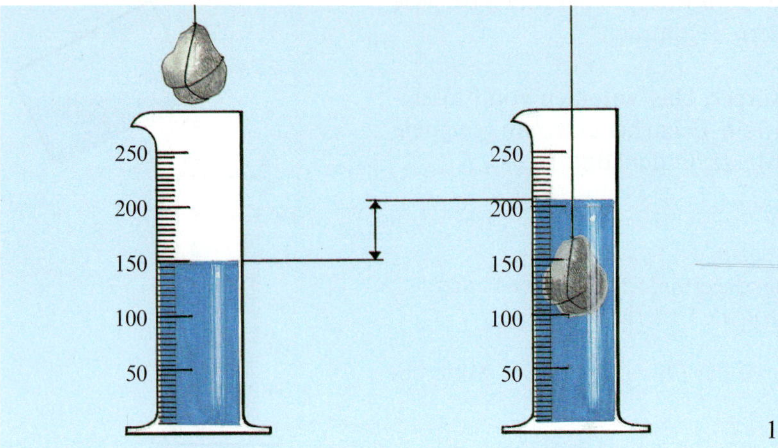

1

EXPERIMENT 2

Bestimme das Volumen eines Steins!

1. Fülle einen Messzylinder etwa zur Hälfte mit Wasser!
2. Lies das Volumen des Wassers ab!
3. Tauche einen Stein vollständig in das Wasser ein!
4. Lies das gemeinsame Volumen von Wasser und Stein ab!
5. Berechne das Volumen des Steins als Differenz der beiden Messwerte!

Die physikalische Größe Masse

Auch wenn Elefanten und Elefantenspitzmäuse viele Gemeinsamkeiten haben (Bild 1, S. 80), so sieht man ihnen schon an, dass die einen schwer und die anderen leicht sind (Bild 2). Der Physiker sagt: Der Elefant hat eine große Masse. Die Masse der Elefantenspitzmaus ist klein.
Vom Spielplatz weißt du, dass auch deine Mitschüler eine unterschiedliche Masse haben. Die Masse von Robert ist größer als die von Nora (Bild 3). Fahrzeuge unterscheiden sich oft in ihrer Masse sehr stark voneinander. Vollbeladene Lkw haben eine große Masse, Pkw eine kleinere (Bild 4).
Körper mit großen Massen erkennt man daran, dass sie schwer sind. Körper mit kleinen Massen sind leicht.

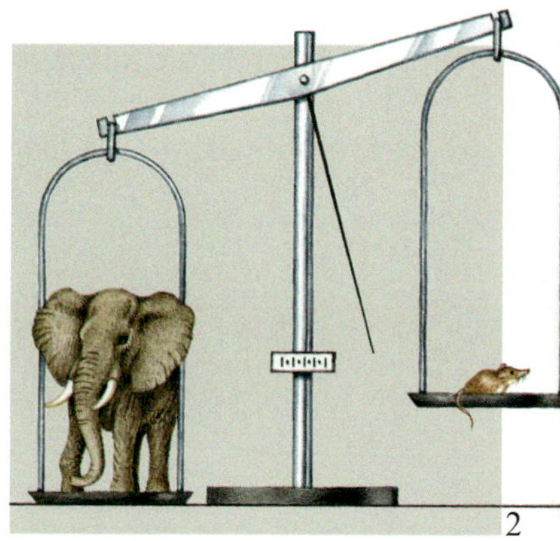
2

> Jeder Körper besitzt eine Masse.
> Die Masse eines Körpers gibt an, wie schwer oder leicht dieser ist.

3

4

Wenn du für deine Familie einkaufen gehst, bekommst du einen Zettel (Bild 1). Beim Lesen des Zettels denkst du dir: „Das ist aber viel, da muss ich ganz schön schleppen." Damit hast du die große Masse deiner gefüllten Einkaufsbeutel gut beschrieben. Dabei hast du an „groß" und „schwer" gedacht, wenn du auf dem Einkaufszettel die vielen Kilogramm gelesen hast.
Die physikalische Größe Masse wird mit m abgekürzt. Und die Einheit der Masse kennst du auch schon.

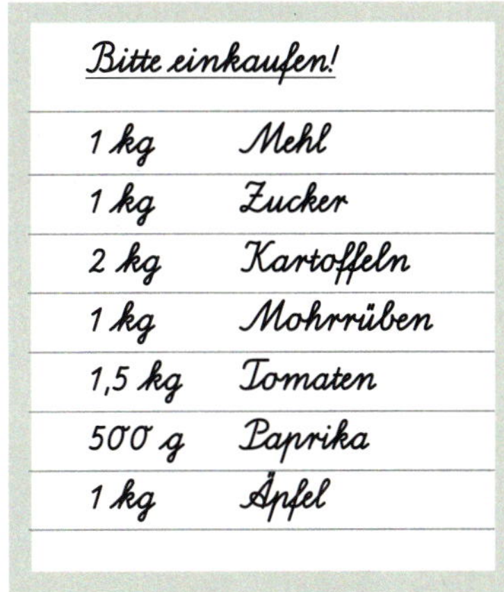

1

> Das Formelzeichen für die Masse ist m.
> Die Einheit der Masse ist Kilogramm (kg).

Vielfache der Einheit für die Masse sind Tonne (t) und Dezitonne (dt). Teile dieser Einheit sind Gramm (g) und Milligramm (mg).
Für die Umrechnung gelten folgende Beziehungen:

1 t = 10 dt = 1000 kg
1 dt = 100 kg
1 kg = 1000 g
1 g = 1000 mg.

In der Tabelle sind die Massen einiger Körper angegeben:

Körper	Masse
Haar	0,1 mg
Haselnuss	1 g
Hühnerei	50 g
Stück Butter	250 g
Packung Milch	1 kg
großer Eimer mit Wasser	10 kg
Mensch – Frau/Mann	60 kg/75 kg
Elefant	3 t
beladener mittlerer Lkw	8 t
Elektrolok	90 t
Blauwal	100 t

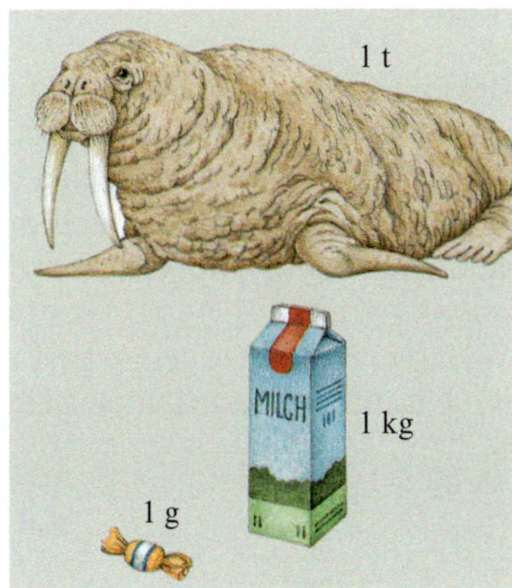

2

Messen der Masse von Körpern

Um die Masse von Körpern zu bestimmen, verwendet man ein Messgerät, bei dem ausgenutzt wird, dass alle Körper von der Erde angezogen werden.

> Ein Messgerät für die Masse ist die Waage.

Auf der Waage werden die Massen verschiedener Körper miteinander verglichen. Du kennst verschiedene Arten von Waagen. Wie man mit einer Waage arbeitet, wird besonders gut an einer Balkenwaage deutlich (Bild 3). Dieses Messgerät heißt so, weil die beiden Waagschalen an einem Balken hängen.

3
Balkenwaage

Will man mit einer Balkenwaage die Masse eines Apfels bestimmen, so legt man ihn auf eine der beiden Waagschalen. Danach legt man nacheinander Wägestücke auf die andere Waagschale. Dazu verwendet man einen Wägesatz (Bilder 2 und 3). Das macht man so lange, bis der Zeiger wieder in der Mitte steht.
Dann befindet sich der Waagebalken wieder wie vor der Wägung in der horizontalen Lage. Jetzt ist die Masse des Apfels genau gleich der Masse aller Wägestücke zusammen. Nun braucht man nur die auf die Wägestücke aufgedruckten Massenangaben zu addieren.

1
Briefwaage

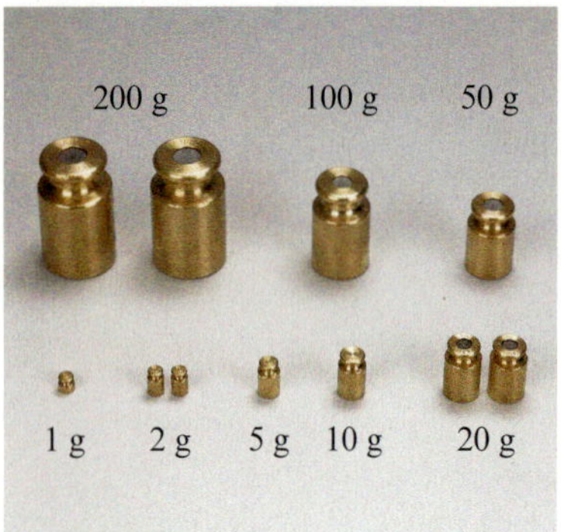

2
Wägesatz

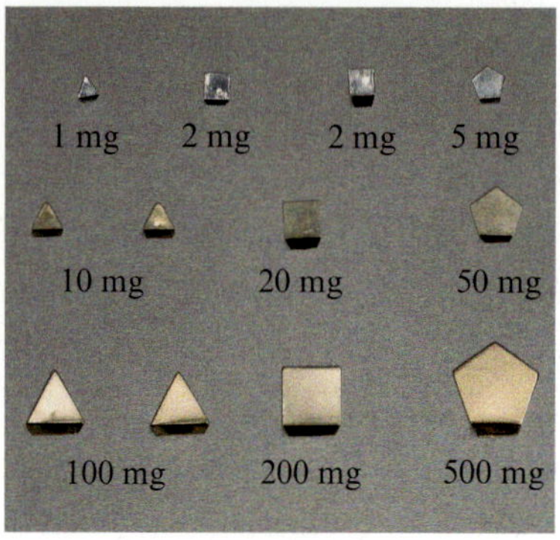

3
Bruchgrammwägesatz

Bei anderen Waagen benötigt man keinen Wägesatz. Bei der Briefwaage (Bild 1), der Babywaage (Bild 4) oder der Personenwaage kann man die Masse direkt an einer Skala ablesen. Auch bei diesen Waagen erfolgt ein Vergleich der Massen. Die Massen, mit denen verglichen wird, sind jedoch in den Waagen eingebaut.

4
Babywaage

Will man die Masse genau bestimmen, so muss man Messvorschriften beachten. Diese richten sich nach der Art der Waage.

Balkenwaage

1. Stelle genau die Nulllage ein. Lege dazu – wenn erforderlich – kleine Ausgleichskörper auf eine Waagschale.
2. Lege den Körper auf die Waagschale. Bringe so viele Wägestücke auf die andere Waagschale, bis der Zeiger wieder null anzeigt.
3. Addiere die Massen aller Wägestücke. Die Summe gibt an, wie groß die Masse des Körpers ist.

Briefwaage

1. Prüfe die Nulllage der Waage. Stelle sie mit der Stellschraube genau ein.
2. Schätze die Masse des Körpers ab, den du wägen willst. Stelle den entsprechenden Messbereich ein.
3. Lege den Körper auf die Waagschale. Lies auf der entsprechenden Skala die Masse des Körpers ab.

EXPERIMENT 3
Bestimme jeweils die Masse einer Krampe aus Stahl, Glas, Aluminium und Kupfer. Benutze die Messvorschrift!

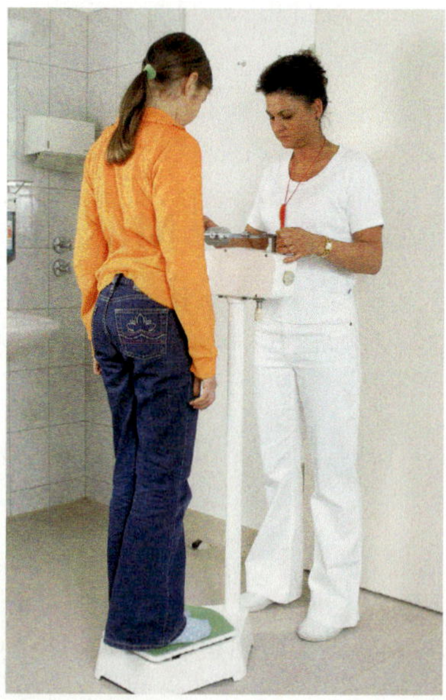
5
Personenwaage

Ein Blick in die Geschichte

Das Vergleichen von Massen

Schon im Altertum mussten die Menschen beim Handeln die Massen verschiedener Waren miteinander vergleichen. Sie mussten wissen, wie viel Masse der einen Ware sie gegen wie viel Masse einer anderen Ware eintauschen wollten. Dazu war es z. B. notwendig, die Masse eines Schafes und die eines Fasses Getreide zu bestimmen.
Im Mittelalter bekamen die Bauern genau vorgeschrieben, welche Massen der einzelnen Produkte sie in einem Jahr an den Gutsherren abliefern mussten.

1

Das Messen der Masse erfolgte in den verschiedenen deutschen Ländern in unterschiedlichen Einheiten.
So benutzte man in Sachsen, Preußen und Mecklenburg als Masseneinheit zwar die Tonne. Aber Tonne war nicht gleich Tonne.
Es war
1 mecklenburgische Tonne = 1,3 preußische Tonnen und
1 mecklenburgische Tonne = 1,6 sächsische Tonnen.
In anderen Ländern waren ganz andere Einheiten gebräuchlich. In Russland maß man in Pud und Wedro, in Griechenland in Talenten und Minen und in Spanien in Azumbre. Die unterschiedlichen Einheiten behinderten den Handel zwischen den Ländern sehr stark. Hinzu kam, dass auch die verschiedenen Handwerke besondere Einheiten benutzten. Noch vor 100 Jahren maßen die Apotheker z. B. in Pfund und Lot und die Goldschmiede in Unzen und Karat.
Einige solcher Einheiten werden sogar heute noch benutzt, so Unzen und Karat von Goldschmieden. Um die Schwierigkeiten beim Handel zu beseitigen, gibt es seit 1889 die internationale Vereinbarung, dass die Einheit der Masse Kilogramm ist.

Das Urkilogramm. Ein Kilogramm ist die Masse des „Urkilogramms", das in einem Safe in Sévres bei Paris aufbewahrt wird (Bild 2). Es ist ein Zylinder aus einer Platin-Iridium-Legierung. Er hat einen Durchmesser und eine Höhe von je 39 mm. Jedes Land hat eine Nachbildung des Zylinders. Dadurch können überall gleiche Wägestücke hergestellt werden.

Schon gewusst?

Umrechnungen für einige Einheiten

1 Karat	=	200 mg
1 Drachme	=	4,3 g
1 Lot	=	16,7 g
1 Feinunze (Gold)	=	31,10 g
1 engl. Unze	=	28,35 g
1 Pfund	=	500 g

(in Großbritannien und Nordamerika: 453,6 g)

2

Ein Blick in die Geschichte

Längenmaße – vorgestern, gestern, heute

1

Im alten Ägypten überschwemmte der Nil in jedem Frühjahr große Teile des Niltals. Das hatte den Vorteil, dass fruchtbarer Schlamm auf die Äcker gelangte. Leider waren aber oftmals nach der Überflutung die Grenzen zwischen den Äckern nicht wiederzufinden. Deshalb musste das Land neu vermessen werden. Dabei verwendeten die alten Ägypter Seile, auf denen die Längeneinheit durch Knoten markiert war (Bild 1).

Im Altertum und im Mittelalter waren die Längeneinheiten auf den menschlichen Körper bezogen. Darauf weisen die Worte Fuß (Foot), Elle (Yard) usw. hin. Schwierigkeiten traten dadurch auf, dass Einheiten mit gleichem Namen in den verschiedenen Ländern unterschiedlich lang waren. Diese unterschiedlichen Einheiten behinderten den Handel im Mittelalter bis hinein ins 19. Jahrhundert sehr stark. Wenn ein Kunde 10 Ellen Tuch verlangte, so entsprach das nicht der Tuchlänge des Händlers, wenn dieser aus einem anderen Land kam. Deshalb waren in den Mauern der Rathäuser oft Tafeln eingelassen, aus denen man die Längen der jeweiligen Einheit entnehmen konnte (Bild 2) oder es war ein Eisenstab mit 2 Markierungen an einer Kette befestigt.

Am 20. Mai 1875 einigten sich 17 Staaten auf gemeinsame Einheiten. Sie waren im so genannten Metrischen System festgelegt. Heute ist dieses System in mehr als 100 Staaten gesetzlich eingeführt. Die Längeneinheit ist das Meter. Seit 1875 ist sie durch das so genannte Urmeter realisiert. Auf dem Längennormal sind zwei Marken eingeritzt, deren Abstand die Längeneinheit 1 m darstellt. Das Original wird in einem Safe in Sevres bei Paris aufbewahrt und dort sorgfältig gegen alle umweltverändernden Einflüsse geschützt (Bild 3). Die einzelnen Mitgliedsstaaten haben Kopien dieses Originals in gleichartiger Ausführung. Ursprünglich war die Längeneinheit 1 m der 40millionste Teil der Länge des Meridians, der durch Paris geht.

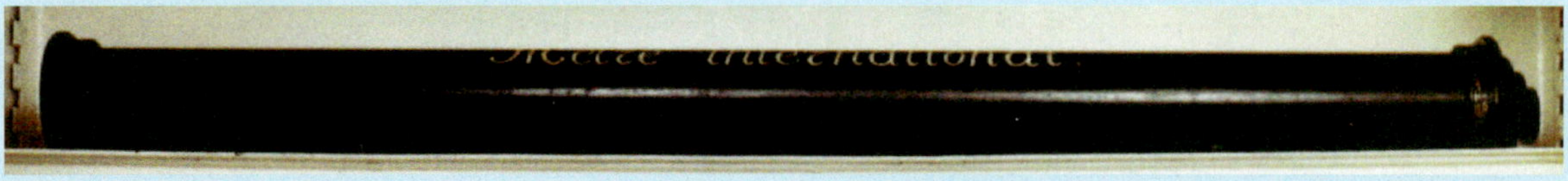
3

Schon gewusst?

Umrechnungen für einige Einheiten

1 preußischer Zoll	= 2,615 cm
1 preußischer Fuß	= 31,385 cm
1 preußische Elle	= 66,69 cm
1 österreichische Elle	= 78 cm
1 römische Elle	= 44,2 cm
1 preußische Rute	= 3,766 m

2

Inschrift der Tafeln.
Oben: 1 Meter, Stahl = 100 Centimeter, [Neuzoll] / 1870
Unten: PREUSSISCH HALBE RUTHE / 1816

AUFGABEN

1. Wie kannst du das Volumen der folgenden Körper bestimmen: Holzkugel, Würfelzucker, Gießkanne, Tiefkühltruhe, Buchseite, 1-€-Münze?
2. Du möchtest das Fassungsvermögen einer Kaffeetasse bestimmen. Dir stehen Messzylinder von 25 ml, 100 ml, 250 ml und 1000 ml zur Verfügung. Welchen wählst du aus? Begründe deine Entscheidung!
3. Wie kann man das Volumen eines Wassertropfens bestimmen? Wie groß ist sein Volumen?
4. Schätze das Volumen folgender Körper: Würfelzucker, Ziegelstein, Packung Milch, große Packung Waschpulver. Miss die Kantenlängen der Körper und berechne ihr Volumen! Vergleiche mit deinen Schätzungen!
5. Warum ist es nicht zweckmäßig, ein Wasservolumen von 25 ml mit einem 1000-ml-Messzylinder abzumessen?
6. Der Trog des Schiffshebewerkes Niederfinow hat die Form eines Quaders. Er ist 85 m lang und 12 m breit. Wie viel Wasser befindet sich bei einer Wassertiefe von 2,50 m in dem Trog?
7. Ein Eisenkörper hat ein doppelt so großes Volumen wie ein anderer Körper aus Eisen. Was kannst du über die Masse beider Körper aussagen?
8. Messen ist Vergleichen. Erläutere diese Aussage an einem Beispiel, wo mittels einer Balkenwaage und Wägestücken die Masse eines Apfels bestimmt wird!
9. Du sollst die Masse eines Briefes, einer Schraube, eines Apfels, einer Tüte Mehl, eines Beutels Kartoffeln und eines Mitschülers bestimmen. Schätze die Massen dieser Körper ab. Welche Waage würdest du jeweils benutzen?
10. Welche Wägestücke befinden sich jeweils auf der Waagschale, wenn du die Masse einer Kartoffel zu 95 g, einer Apfelsine zu 135 g und einer Pampelmuse zu 380 g bestimmt hast (siehe auch Bild 2, Seite 86)?
11. Beschreibe, wie du die Masse von 100 ml Wasser mit einer Briefwaage bestimmen kannst!
12. Ein Liter Luft hat eine Masse von etwa 1,3 g. Berechne, welche Masse die Luft in eurem Klassenzimmer hat!

ZUSAMMENFASSUNG

Volumen. Den Raum, den ein Körper einnimmt, nennt man sein Volumen.
Formelzeichen: V
Einheit: Kubikmeter (m^3)

Einfache Möglichkeiten der Volumenbestimmung		
Flüssigkeiten	Regelmäßig geformte Körper	Unregelmäßig geformte Körper
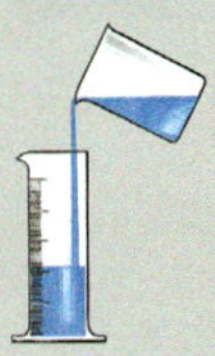 Messen des Volumens mit einem Messzylinder	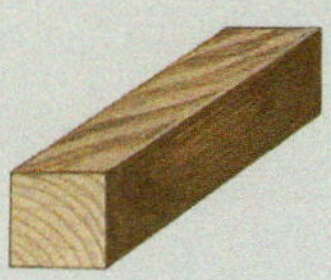 Messen der Kantenlängen und Berechnen des Volumens	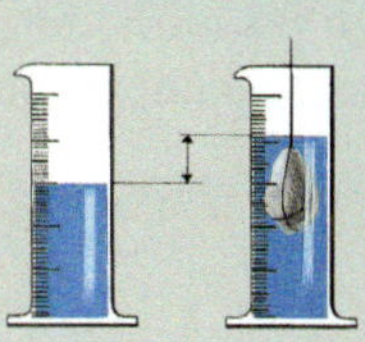 Messen der Volumenzunahme im Messzylinder

Masse. Jeder Körper besitzt eine Masse. Die Masse eines Körpers gibt an, wie schwer oder leicht dieser ist.
Formelzeichen: m
Einheit: Kilogramm (kg).
Messgerät: Waage

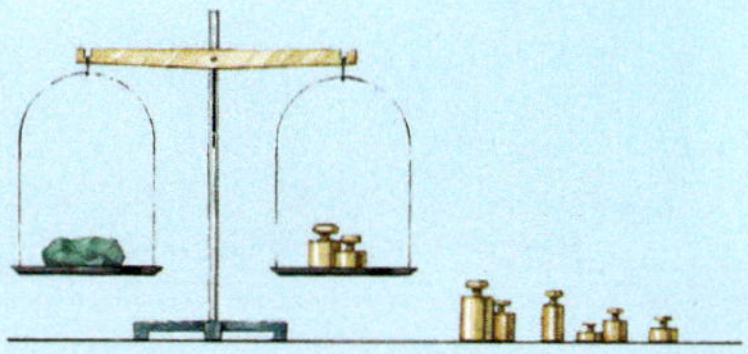

Dichte von Stoffen

1

Der Mann muss sich sehr anstrengen, wenn er den großen Stein hochheben will. Da hat es das Mädchen einfacher! Es gelingt ihm mit Leichtigkeit, den großen Schaumstoffblock zu tragen. Wie ist das möglich? Der Block ist doch viel größer.

Zusammenhang zwischen Masse und Volumen von Körpern

Der Müllwagen soll auf einer Fahrt möglichst viel Müll transportieren (Bild 2a). Das wird dadurch möglich, dass der Müll zusammengepresst wird. Seine einzelnen Bestandteile liegen dann enger beisammen (Bild 2b).
Im gewöhnlichen Beton liegen alle Bestandteile dicht beieinander (Bild 3). Für manche Zwecke benötigt man aber Schaumbeton. Diesen stellt man ähnlich her wie Schlagsahne. Schaumbeton enthält viele kleine Luftblasen (Bild 4). Dadurch kann man ihn leichter verarbeiten.
Um diese Zusammenhänge beim Müll und beim Beton zu beschreiben, verwenden die Physiker den Begriff **Dichte**.
Beim Zusammenpressen bleibt die Masse des Mülls gleich. Sein Volumen wird aber kleiner. Dadurch nimmt die Dichte des Mülls zu.
Beim Aufschäumen bleibt die Masse des Betons gleich. Sein Volumen wird aber größer. Dadurch nimmt die Dichte des Betons ab.

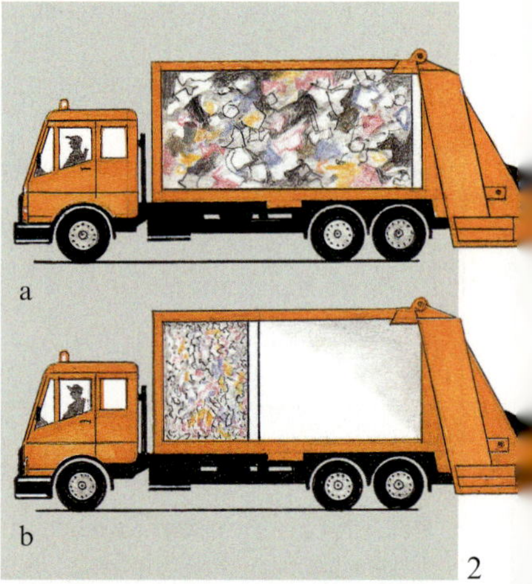

a b

2

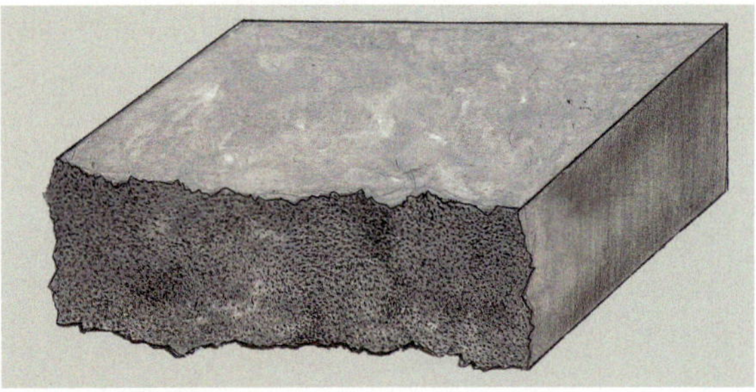

3

Schnitt durch Beton

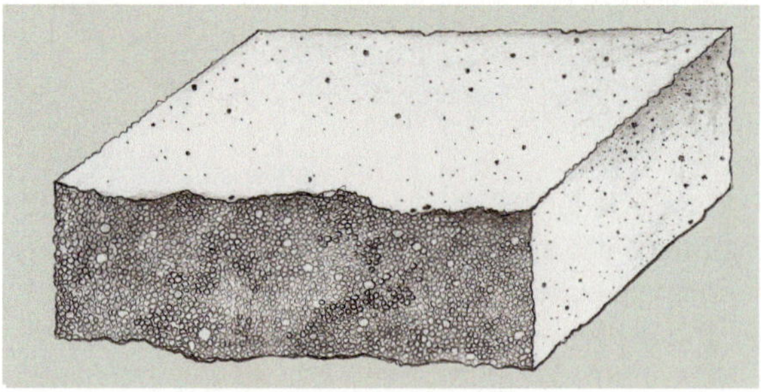

4

Schnitt durch Schaumbeton

Je kleiner das Volumen eines Körpers (bei gleicher Masse) ist, desto größer ist die Dichte des Stoffes, aus dem er besteht.

Ein mittelgroßer Lastkraftwagen darf im Höchstfalle mit einer Masse von 5 000 kg beladen werden. Ein Lkw-Fahrer erhält den Auftrag, Kanthölzer zu transportieren (Bild 1). „Pack den Wagen nur voll!“, ruft er dem Kranführer zu. Danach muss er Ziegelsteine fahren (Bild 2). Obwohl die Ladefläche erst zur Hälfte mit Paletten vollgestellt ist, ruft er schon: „Genug! Mehr als 2,5 m^3 dürfen es nicht sein!“ Schließlich transportiert er Stahlträger. Diese sieht man kaum auf der Ladefläche. Es dürfen nicht mehr als 0,6 m^3 sein (Bild 3).

1

2

3

Die Dichte eines Stoffgemisches hängt auch davon ab, welche Masse die einzelnen Bestandteile besitzen. 1 m^3 Hausmüll enthält unter anderem Holz, Papier und Kunststoff. Dadurch ist die Masse klein. 1 m^3 Eisenschrott enthält neben Rost viel Eisen. Dadurch ist die Masse groß. Eisenschrott hat eine größere Dichte als Hausmüll.

Je größer die Masse eines Körpers (bei gleichem Volumen) ist, desto größer ist die Dichte des Stoffes, aus dem er besteht.

Die Dichte von Stoffen

Um die Dichte verschiedener Stoffe miteinander zu vergleichen, gibt es eine einfache Methode:
Man wählt Körper aus verschiedenen Stoffen aus, die das gleiche Volumen besitzen. Und dann vergleicht man ihre Massen miteinander. Dieser Vergleich ist in Bild 4 dargestellt. Dort haben alle Körper ein Volumen von 1 cm^3. Die Würfel bestehen aus verschiedenen Stoffen.
Sie haben unterschiedliche Massen. Die Masse des Bleiwürfels beträgt 11,3 g, die des Eisenwürfels 7,8 g, der Aluminiumwürfel hat eine Masse von 2,7 g usw.
Daraus erkennt man, dass Blei von allen dargestellten Stoffen die größte Dichte hat. Die kleinste Masse hat der Korkwürfel. Kork hat die geringste Dichte.

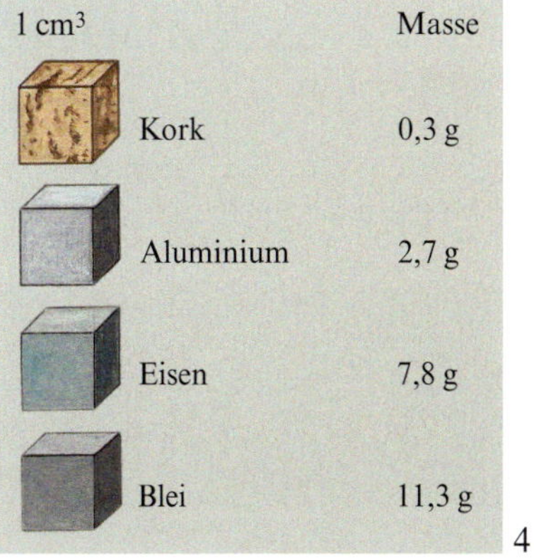

4

Hat ein Körper ein anderes Volumen als ein Kubikzentimeter, so braucht man nur die Masse für einen Kubikzentimeter auszurechnen (Bild 1). Aus der Masse, die ein Kubikzentimeter eines Stoffes besitzt, kann man leicht erkennen, wie groß die Dichte dieses Stoffes ist.
Um die Dichte eines Stoffes zu bestimmen, braucht man einen Körper, der nur aus diesem Stoff besteht. Dann gilt:

$$\text{Dichte} = \frac{\text{Masse des Körpers}}{\text{Volumen des Körpers}}$$

Das Formelzeichen für die physikalische Größe Dichte ist der griechische Buchstabe ϱ (gesprochen rho).

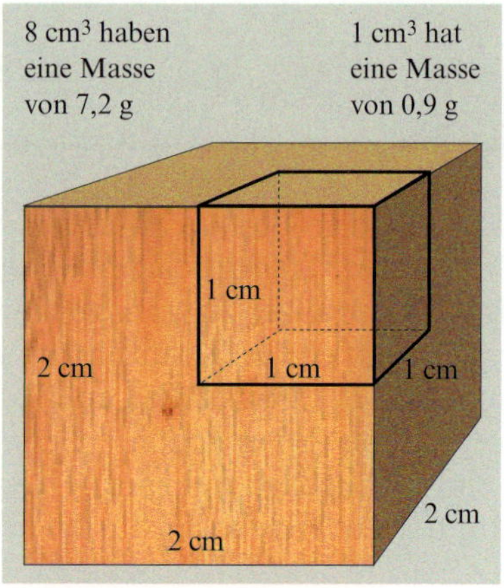

1

Dichte von Holz: 0,9 g/cm³

Gleichung für die Dichte: $\varrho = \frac{m}{V}$

Setzt man in dieser Gleichung für die Masse die Einheit kg und für das Volumen die Einheit m³ ein, so ergibt sich die Einheit der Dichte.

Die Einheit der Dichte ist Kilogramm je Kubikmeter $\left(\frac{\text{kg}}{\text{m}^3}\right)$.

Diese Einheit der Dichte ist nicht immer praktisch. Deshalb gibt man die Dichte oft in Gramm je Kubikzentimeter (g/cm³) oder in Kilogramm je Kubikdezimeter (kg/dm³) an.
Es bestehen die Umrechnungsbeziehungen:

$$1\,\frac{\text{t}}{\text{m}^3} = 1\,\frac{\text{kg}}{\text{dm}^3} = 1\,\frac{\text{g}}{\text{cm}^3}$$

$$1\,\frac{\text{kg}}{\text{m}^3} = 0{,}001\,\frac{\text{g}}{\text{cm}^3}$$

In der folgenden Tabelle sind die Dichten einiger fester, flüssiger und gasförmiger Stoffe zusammengestellt:

Stoff	Dichte in $\frac{\text{g}}{\text{cm}^3}$	Stoff	Dichte in $\frac{\text{g}}{\text{cm}^3}$	Stoff	Dichte in $\frac{\text{g}}{\text{cm}^3}$
Metalle		Baustoffe		Flüssigkeiten / Gase	
Aluminium	2,7	Schaumstoff	0,015	Benzin	0,7
Zink	7,1	Kork	0,25 bis 0,35	Spiritus	0,8
Stahl	7,8	Schaumbeton	0,3 bis 1,6	Schmieröl	0,9
Messing	8,5	Sand	1,6 bis 2,1	Wasser	1,0
Kupfer	8,9	Ziegel	1,8	Quecksilber	13,6
Silber	10,5	Beton	1,9 bis 2,8		
Blei	11,3	Glas	2,4 bis 2,6	Luft	0,001 29
Gold	19,3	Granit	2,5 bis 3,1	Kohlenstoffdioxid	0,001 98

Solche Stoffe, die eine große Dichte besitzen, bezeichnet man im täglichen Leben als „schwere“ Stoffe. Blei ist ein „schwerer“ Stoff. Stoffe mit geringer Dichte nennt man „leichte“ Stoffe. Schaumstoff und Kork sind „leichte“ Stoffe.

1
Baumwolle ist ein „leichter“ Stoff.

2
Gestein ist ein „schwerer“ Stoff.

Um die Dichte eines Stoffes, aus dem ein Körper besteht, zu bestimmen, kann man Masse und Volumen ermitteln. Die Bestimmung der Masse erfolgt mit der Waage. Das Volumen ist leicht zu berechnen, wenn der Körper eine regelmäßige Form hat. Für die Volumenbestimmung unregelmäßig geformter Körper hast du bereits Verfahren kennen gelernt. Nutze eines im folgenden Experiment!

EXPERIMENT 1
Ermittle den Stoff, aus dem ein vorgegebener Metallkörper besteht!
1. Bestimme die Masse des Körpers.
2. Bestimme das Volumen des Körpers (siehe S. 84).
3. Berechne die Dichte.
4. Vergleiche die Dichte mit den Tabellenwerten und äußere eine Vermutung, um welchen Stoff es sich handeln könnte.

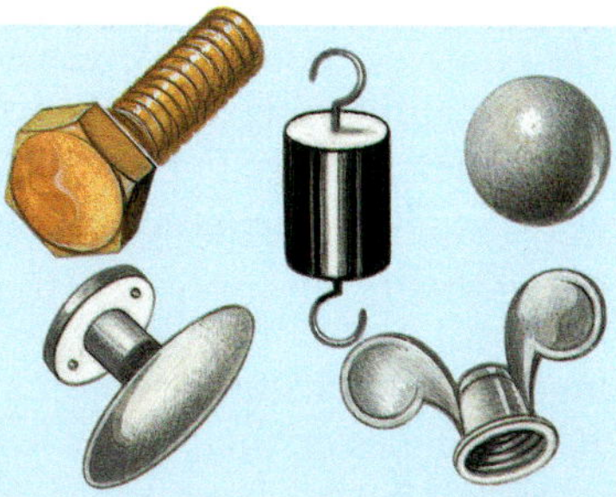
3

Wenn Masse und Volumen eines Körpers bekannt sind, kann man die Dichte des Stoffes, aus dem er besteht, berechnen.

Beispiel für die Berechnung der Dichte
Ein goldglänzender Körper hat eine Masse von 102 g. Sein Volumen beträgt 12 cm³. Besteht er aus Gold? Um diese Frage zu beantworten, berechnet man seine Dichte und vergleicht sie mit der von Gold.

Gesucht: $\varrho \left(\text{in } \frac{\text{g}}{\text{cm}^3}\right)$

Gegeben: $m = 102\ \text{g}$
$V = 12\ \text{cm}^3$
$\varrho_{\text{Gold}} = 19{,}3\,\frac{\text{g}}{\text{cm}^3}$

Lösung: $\varrho = \frac{m}{V}$

$$\varrho = \frac{102\ \text{g}}{12\ \text{cm}^3}$$

$$\varrho = 8{,}5\,\frac{\text{g}}{\text{cm}^3}$$

Ergebnis: Der Körper besteht nicht aus Gold. Er könnte aus Messing bestehen.

Ein Blick in die Technik

Schwere und leichte Stoffe

Der Name „Steinzeitmenschen" erinnert daran, dass sie ihre wichtigsten Werkzeuge aus Stein gefertigt haben. Feuersteine sind sehr hart und wurden deshalb zu Faustkeilen, Steinäxten und Pfeilspitzen verarbeitet (Bild 1). Der Nachteil der harten Steine bestand vor allem darin, dass man sie schlecht bearbeiten konnte. Deshalb haben Geräte aus Bronze und Eisen die Steinwerkzeuge abgelöst. Sie konnten in jede beliebige Form gegossen oder geschmiedet werden. Neben Werkzeugen stellte man später Maschinen, Brücken, Eisenbahnen und andere Fahrzeuge aus Eisen her (Bild 2). Diese Metalle finden auch heute noch in großem Maße Verwendung.

Für den Bau von Flugzeugen sind sie jedoch nicht geeignet. Sie sind viel zu schwer, d. h., sie haben eine zu große Dichte. So ist z. B. für Eisen $\varrho = 7{,}8\ g/cm^3$. Deshalb wurde der Bau von Luftschiffen und größeren Flugzeugen erst möglich, als man ein geeignetes Leichtmetall zur Verfügung hatte. Dieses Leichtmetall war Aluminium. Es hat eine Dichte von $2{,}7\ g/cm^3$. Aber es ist zu weich. 1906 entwickelte der deutsche Ingenieur ALFRED WILM das Duraluminium, auch „Dural" genannt. Dazu wurde das Aluminium mit etwas Kupfer und Magnesium zusammengeschmolzen. So stieg seine Festigkeit auf das Zehnfache. Damit ist Dural fast so fest wie Stahl. Bereits 1919 baute der deutsche Ingenieur HUGO JUNKERS das erste zivile Ganzmetallflugzeug der Welt mit geschlossener Passagierkabine aus Dural, die „Junkers F 13". 1930 wurde die 3-motorige Transportmaschine „Ju 52" gebaut, die man heute noch bei Flugschauen sehen kann (Bild 3).

Du kennst das silbrig glänzende Metall Aluminium z. B. von Campingmöbeln, Zeltstangen und Fahrradfelgen.

1963 gelang es erstmals, sehr feste Kohlefasern herzustellen. Wird Kunststoff mit solchen Carbon-Fasern verstärkt, so entsteht ein sehr stabiles Material, das eine noch geringere Dichte als Aluminium besitzt. Es findet in der Weltraumtechnik, aber auch zur Herstellung von Fahrrädern Verwendung (Bild 4).

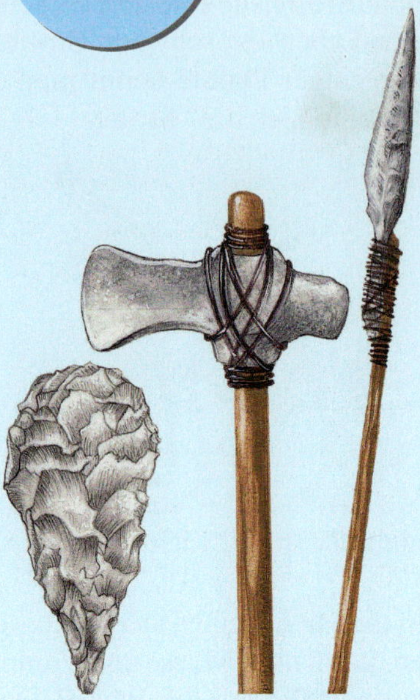

1

2

3

4

AUFGABEN

1. Nenne Flüssigkeiten mit großer Dichte und Flüssigkeiten mit kleiner Dichte!
2. Ordne folgende Körper nach der Dichte der Stoffe, aus denen sie bestehen: Messingleuchter, Goldmünze, Aluminiumtopf, Trinkglas, Holzquirl, Kombizange, Kupferdraht, Betonplatte!
3. Eisen hat eine Dichte von $7{,}8\ \frac{g}{cm^3}$ und Kork eine Dichte von $0{,}3\ \frac{g}{cm^3}$. Welche Masse hat jeweils 1 dm^3 dieser Stoffe?
4. Beschreibe, wie du die Dichte einer Flüssigkeit bestimmen kannst, wenn dir ein Messbecher und eine Waage zur Verfügung stehen!
5. Begründe, warum Flugzeuge zum größten Teil aus Aluminium hergestellt werden!
6. Ein Fundament mit einem Volumen von 34 m^3 soll mit Beton ausgegossen werden. Wie groß ist die Masse des erforderlichen Betons, wenn seine Dichte 2 000 kg/m^3 beträgt?
7. „Hans im Glück" – du kennst sicher das Märchen, in dem er einen Goldklumpen geschenkt bekommt, der so groß ist wie sein Kopf (Volumen etwa 4 dm^3). Welche Masse hatte der Goldklumpen, den „Hans in sein Tuch einwickelte und forttrug"?
8. Ein Lkw darf nur 0,5 m hoch mit Ziegelsteinen beladen werden, damit seine Höchstlast nicht überschritten wird. Wie hoch könnte man ihn theoretisch mit Schaumstoff beladen?
9. In 3 gleiche Flaschen werden je 100 g Benzin, 100 g Öl und 100 g Wasser gefüllt. Warum haben die Flüssigkeitsspiegel eine unterschiedliche Höhe? In welcher Flasche steht die Flüssigkeit am höchsten?
10. Ein Findling hat eine Masse von 3 600 kg. Sein Volumen beträgt 1,1 m^3. Wie groß ist die Dichte des Steins?
11. Wie groß ist die Masse von 1 m^3 Luft?
12. Wie groß ist die Masse des Benzins, das in einem Tankfahrzeug mit einem Fassungsvermögen von 15 000 l (1 l = 1 000 cm^3) transportiert wird?

1

ZUSAMMENFASSUNG

Die physikalische Größe Dichte kennzeichnet den Stoff, aus dem ein Körper besteht.
Je größer die Masse eines Körpers (bei gleichem Volumen) ist, umso größer ist die Dichte des Stoffes.
Je kleiner das Volumen eines Körpers (bei gleicher Masse) ist, umso größer ist die Dichte des Stoffes.
Die Dichte eines Stoffes kann nach der Gleichung $\varrho = \frac{m}{V}$ berechnet werden.

Darin bedeuten: ϱ die Dichte des Stoffes,
m die Masse des Körpers,
V das Volumen des Körpers.

Die Einheit der Dichte ist Kilogramm je Kubikmeter $\left(\frac{kg}{m^3}\right)$.
Oft wird die Dichte in $\frac{g}{cm^3}$ angegeben.

Stoff	Masse	Volumen	Dichte
Blei	11,3 g	1 cm^3	$11{,}3\ \frac{g}{cm^3}$
Eisen	7,8 g	1 cm^3	$7{,}8\ \frac{g}{cm^3}$
Wasser	1,0 g	1 cm^3	$1{,}0\ \frac{g}{cm^3}$
Holz	0,7 g	1 cm^3	$0{,}7\ \frac{g}{cm^3}$

Ein Messverfahren ist die Bestimmung von Masse und Volumen des Körpers und die Berechnung der Dichte nach der Gleichung $\varrho = \frac{m}{V}$.

Bewegungen von Körpern

Beim Wandern brauchst du etwa 1 Sekunde, um einen Meter vorwärts zu kommen. Auf kurze Strecken kann ein Mensch bis zu 10 Meter in 1 Sekunde zurücklegen (100-m-Läufer). Ein Gepard schafft bis zu 35 Meter in 1 Sekunde. Schneller darf ein Auto auf einer Landstraße auch nicht fahren (Tempo 100!). Raketen, die Raumschiffe zum Mond bringen sollen, müssen pro Sekunde etwa 10 Kilometer zurücklegen. Wievielmal schneller sind sie als ein Mensch, der wandert?

1

Verschiedene Arten von Bewegungen

Ein Bummel durch einen Vergnügungspark macht immer wieder Spaß! Alles bewegt sich: die Menschen, die Karussells, die Schaukeln und die Autoskooter. Die Bewegungen verlaufen aber sehr unterschiedlich: geradeaus, im Kreis und hin und her.
Du kannst die verschiedenen Arten der Bewegung nicht nur sehen, sondern auch erleben. Du kannst mit dem Wagen die Achterbahn hinauffahren oder die Wasserrutsche hinabsausen. Dann bewegst du dich geradeaus. Du führst eine **geradlinige Bewegung** aus (Bild 4). Wenn du auf einem Kettenkarussell sitzt oder in der Gondel eines Riesenrades, so bewegst du dich immer rundherum auf einem Kreis (Bild 2). Eine solche Bewegung nennt man **Kreisbewegung**. Wenn du hin und her pendeln willst, dann musst du mit einer Luftschaukel fahren (Bild 3). Dort erlebst du eine **Schwingung**.

2 Kreisförmige Bewegung

3 Schwingung

4 Geradlinige Bewegung

Bei den Bewegungsarten kann man zwischen geradliniger Bewegung, Kreisbewegung und Schwingung unterscheiden.

Gleichförmige und ungleichförmige Bewegung

Autos auf der Autobahn und Züge bewegen sich oft kilometerweit geradlinig. Flugzeuge fliegen ihr nächstes Ziel geradlinig „in Luftlinie“ an (Bild 2). Oft bewegen sie sich dabei immer gleich schnell. Solche Bewegungen nennt man **gleichförmige Bewegungen**. Eine geradlinig gleichförmige Bewegung führst du z. B. aus, wenn du mit der Rolltreppe fährst (Bild 1).
Fährt jedoch ein Pkw im Stadtverkehr und kann nicht einer „grünen Welle“ folgen, so wird er nach dem Anfahren an einer Ampel zunächst immer schneller, muss dann jedoch bremsen, wenn er sich der nächsten Ampel nähert, die noch auf Rot steht. Er muss sich auch der Bewegung anderer Fahrzeuge anpassen, sodass er wiederholt schneller und langsamer wird und zeitweilig sogar zum Stehen kommen kann. Eine solche Bewegungsform nennt man **ungleichförmige Bewegung**. Ungleichförmige Bewegungen führen auch Straßenbahnen und Busse aus, wenn der Abstand für Haltestellen sehr klein ist (Bild 3).

1
Gleichförmige Bewegung einer Rolltreppe

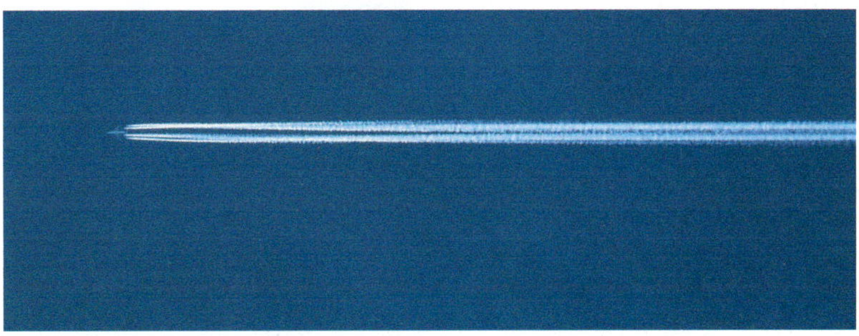
2
Geradlinige gleichförmige Bewegung eines Flugzeuges

3
Ungleichförmige Bewegung eines Busses

Wichtige Bewegungsformen sind die gleichförmige und die ungleichförmige Bewegung.

Die physikalische Größe Weg

Im Herbst zieht der Schäfer mit seinem Hund und seiner Herde über das Land (Bild 4). Um immer wieder zu frischem Futter zu gelangen, bewegen sich die Schafe. Sie verändern dabei ständig ihren Ort. Sicher hast du schon Pferde auf einer Koppel beobachtet. Sie galoppieren hin und her. Bald sind sie hier, bald dort. Auch die Menschen führen Bewegungen aus. Wenn sie es eilig haben, benutzen sie Fahrzeuge. Dadurch verändern sie ihren Ort viel schneller.
Wenn du dein ferngesteuertes Spielzeugauto auf einem mit 40 cm breiten Platten belegten Fußweg fahren lässt, so tritt beim Übergang von einer zur anderen Platte immer ein Knackgeräusch auf. Die Fuge, an der das Auto startet, stellt einen ersten Ort dar, die nächste Fuge den zweiten Ort, die darauffolgende den dritten Ort usw.

4

Beim Bewegen gelangt das Auto immer von einem Ort zum nächstfolgenden. Zwischen zwei Fugen legt es immer eine Strecke von 40 cm zurück. Diese Strecke nennt der Physiker Weg. Der Weg wird meistens mit dem Buchstaben *s* gekennzeichnet. Er wird wie die Länge in Metern gemessen.

1

> Der Weg gibt an, wie groß die Veränderung des Ortes ist. Das Formelzeichen für den Weg ist *s*, die Einheit für den Weg ist Meter (m).

Die physikalische Größe Zeit

Die Erde dreht sich in einem Tag einmal um ihre Achse. Diese Zeit hat man in 24 Stunden eingeteilt. Jede Stunde umfasst 60 Minuten und jede Minute 60 Sekunden.
Wenn sich dein Spielzeugauto von einem Ort zum anderen bewegt, dann vergeht dabei eine bestimmte Zeit. Die Zeit kennzeichnet der Physiker mit dem Buchstaben *t*. Einheiten der Zeit sind Stunde (h), Minute (min) und Sekunde (s). Die Zeit wird mit einer Uhr gemessen. Für kurze Zeiten verwendet man meist eine Stoppuhr. Durch Drücken auf die Stoppuhr kennzeichnet man den Beginn der Messung und durch erneutes Drücken das Ende. Die Stoppuhr zeigt dann die gemessene Zeit an.

2

> Beim Bewegungsvorgang erfolgt die Ortsänderung in einer bestimmten Zeit. Das Formelzeichen für die Zeit ist *t*, Einheiten für die Zeit sind Stunden, Minuten und Sekunden.

Die Geschwindigkeit eines Körpers

Ihr steht an der Haltestelle und wartet auf den Bus. Euch fällt auf: Die Menschen im Verkehr bewegen sich unterschiedlich schnell. Die Fußgänger gehen langsam, die Radfahrer fahren schneller. Noch schneller bewegen sich die Autos (Bild 3). Plötzlich rast ein Motorrad vorbei. „Der fährt doch viel zu schnell!“, sagt einer von euch. „Wie schnell darf er denn hier fahren?“, fragt der andere. Um das genau anzugeben, muss man die physikalische Größe Geschwindigkeit kennen.

> Die Geschwindigkeit gibt an, wie schnell oder langsam sich ein Körper bewegt.

Bei einem Wettbewerb für Heißluftballons hat der Sieger nach einer Flugzeit von 3 Stunden einen Weg von 120 km zurückgelegt. Der Zweitplazierte landet zu dieser Zeit nach einer Flugstrecke von 99 km. Welcher Ballon hatte die größere Geschwindigkeit (Bild 1, folgende Seite)?

3

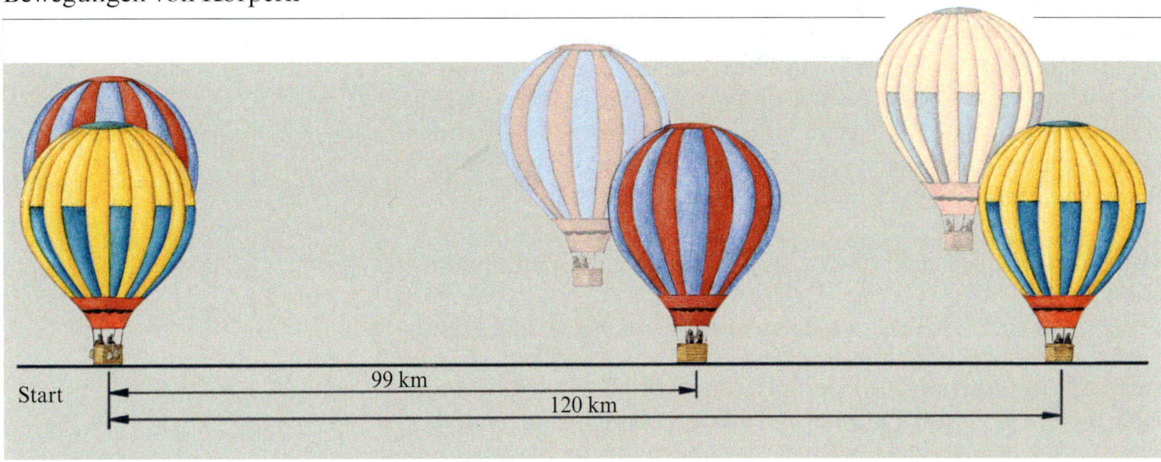

1

> Je länger der Weg ist, den ein Körper in einer bestimmten Zeit zurücklegt, desto größer ist seine Geschwindigkeit.

Beim 60-m-Lauf misst der Lehrer die Zeit. Für einen Weg von 60 m brauchst du 10 Sekunden. Ein anderer benötigt nur 9 Sekunden. Wer von euch hat die größere Geschwindigkeit (Bild 2)?

> Je kürzer die Zeit ist, die ein Körper für einen bestimmten Weg benötigt, desto größer ist seine Geschwindigkeit.

2

Das Weg-Zeit-Diagramm für gleichförmige Bewegungen

Wie kann man bestimmen, wie schnell sich ein Körper bewegt? Man misst einen bestimmten Weg ab und ermittelt die Zeit, die der Körper für diesen Weg benötigt.

EXPERIMENT 1

Untersuche die Bewegung einer Luftblase!

1. Fülle ein dünnes Glasrohr mit Wasser. Verschließe beide Öffnungen mit kleinen Stopfen. In dem Rohr soll eine Luftblase von etwa 1 cm Länge bleiben.
2. Lege das Ende des Glasrohres auf ein dickes Buch. Lege daneben ein Lineal.
3. Lege nun das Rohr so hin, dass sich die Luftblase am unteren Ende befindet. Miss die Zeit, die die Luftblase braucht, um 5 cm, 10 cm, 15 cm usw. zurückzulegen.
4. Trage die Werte in eine Tabelle ein und zeichne das Weg-Zeit-Diagramm.
5. Prüfe, ob es sich um eine gleichförmige Bewegung handelt. Begründe deine Aussage.

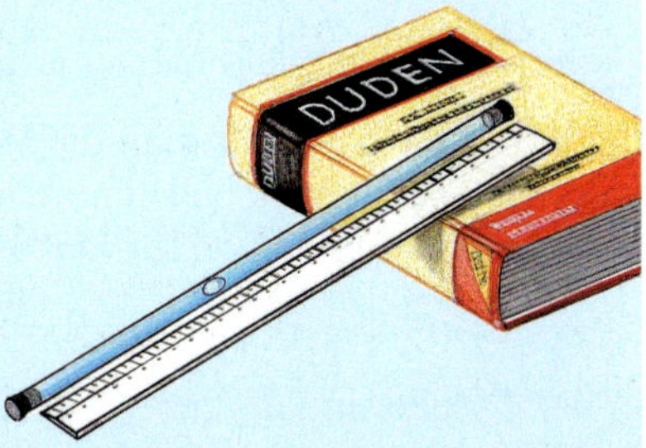

3

Die Tabelle zeigt, welche Ergebnisse du etwa in deinem Experiment erhältst. Verbinde die Messpunkte im Weg-Zeit-Diagramm (s-t-Diagramm) miteinander! Sie liegen alle auf einer Geraden, die durch den Koordinatenursprung geht. Das zeigt, dass bei einer gleichförmigen Bewegung der Weg der Zeit proportional ist (Bild 1).

Weg s in cm	Zeit t in s
0	0
5	3,0
10	6,1
15	9,0
20	12,1
25	15,0

Bei einer gleichförmigen Bewegung ist der Weg der Zeit proportional.

Wenn du das Experiment wiederholst und dabei das Glasrohr steiler legst, so bewegt sich die Luftblase mit größerer Geschwindigkeit. Die Messpunkte liegen wieder auf einer Geraden, die durch den Koordinatenursprung verläuft. Ihr Anstieg ist jedoch größer (Bild 1, roter Graph). Legt man das Rohr flacher, so ist die Geschwindigkeit kleiner. Die Messpunkte liegen ebenfalls auf einer Geraden. Ihr Anstieg ist geringer (Bild 1, grüner Graph).

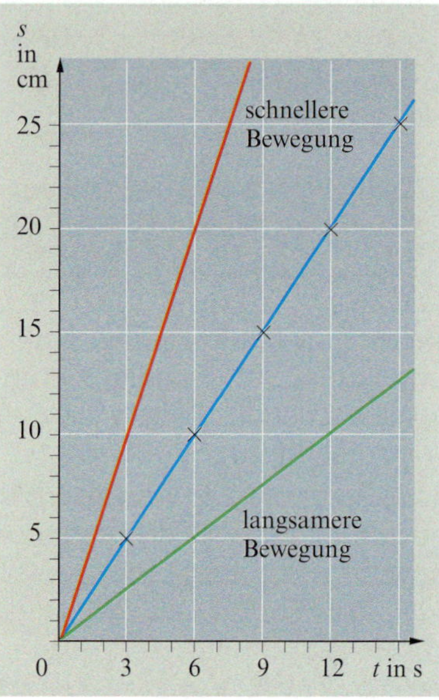

1 Weg-Zeit-Diagramm

Der Graph im Weg-Zeit-Diagramm der gleichförmigen Bewegung ist eine Gerade, die durch den Koordinatenursprung geht. Je größer die Geschwindigkeit ist, um so steiler verläuft die Gerade.

Wenn man die Geschwindigkeit eines Körpers ermitteln will, so braucht man nur den Anstieg der Geraden im Weg-Zeit-Diagramm zu berechnen. Der Anstieg ist der Quotient aus einem beliebigen Ordinatenwert und dem dazugehörigen Abszissenwert. Auf der Ordinate ist der Weg und auf der Abszisse die Zeit aufgetragen.

$$\text{Geschwindigkeit} = \frac{\text{zurückgelegter Weg}}{\text{benötigte Zeit}};$$

Für die physikalische Größe „Geschwindigkeit" verwendet man als Formelzeichen den Buchstaben v (Abkürzung von englisch *velocity*). Die Formelzeichen für Weg (s) und Zeit (t) kennst du bereits. Damit kann man die Gleichung für die Geschwindigkeit kürzer schreiben:

Gleichung für die Geschwindigkeit: $v = \frac{s}{t}$.

Setzt man in dieser Gleichung für den Weg die Einheit Meter und für die Zeit die Einheit Sekunde ein, so erhält man die Einheit für die Geschwindigkeit. Sie ist Meter je Sekunde $\left(\frac{\text{m}}{\text{s}}\right)$.

Bei Experiment 1 kann man die Werte für s und t dem Diagramm oder der Messwertetabelle entnehmen. Zu einem Weg von 15 cm gehört z. B. eine Zeit von 9 s. Daraus folgt:

$v = \frac{s}{t}$ $\quad v = \frac{15\text{ cm}}{9\text{ s}}$ $\quad v = 1{,}7\,\frac{\text{cm}}{\text{s}}$

In der Tabelle sind die berechneten Geschwindigkeiten für Experiment 1 dargestellt. Die Geschwindigkeit ist konstant.

Weg s in cm	Zeit t in s	Geschwindigkeit v in $\frac{\text{cm}}{\text{s}}$
0	0	0
5	3,0	1,7
10	6,1	1,7
15	9,0	1,7
20	12,1	1,7
25	15,0	1,7

Bei Kraftfahrzeugen, Bahnen und Flugzeugen wird die Geschwindigkeit in Kilometer je Stunde $\left(\frac{\text{km}}{\text{h}}\right)$ angegeben. Himmelskörper legen in 1 Sekunde viele Kilometer zurück. Deshalb gibt man ihre Geschwindigkeit in Kilometer je Sekunde $\left(\frac{\text{km}}{\text{s}}\right)$ an.
Für die Umrechnung gelten folgende Beziehungen:

$$1\,\frac{\text{m}}{\text{s}} = 3{,}6\,\frac{\text{km}}{\text{h}}, \quad 1\,\frac{\text{km}}{\text{h}} = 0{,}28\,\frac{\text{m}}{\text{s}}, \quad 1\,\frac{\text{km}}{\text{s}} = 1\,000\,\frac{\text{m}}{\text{s}} = 3\,600\,\frac{\text{km}}{\text{h}}$$

Oft findet man auch die Schreibweise m/s, km/h und km/s.
Ein Messgerät für die Geschwindigkeit ist das **Tachometer**. Es zeigt in jedem Augenblick die Geschwindigkeit eines Autos oder Motorrades an (Bild 1).

1
Tachometer eines Pkw

Durchschnittsgeschwindigkeit

Der Bus, mit dem du zur Schule fährst, muss seine Geschwindigkeit sehr häufig ändern. Das kannst du gut am Tachometer beobachten. Das Tachometer zeigt immer die Geschwindigkeit an, die der Bus im Augenblick hat. Diese Geschwindigkeit nennt man **Augenblicksgeschwindigkeit**. Wenn der Bus eine gleichförmige Bewegung ausführt, ändert sich die Augenblicksgeschwindigkeit nicht. Meist nimmt aber seine Geschwindigkeit zu oder ab. Manchmal muss er sogar an einer Ampelkreuzung anhalten.
Aus dem Fahrplan kannst du erkennen, wie lange der Bus von einer Haltestelle zur anderen braucht. Den Weg zwischen den Haltestellen kannst du messen. Also müsste es auch möglich sein, für den Bus eine Geschwindigkeit anzugeben. Eine solche Geschwindigkeit nennt man **Durchschnittsgeschwindigkeit**.
Man berechnet sie ebenfalls nach der Gleichung $v = \frac{s}{t}$.

Darin bedeuten s den gesamten Weg und t die gesamte Zeit.
Das Tachometer hat zeitweise eine höhere Geschwindigkeit als die Durchschnittsgeschwindigkeit angezeigt. Dafür war die Augenblicksgeschwindigkeit zu anderen Zeiten kleiner als die Durchschnittsgeschwindigkeit. Würde sich ein anderer Bus die ganze Zeit gleichförmig mit der berechneten Durchschnittsgeschwindigkeit bewegen, so würden beide Busse gleichzeitig das Ziel erreichen.

Beispiel für die Berechnung einer Durchschnittsgeschwindigkeit
Der Bus 261 Dresden–Stolpen–Neustadt–Sebnitz fährt 5.05 Uhr in Dresden ab und kommt 6.35 Uhr in Sebnitz an. Die Entfernung beträgt 48 km. Wie groß ist seine Durchschnittsgeschwindigkeit?

Gesucht: v in $\frac{\text{km}}{\text{h}}$

Gegeben: $s = 48\ \text{km}$
$t = 1{,}5\ \text{h}$

Lösung: $v = \frac{s}{t}$ $\quad v = \frac{48\ \text{km}}{1{,}5\ \text{h}}$

$$v = 32\,\frac{\text{km}}{\text{h}}$$

Ergebnis: Die Durchschnittsgeschwindigkeit des Busses beträgt 32 km/h.

261 Dresden-Neu

Am 24. und 31.12. Verkehr wie Sa

Hbf Bayerische Straße	ab		5.05			
Pirnaischer Platz			5.08			
Albertplatz			5.11			
Plattleite			5.20			
Bühlau Ullersdorfer Platz			5.25		6.25	
Weißig Gasthof			5.28		6.28	
- - - Bautzner Landstraße			5.30		6.30	
Rossendorf, Schänkhübel			5.33		6.33	
- - - Forschungszentrum			5.35	6.25	6.35	
Fischbach, Abzw Wilschdorf			5.37	6.27	6.37	
- - - Schwarzes Roß			}	}	6.40	
- - - Abzw Arnsdorf					6.43	
Wilschdorf Gasthaus			5.41	6.31	)	
Rennersdorf-Neudörfel			5.47	6.35	6.45	
Stolpen Schützenhausstraße			5.50	6.38	6.48	
- - - Ärztehaus	an		5.53	6.39	6.49	
- - - Ärztehaus	ab		5.54	6.41	6.50	7.35
Langenwolmsdorf Niederdorf			5.55	6.42	6.51	7.36
- - - Gemeindezentrum			5.57	6.44	6.54	7.39
- - - Oberdorf			5.59	6.47	6.56	7.41
- - - Bahnhof			6.01	6.50	6.58	7.43
- - - Bahnübergang			6.03	6.52	7.00	7.45
Polenz Pappenfabrik			6.05	6.54	7.02	7.47
- - - Schmiede			6.07	6.55	7.03	7.48
- - - Erbgericht			6.09	6.56	7.04	7.49
Neustadt Abzw Polenz			6.11	6.59	7.06	7.51
- - - Busbahnhof	an		6.14	7.02	u 7.08	7.53
- - - Busbahnhof	ab	5.22	6.15	7.08	7.35	7.55
Langburkersdorf Niedergericht		5.25	6.18	7.11	7.38	7.58
- - - Tännicht		5.28	6.21	7.14	7.41	8.01
Rugiswalde Wartehalle		5.31	6.24	7.17	7.44	8.04
Sebnitz Dr.-Steudner-Straße		5.35	6.28	7.21	7.48	8.08
- - - Schönbacher Weg		5.37	6.30	7.23	7.50	8.10
- - - Umspannwerk		5.39	6.32	7.25	7.52	8.12
- - - Busbahnhof	an	5.42	6.35	7.28	7.55	8.15

u = umsteigen
Außerdem ab Stolpen Ärztehaus 16.50 - Neustadt Busbf an 17.10 Uhr

2

Projekt

So schnell sind Tiere, Menschen, Autos und Raketen

AUFTRAG 1

Bestimme die Geschwindigkeit eines Tischtennisballs!

1. Fülle einen Tischtennisball zu etwa 1/3 mit Speiseöl. Steche dazu mit einer Stecknadel ein Loch in den Ball. Gieße etwas Öl in einen Eierbecher. Lege den Ball mit dem Loch nach unten in das Öl. Erhitze ihn mit einem Föhn von oben her und lasse ihn danach abkühlen. Verschließe das Loch mit einem Tropfen Alleskleber, nachdem du den Ball sorgfältig mit saugfähigem Papier abgerieben hast!
2. Fertige aus Holzleisten, Brettern oder Besenstielen eine etwa 1 m lange Bahn an. Lege sie geneigt auf einen Stapel Bücher. Mache in jeweils 10 cm Abstand auf einer der Holzleisten einen Bleistiftstrich!
3. Lege den Ball an das obere Ende der Bahn und lasse ihn los. Beginne am zweiten Bleistiftstrich mit der Messung. Bestimme nacheinander die Zeit, die der Ball braucht, um zum dritten, vierten usw. Bleistiftstrich zu gelangen. Fertige ein Weg-Zeit-Diagramm an. Wiederhole das Experiment mit einer größeren und einer kleineren Neigung. Berechne für alle drei Bewegungen die Geschwindigkeit!

1

Eine Schnecke ist langsam. Schätze einmal, wie weit sie in einer Stunde kommt! Ein Wiesel ist flink. Es braucht für dieselbe Strecke weniger als eine Sekunde. Die Tabelle gibt einen Überblick über einige Geschwindigkeiten.

AUFTRAG 2

1. Vergleiche in der nebenstehenden Tabelle die Geschwindigkeiten der Tiere miteinander!
2. Stelle sie übersichtlich z. B. in einem Säulendiagramm dar. Ordne sie dabei nach laufenden, schwimmenden und fliegenden Tieren!

Einige Geschwindigkeiten	
Schnecke	0,001 5 m/s
Blut in Hauptschlagader	0,8 m/s
schwimmender Mensch	2 m/s
Radfahrer	5,6 m/s
Regentropfen	9 m/s
Handelsschiff	11 m/s
Elefant	11 m/s
Krähe	13 m/s
Delfin	13 m/s
Thunfisch	21 m/s
Brieftaube	22 m/s
Rennpferd	25 m/s
Stockente	29 m/s
Seglerfisch	31 m/s
Gepard	33 m/s
Schwalbe	35 m/s
Mauersegler	50 m/s
Expresszüge	90 m/s
Passagierflugzeug	250 m/s
Schall in Luft	340 m/s
Raumschiff um die Erde	8 km/s
Erde um die Sonne	30 km/s
Licht in Luft	300 000 km/s

Weitere interessante Themen, mit denen ihr auch Wandtafeln gestalten könnt:

- Wo liegen die Weltrekorde für die verschiedenen Laufdisziplinen im Sport? Stelle die Zeiten und die Geschwindigkeiten übersichtlich dar!
- Wo liegen die Geschwindigkeitsrekorde für Landfahrzeuge (Räder, Motorräder, Autos), für Wasserfahrzeuge, Flugzeuge und Raketen? Nutze Fotos für die anschauliche Darstellung!
- Wie haben sich die Geschwindigkeitsrekorde für Straßen- oder Schienenfahrzeuge in den letzten hundert Jahren entwickelt?
- Welches sind die schnellsten Landsäugetiere? Aus welchen Gründen sind sie so schnell? Wie erkennt man die hohe Geschwindigkeit an ihrem Körperbau?
- Worin unterscheiden sich besonders schnell und langsam fliegende Vögel? Zeichne und vergleiche!

Geschwindigkeitsmessung in Knoten

In Geschichten über Seeräuber kannst du lesen, dass die Geschwindigkeit von Schiffen früher ausschließlich in Knoten gemessen wurde. Wie funktionierte das?

Die Messung der Geschwindigkeit auf dem Meer war nicht so einfach, weil man keine Messstrecken für die Wege abstecken konnte. Zur Messung des Weges nutzte man das Log. Es besteht aus einer langen Leine, in die in regelmäßigen Abständen Knoten geknüpft sind. Diese Leine ist an einem Brett befestigt. Befindet sich das Brett im Wasser, so bleibt es an der jeweiligen Stelle liegen. Das Wasser verhindert, dass es sich mit dem Schiff bewegt. Die Uhren, die man benutzte, waren Sanduhren. Solche Uhren finden heute noch als „Eieruhren“ Verwendung. Sie wurden Logglas genannt. Wenn der gesamte Sand vom oberen Glas in das untere gerieselt war, dann war eine Sandeinheit vergangen.

Die Geschwindigkeitsmessung erfolgte so: Das Brett wurde vom fahrenden Schiff geworfen. Gleichzeitig begann der Sand im Logglas zu rieseln. Der Messende zählte die Knoten, die in einer Sandeinheit durch seine Hand liefen. Dadurch ermittelte er den Weg, den das Schiff in einer Zeiteinheit zurücklegte. Waren es z. B. 15, so betrug die Geschwindigkeit des Schiffes 15 Knoten.

Der Knoten ist eine Einheit für die Geschwindigkeit, die sogar heute noch verwendet wird. Man hat festgelegt:

1 Knoten = 1 Seemeile je Stunde

1 Seemeile = 1852 m

Wenn ein Schiff 15 Knoten fährt, so sind das 15 Seemeilen je Stunde oder $15 \cdot 1852\,\frac{\text{m}}{\text{h}}$.

Das sind $27{,}78\,\frac{\text{km}}{\text{h}}$ oder $7{,}7\,\frac{\text{m}}{\text{s}}$.

1

Ein Blick in die Technik

Reisen früher und heute

Schon viele tausend Jahre v. Chr. haben die Menschen Boote benutzt. Ihre Städte lagen an Flüssen und Meeren. Die schnellsten Boote waren die Segelboote.
Auf dem Lande ging man zu Fuß. Sollte jemandem eine Nachricht überbracht werden, so schickte man einen Boten. War die Nachricht eilig, musste der Bote so schnell rennen, wie er konnte. So tat es auch der Läufer, der 490 v. Chr. die Botschaft vom Sieg der Griechen über die Perser von Marathon nach Athen brachte (Bild 1). Nach dem mehr als 42 km langen Lauf aus Marathon soll er mit dem Ruf „Wir haben gesiegt" auf dem Marktplatz von Athen tot zusammengebrochen sein.
Später benutzte man Reittiere. Je nach dem Klima waren das Pferde, Kamele oder Elefanten.
Damit die Römer ihr Weltreich beherrschen konnten, bauten sie Straßen, Brücken und Tunnel. Im 2. Jahrhundert n. Chr. verfügten sie bereits über mehr als 100 000 km gut ausgebauter Fernstraßen mit Meilensteinen, Pferdestationen und Rasthäusern. Die gut gefederten Reisekutschen wurden von Pferden gezogen. Sie besaßen alle die gleiche Spurweite 1,43 m. Solche Kutschen waren über viele Jahrhunderte ein bequemes Mittel zum Reisen (Bild 2). GOETHE fuhr damit zweimal nach Italien (über 1000 km) und AUGUST DER STARKE mehrmals die 600 km von Dresden nach Krakau.
Erst 1825 baute der englische Ingenieur GEORGE STEPHENSON die erste Dampflokomotive. Sie erreichte eine Geschwindigkeit von etwa 35 km/h (Bild 3).
Ab 1905 wurden Lokomotiven stromlinienförmig verkleidet. 1907 erreicht die Stromlinienlok von MAFFEI aus München mit 157 km/h Rekordgeschwindigkeit (Bild 4).
1931 legte ein von deutschen Flugzeugingenieuren gebauter Triebwagen mit Propeller die Strecke Hamburg–Berlin (285 km) in nur 98 Minuten zurück. Mit einer Höchstgeschwindigkeit von 230 km/h stellte dieser Propellertriebwagen einen Geschwindigkeitsrekord für Landfahrzeuge auf.
Heute hält die Magnetschwebebahn „Transrapid" den Geschwindigkeitsrekord für Schienenfahrzeuge mit etwa 500 km/h (Bild 5).

1 Läufer von Marathon

2 Pferdekutsche

3 Erste Dampflokomotive

4 Stromlinienförmig verkleidete Lokomotive

5 Transrapid

Ein Blick in die Natur

Geschwindigkeiten im Weltall

Die Erde bewegt sich wie alle anderen Planeten in unserem Sonnensystem auf kreisähnlichen Bahnen um die Sonne. Für einen vollständigen Umlauf benötigt sie ein Jahr, das sind 365 1/4 Tage. (Da im Kalenderwesen nur mit ganzen Tagen gerechnet wird, ist jedes 4. Jahr ein Schaltjahr mit 366 Tagen.) Die Erde bewegt sich dabei mit einer mittleren Bahngeschwindigkeit von 29,79 km/s.

1

Planet	mittlere Bahngeschwindigkeit in km/s	Umlaufzeit um die Sonne
Merkur	47,8	87,87 Tage
Venus	35,03	224,4 Tage
Erde	29,79	365,25 Tage
Mars	24,13	686,98 Tage
Jupiter	13,06	11,86 Jahre
Saturn	9,64	29,46 Jahre
Uranus	6,81	84,67 Jahre
Neptun	5,43	164,8 Jahre

Übrigens

Unser Mond bewegt sich mit einer Geschwindigkeit von etwa 1 km/s um die Erde.

Lichtgeschwindigkeit. Licht legt in einer Sekunde einen Weg von 300 000 km zurück. Obwohl das Licht so schnell ist, braucht es im riesigen Weltall doch einige Zeit, um von einem Ort zu einem anderen zu kommen. Die Erde ist von der Sonne 150 Millionen Kilometer entfernt. Das Licht von der Sonne benötigt für diese Entfernung 8 Minuten und 20 Sekunden. Das Licht vom Mond benötigt 1,3 Sekunden und das vom Pluto bereits 5 Stunden und 24 Minuten. Vom Polarstern braucht das Licht sogar 430 Jahre, bis es die Erde erreicht.

Geschwindigkeiten von Raumschiffen und Satelliten. Wenn ein Raumschiff die Erde umkreisen soll, ohne herunterzufallen, muss es eine Geschwindigkeit von 7,8 km/s haben. Sie heißt 1. kosmische Geschwindigkeit. Beim Umkreisen der Erde wird das Raumschiff wie die Gondel eines Kettenkarussells nach außen gedrückt. Bei 7,8 km/s erfolgt das genau so stark, wie die Erde das Raumschiff anzieht. Nach etwa 90 Minuten hat es die Erde einmal umrundet.
Ein Satellit, der zu einem bestimmten Ort auf der Erde ständig Informationen senden soll, muss sich immer an der gleichen Stelle über der Erde befinden. Da sich die Erde einmal am Tag um ihre eigene Achse dreht, muss auch der Satellit für einen Umlauf 1 Tag benötigen. Bewegt er sich im Abstand von 35 900 km mit einer Geschwindigkeit von 3,1 km/s, bleibt er scheinbar über einem bestimmten Ort stehen.

2

AUFGABEN

1. Nenne je zwei Beispiele für geradlinige Bewegungen, Kreisbewegungen und Schwingungen!
2. Kennzeichne eine gleichförmige Bewegung!
3. Nenne je zwei Beispiele für gleichförmige und ungleichförmige Bewegungen!
4. Welche Teile der folgenden Bewegungsvorgänge verlaufen gleichförmig?
   a) Fahrt in einem Fahrstuhl,
   b) Fahrt mit einer Eisenbahn,
   c) Flug mit einem Flugzeug!
5. Ein Reporter bei einem Autorennen: „Die Wagen kommen mit 180 Stundenkilometern auf die Zielgerade!" Was meint er damit? Wie müsste es „physikalisch korrekt" heißen?
6. Welchen Verlauf hat der Graph im Weg-Zeit-Diagramm einer gleichförmigen Bewegung?
7. Wie kommen die Umrechnungsfaktoren zwischen den Einheiten der Geschwindigkeit m/s und km/h zustande?
8. Was bedeutet die Aussage, dass die Geschwindigkeit eines Förderbandes 1,4 m/s beträgt?
9. Auf einem Förderband werden Strohballen in fünf Sekunden 10 Meter transportiert. Welche Geschwindigkeit haben die Ballen?
10. Beim Staffellauf legt ein Läufer 100 m in 10 s zurück. Wie groß ist seine Geschwindigkeit in m/s und km/h?
11. Warum ist die Durchschnittsgeschwindigkeit nie größer als der höchste Wert der Augenblicksgeschwindigkeit?
12. Die Magnetschwebebahn „Transrapid" könnte die Strecke Berlin–Hamburg (285 km) in 53 Minuten zurücklegen. Wie groß wäre ihre Durchschnittsgeschwindigkeit (in m/s und km/h)?
13. Die Durchschnittsgeschwindigkeit eines Pkw beträgt $v = 60$ km/h. Sie ist dreimal so groß wie die eines Radfahrers. Vergleiche die Zeiten, die der Pkw und der Radfahrer für eine Strecke von 30 km benötigen!
14. In Bild 1 ist die Bewegung eines ICE im Weg-Zeit-Diagramm dargestellt. Welchen Weg hat er nach 1 Stunde, 2 Stunden und 3 Stunden zurückgelegt? Wie groß ist seine Durchschnittsgeschwindigkeit für die gesamte Fahrt?

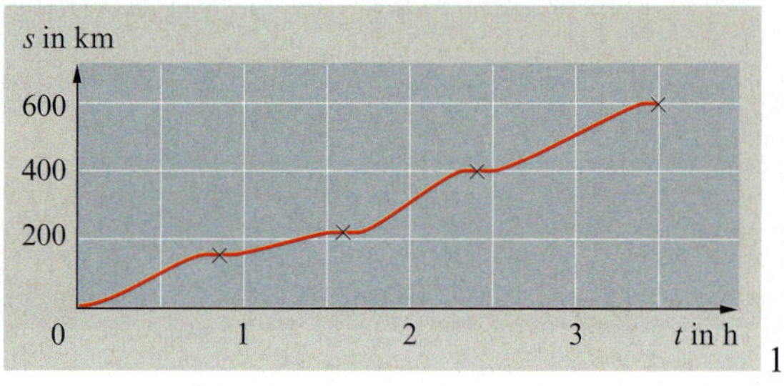

1

ZUSAMMENFASSUNG

Man unterscheidet 3 Bewegungsarten: geradlinige Bewegung, Kreisbewegung und Schwingung.

Wichtige Bewegungsformen sind die gleichförmige und die ungleichförmige Bewegung.

Die physikalische Größe Weg kennzeichnet die Ortsveränderung.
Formelzeichen: s Einheit: Meter (m)

Die physikalischen Größe Zeit hat das Formelzeichen t.
Einheiten: Stunde (h), Minute (min), Sekunde (s).

Die Geschwindigkeit gibt an, wie schnell oder langsam sich ein Körper bewegt.

Bei einer gleichförmigen Bewegung berechnet man die Geschwindigkeit eines Körpers nach der Gleichung $v = \frac{s}{t}$.

Die Einheit der Geschwindigkeit ist Meter je Sekunde $\frac{\text{m}}{\text{s}}$. Ein Messgerät für die Geschwindigkeit ist das Tachometer.

Temperatur und Zustand von Körpern

In unserem Leben spielen Temperatur und Wärme eine große Rolle. In einem heißen Sommer wünschen wir uns eine Klimaanlage. Im Winter können wir dagegen ohne eine Heizung kaum überleben. Ähnlich ergeht es vielen anderen Lebewesen, die nur in einem bestimmten Klima existieren können. In der Wärmelehre werden Erscheinungen untersucht, die mit der Temperatur der Körper zusammenhängen. Alle Körper verändern sich, wenn sie erwärmt werden. Wie können wir uns mit Wärme versorgen, ohne die Umwelt stark zu belasten? Wie können wir sparsam mit der Wärme umgehen? Antworten auf diese Fragen liefert die Wärmelehre.

Die Temperatur

Welchen Pullover ziehe ich heute an? Brauche ich eine Jacke? Werden die Straßen glatt sein? Kann ich morgen Baden gehen? Solche Fragen kennt jeder. Deswegen achten viele Menschen täglich auf den Wetterbericht im Fernsehen oder Radio.

1

Temperaturempfinden

Im Wetterbericht spielt die Voraussage der Temperatur eine große Rolle. Was mit dem Wort Temperatur gemeint ist, weißt du auch aus dem Sachunterricht:

Die Temperatur gibt an, wie kalt oder wie heiß ein Körper ist.
Die Temperatur wird in Grad Celsius (abgekürzt: °C) angegeben.

Jeder Mensch empfindet mit seiner Haut Temperaturen und dabei besonders Temperaturunterschiede. Die Haut verfügt über verschiedene Sinneszellen. Dazu gehören auch Kältekörperchen und Wärmekörperchen. Mit diesen Sinneszellen fühlen wir zum Beispiel, ob ein Löffel in unserer Hand kälter oder wärmer ist als die Luft, die bisher die Hand umgab.
Für eine etwas genauere Bestimmung der Temperatur reicht das Empfinden der Sinneszellen nicht aus, es täuscht uns vielfach. Wie warm oder wie kalt man die Luft im Freien empfindet, hängt von vielen Umständen ab. Hierzu gehören die Kleidung, das gesundheitliche Wohlbefinden, vorangegangene körperliche Aktivitäten und die Temperatur des Raumes, in dem wir uns zuvor aufhielten. Besichtigst du zum Beispiel an einem heißen Sommertag in leichter Kleidung eine Tropfsteinhöhle, empfindest du die Temperatur in der Höhle noch viel kälter als sie in Wirklichkeit ist (Bild 2).
Auch beim Anfassen von Gegenständen lassen sich die Sinneszellen täuschen. So haben alle Gegenstände, die sich längere Zeit in demselben Zimmer befinden, dieselbe Temperatur. Dennoch erscheint unserer Hand die metallene Türklinke oder der Blumentopf aus Steingut kälter zu sein als der Holztisch oder das Polster des Stuhls.

2

Befragt man die Besucher nach der Lufttemperatur in der Höhle, schätzen sie diese Temperatur im Sommer niedriger und im Winter höher, als sie in Wirklichkeit ist.

Thermometer

Soll die Temperatur genau bestimmt werden, dann braucht man ein Messgerät – ein Thermometer.
Wenn du die Temperatur z. B. mit einem Flüssigkeitsthermometer bestimmen willst, musst du Regeln beachten, um Messfehler zu vermeiden. Andernfalls kann dein Thermometer einen Wert anzeigen, der nicht der Temperatur des Körpers entspricht.

Für alle Temperaturmessungen gilt:
- Lies die Temperatur erst ab, wenn sich die Thermometeranzeige nicht mehr ändert!
  Die Thermometerflüssigkeit braucht etwas Zeit, um die Temperatur ihrer Umgebung anzunehmen.
- Blicke beim Ablesen senkrecht auf die Stelle der Skala, bis zu der die Thermometerflüssigkeit reicht!

Für das Messen der Lufttemperatur gilt:
- Vermeide das Einwirken von Sonnenstrahlung oder Zugluft auf das Thermometer!

Für das Messen der Temperatur von Flüssigkeiten gilt:
- Rühre die Flüssigkeit vor dem Messen der Temperatur gut um!
- Du musst das Thermometer tief eintauchen. Stelle es aber nicht auf den Boden des Gefäßes und nimm es beim Ablesen nicht aus der Flüssigkeit heraus!

Formelzeichen der Temperatur. In Messwertetabellen und grafischen Darstellungen verwendet man als Formelzeichen der Temperatur den griechischen Buchstaben ϑ (sprich: theta).

In einem Experiment kannst du untersuchen, wie sich die Temperatur des Wassers ändert, wenn man es auf eine Heizplatte stellt. Was vermutest du dabei: Wird sich die Temperatur des Wassers gleichmäßig oder sprunghaft erhöhen?

Schon gewusst?

Einige Temperaturen	
Sonnenoberfläche	6 000 °C
Glühlampe (Wendel)	3 000 °C
Kerzenflamme	1 000 °C
Rotglut	600 °C
Mond, Tagseite	130 °C
Sahara	bis 66 °C
menschlicher Körper	37 °C
Kühlschrank	4 °C
Tiefkühlfach	–18 °C
Antarktis	bis –88 °C
Mond, Nachtseite	–160 °C
tiefste im Labor erzeugte Temperatur	–273 °C

EXPERIMENT 1
1. Fülle ein Glas mit Wasser und miss die Anfangstemperatur!
2. Heize die Platte mindestens 1 Minute vor!
3. Stelle das Glas auf eine Heizplatte!
4. Miss in gleichen Abständen die Temperatur des Wassers!
5. Trage deine Messwerte in eine Tabelle und danach in ein Temperatur-Zeit-Diagramm ein!

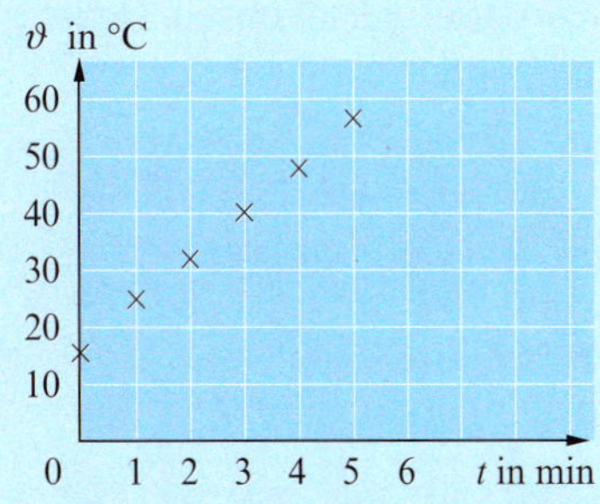

1

Wenn du alles richtig gemacht hast, erhältst du ein Temperatur-Zeit-Diagramm, das dem im Bild 1 ähnlich ist. Hat sich deine Vermutung bestätigt?

Die Celsiusskala

Von Thermometern verlangt man, dass sie unter gleichen Bedingungen dieselbe Temperatur anzeigen. Man braucht für Thermometer eine festgelegte Skala. So wäre es wenig hilfreich, wenn z. B. ein Spanier einem Norweger mitteilen würde: „Gestern stieg bei uns das Thermometer bis zum Anschlag!"
In den meisten europäischen Ländern wird eine Temperaturskala benutzt, die nach dem schwedischen Naturforscher ANDERS CELSIUS (1701–1744) benannt ist. Für seine Skala wählte er zwei Temperaturen, die überall auf der Welt gleich sind: Eis schmilzt in Spanien bei derselben Temperatur wie in Norwegen; ebenso fängt das Wasser in beiden Ländern bei derselben Temperatur an zu sieden.
Nach CELSIUS bezeichnet man die Schmelztemperatur von Eis mit 0 °C und die Siedetemperatur von Wasser mit 100 °C. Die Strecke zwischen diesen Festpunkten teilt man in 100 gleich große Teile.

1
ANDERS CELSIUS

Temperatur und Teilchenbewegung

Du weißt bereits, dass alle Körper aus kleinen Teilchen bestehen, die in ständiger Bewegung sind. Was passiert, wenn man das Experiment von Seite 73 mit unterschiedlichen Temperaturen wiederholt? In den Gefäßen im Bild 2 sind der Bromdampf und die Luft zuvor gekühlt worden. In den Gefäßen im Bild 3 sind die Gase dagegen erwärmt worden. Bei höherer Temperatur vermischen sich die Gase schneller miteinander. Die Ursache hierfür ist, dass sich die Teilchen eines heißen Gases schneller bewegen als die eines kalten. Allgemein kann man sagen:

> Die Temperatur eines Körpers ist umso höher, je heftiger sich dessen Teilchen bewegen.

Für feste Körper heißt dies: Je höher die Temperatur ist, umso stärker schwingen die Teilchen um ihre Plätze. Für Flüssigkeiten gilt: Je höher die Temperatur ist, umso stärker schwingen die Teilchen und umso häufiger wechseln sie ihre Plätze.

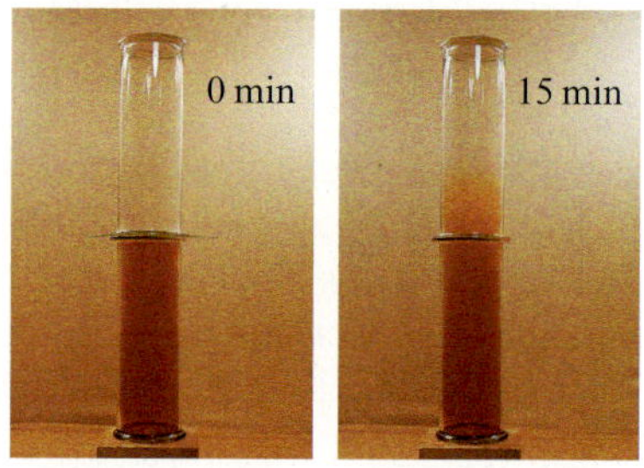

2
Diffusion bei niedriger Temperatur

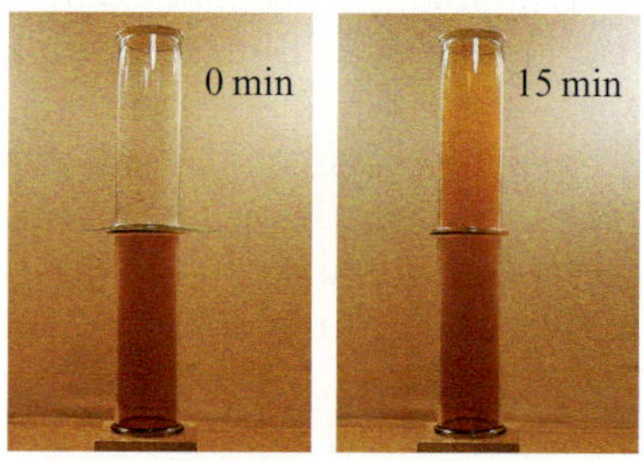

3
Diffusion bei hoher Temperatur

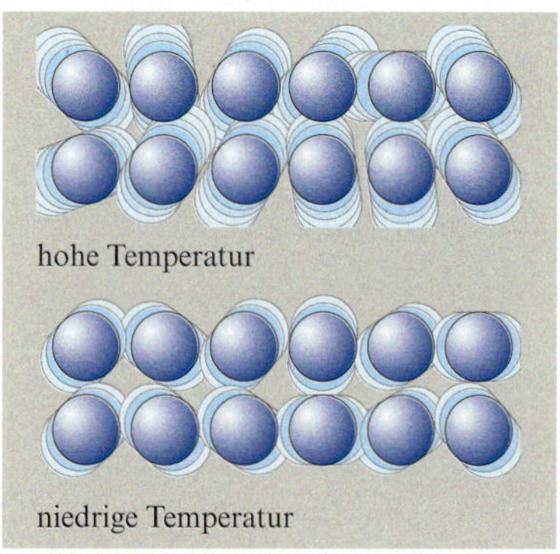

4
Fester Körper

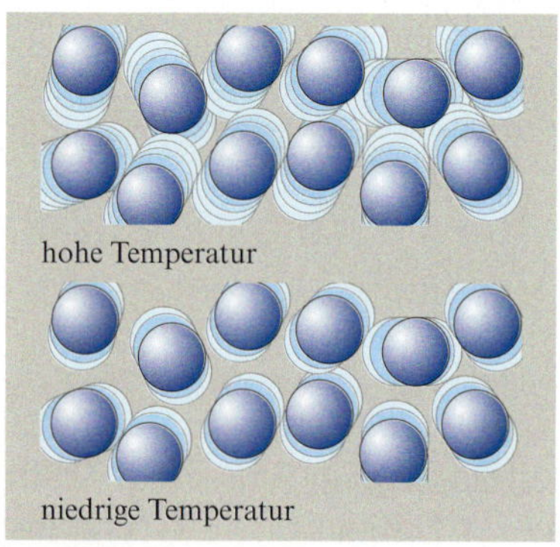

5
Flüssigkeit

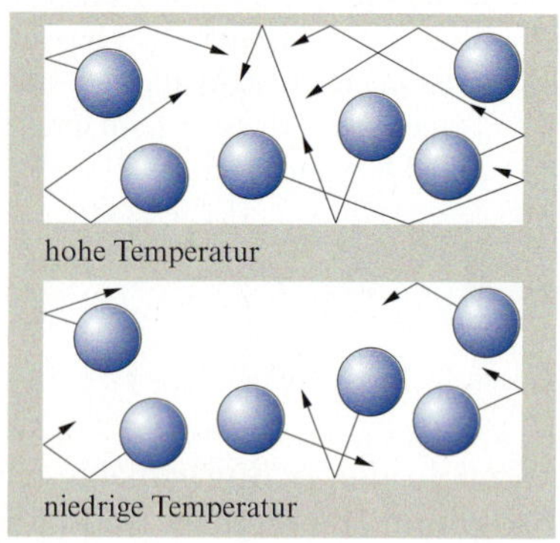

6
Gas

Temperaturen im Weltall

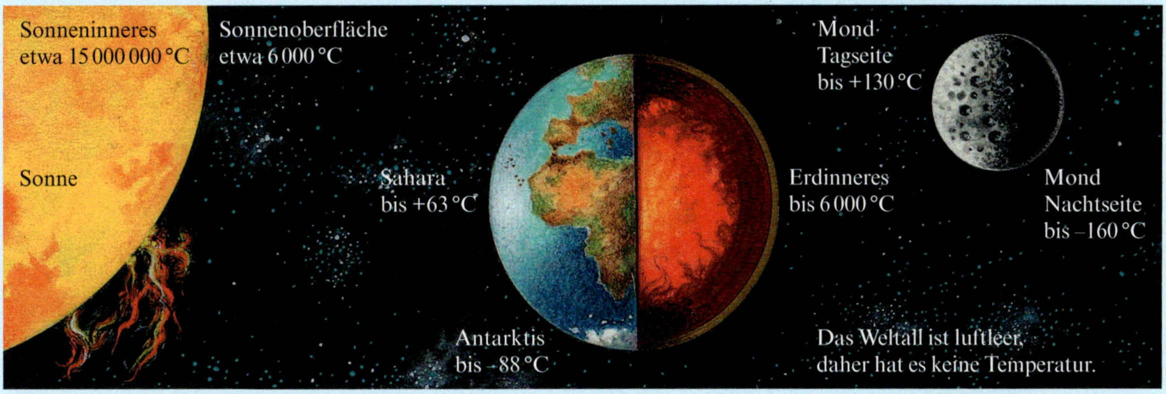

1

Alle Körper in unserem Sonnensystem werden von der Sonne angestrahlt. Da die Sonnenstrahlung in Sonnennähe besonders stark ist, sind die Temperaturen auf Merkur und Venus höher als auf der Erde. Mit einer weiteren Entfernung von der Sonne wird die Sonnenstrahlung schwächer. Daher herrschen auf den weiter entfernten Planeten tiefe Temperaturen.

Diese Temperaturen müssen Forscher beachten, wenn sie Sonden zu den Planeten schicken. Alle Teile der Sonde müssen auch bei besonders hohen oder tiefen Temperaturen funktionieren, wenn die Reise der Sonde ein Erfolg werden soll. Bisher sind Sonden nur auf dem Boden der Planeten Mars und Venus gelandet.

Bei den Bodentemperaturen auf den Planeten muss man zwischen der Tag- und der Nachtseite unterscheiden.

Außer Merkur haben alle anderen Planeten eine Atmosphäre. Die Temperatur wird deshalb immer als Temperatur der oberen Schicht der Atmosphäre angegeben.

2

Mars. Der rote Planet ist der Erde am ähnlichste. Die Pole des Mars sind mit Eis- und Reifkappen überzogen.

3

Oberfläche der Venus

Planet	Temperatur in °C
	an der Oberfläche
Merkur	–180 bis 470
Venus	ca. 480
Erde	–63 bis 88
Mars	–130 bis 27
	an der obersten Atmosphärenschicht
Jupiter	ca. –120
Saturn	ca. –180
Uranus	ca. –210
Neptun	ca. –215

4

Saturn mit seinen Ringen. Die Ringe bestehen aus Staub und bis metergroßen Brocken gefrorener Gase.

5

Neptun. In seiner Atmosphäre gibt es mehrere auffällige Gebilde. Der so genannte Große Dunkle Fleck ist deutlich am rechten Rand zu erkennen.

Körpertemperatur und Fieber

Körpertemperatur des Menschen. Die mittlere Körpertemperatur eines erwachsenen Menschen beträgt 37 °C. Sie schwankt beim gesunden Menschen täglich um 0,8 °C. Die niedrigste Temperatur misst man morgens etwa gegen 4 Uhr mit 36,5 °C, die höchste abends gegen 18 Uhr mit 37,3 °C. Die mittlere Temperatur eines Kindes ist um 0,3 °C höher als die eines Erwachsenen. Bei älteren Menschen liegt die Temperatur um 0,5 °C niedriger.

Thermografie. Die Temperatur des menschlichen Körpers ist nicht an allen Stellen gleich groß. Dies kann man in der Medizin mithilfe von speziellen Geräten auf einem Bildschirm sichtbar machen. In diesen Bildern werden bestimmte Temperaturbereiche mit unterschiedlichen Farben dargestellt. Weiß bedeutet die höchste Temperatur, violett die niedrigste (Bild 2). Aus einer Thermografie kann der Arzt zum Beispiel erkennen, wo sich im Körper eine Entzündung befindet, denn entzündete Körperteile haben eine höhere Temperatur als gesunde.

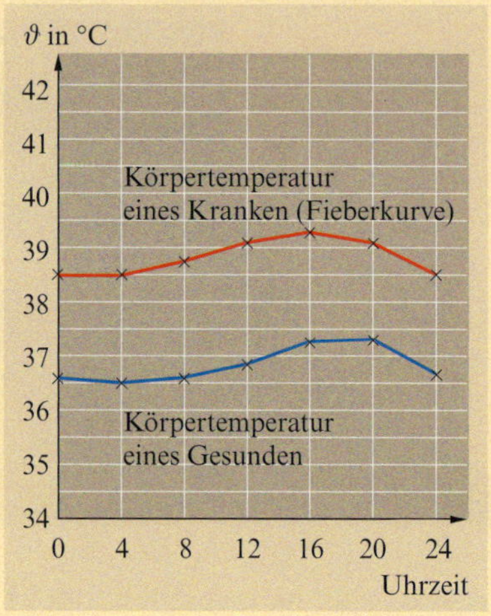

1
Körpertemperatur im Verlaufe eines Tages

Temperaturregelung. Unser Körper besitzt Temperatursinneszellen in der Haut sowie in den inneren Organen. Sie signalisieren an das Gehirn eine Abnahme oder einen Anstieg der Hauttemperatur bzw. Bluttemperatur. Als Reaktion auf solche Temperaturänderungen werden dann Nervenimpulse ausgesendet, die die Temperaturabnahme hemmen bzw. die Erhöhung der Temperatur fördern.
An einem kalten Wintertag, wenn draußen 0 °C oder weniger herrschen, werden erst die Hände und Füße kalt, schließlich sinkt auch im Inneren die Körpertemperatur ab. Der Körper kann durch Zittern der Muskeln und durch Zusammenziehen der kleinen Blutgefäße in der Haut wieder die richtige Temperatur einstellen: Wir schlottern vor Kälte und kriegen eine Gänsehaut.
In der Sommerhitze oder in der Sauna, wo die Umgebung viel heißer ist als 37 °C, reguliert der Körper seine Temperatur durch Schwitzen und Weitstellen der kleinen Blutgefäße in der Haut: Die Haut wird feucht und wir kriegen einen roten Kopf.

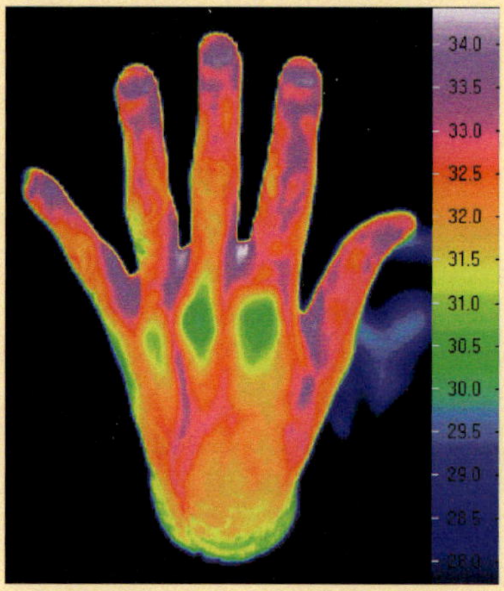

2
Thermografie einer Hand

Fieber. Auch beim Fieber ändert sich die Körpertemperatur. Wenn wir eine schwere Erkältung haben, versucht der Körper, sich gegen die eingedrungenen Krankheitserreger zu wehren. Da alle Funktionen

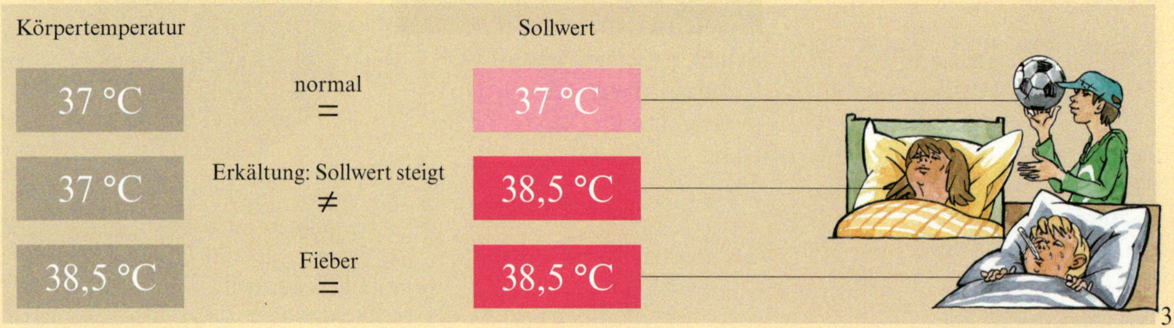

3

des Körpers schneller ablaufen, wenn er warm ist, muss die normale Körpertemperatur erhöht werden. Es wird praktisch ein höherer „Sollwert“ für die Körpertemperatur vom Gehirn vorgegeben, z. B. statt 37 °C nun 38,5 °C. Da jetzt die Körpertemperatur niedriger ist als der neue Sollwert reagiert der Körper darauf so, als wäre es draußen zu kalt, nämlich mit Zittern und Gänsehaut. Das nennen wir Schüttelfrost. Der Schüttelfrost zeigt uns, dass die Temperatur im Körper ansteigt – von den normalen 37 °C auf 38,5 °C Fieber.
Sind die Krankheitserreger erfolgreich abgewehrt, wird der Sollwert wieder abgesenkt. Jetzt ist die gemessene Temperatur wieder höher als der Sollwert, der Körper muss sich abkühlen wie im Sommer. Uns bricht der Schweiß aus.
Das Fieber trägt dazu bei, dass die Krankheitserreger schneller aus unserem Körper vertrieben werden können. Fieber ist also eine hilfreiche Einrichtung. Ganz ungefährlich ist diese Reaktion des Körpers aber nicht, denn die Zellen, aus denen der Körper besteht, sind sehr hitzeempfindlich. Bei Temperaturen über 42 °C werden die Zellen beschädigt. Deshalb muss man bei hohem Fieber versuchen, die Temperatur zu senken.

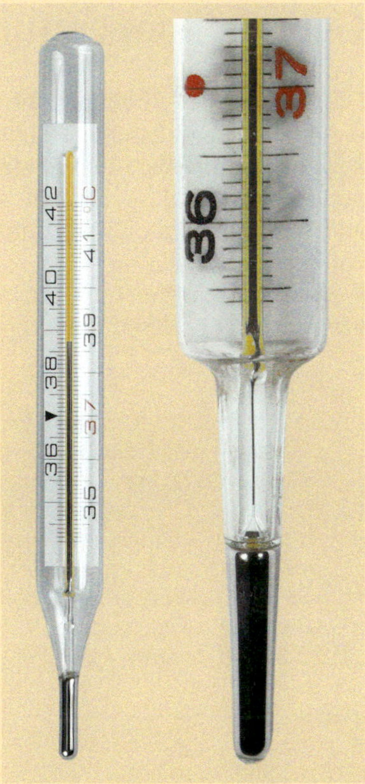

1
Beim Flüssigkeits-Fieberthermometer „reißt der Faden“ nach der Messung. Die Anzeige bleibt stehen.

Körpertemperaturen von Tieren. Die Temperatur des Blutes ist bei Tieren unterschiedlich. Die tiefste Temperatur wurde bei Fischen in der Antarktis mit –1,9 °C gemessen, die höchste bei Mäusen und Schwalben mit 44 °C. Je höher die Temperatur des Blutes ist, desto wärmer sind auch die Muskeln und desto schneller können sie sich zusammenziehen und wieder strecken. Daher können warme Muskeln eine größere Leistung vollbringen. Wenn ein wechselwarmes Tier die Temperatur seiner Muskeln um 10 °C erhöht, so steigt deren Leistungsfähigkeit um das Dreifache. Maikäfer, Marienkäfer und Schmetterlinge erhöhen vor dem Abflug ihre Muskeltemperatur durch mehrfaches Bewegen der Flügel (Bild 2). Für eine Temperaturerhöhung von 11 °C auf 35 °C brauchen sie etwa 6 Minuten. Schlangen und Eidechsen erhöhen ihre Körpertemperatur durch ein Sonnenbad auf einem warmen Stein, auf dem warmen Boden oder auf den Pflanzen eines Südhanges (Bild 3).

2

3

AUFGABEN

1. Informiere dich, ob es außer Medikamenten noch andere Mittel gibt, die das Fieber senken!
2. Was „melden“ die Temperatursinneszellen deiner Haut an das Gehirn, wenn du in eine Badewanne mit heißem Wasser steigst? Wie wird er reagieren, was wird in dir passieren?

Genaue Temperaturmessungen

Die tatsächliche Lufttemperatur. Um das Wetter des nächsten Tages vorherzusagen, müssen die Meteorologen die Temperatur der Luft kennen. Regelmäßige Temperaturmessungen werden mit dem Computer ausgewertet. Außerdem werden Wetterdaten wie Luftdruck und Windgeschwindigkeit ermittelt. Hieraus wird dann die Wettervorhersage erstellt.
Worauf müssen Meteorologen achten, wenn sie die Lufttemperatur wirklich genau messen wollen?

AUFTRAG 1

1. Nehmt mehrere Thermometer (aus der Physiksammlung) und vergleicht ihre Anzeige bei gleichen Bedingungen (z. B.: sie stehen im selben Wasserbad). Zeigen alle denselben Wert an? Notiert die Abweichungen!
2. Geht mit den Thermometern nach draußen. Legt eines in die Sonne, eines in den Schatten, eines in den Wind, eines windgeschützt, besprüht eines mit „Regen“ usw.
   Welche Messwerte erhaltet ihr jeweils?
3. Überlegt euch eine Vorschrift zur Messung der Lufttemperatur!
4. Informiert euch bei einer Wetterstation, wie dort die Temperaturen gemessen werden!

1

Thermometer messen die eigene Temperatur. Aus euren Erfahrungen mit Thermometern wisst ihr: Es dauert einige Zeit, bis das Thermometer einen stabilen Wert anzeigt. Das Thermometer muss erst die Temperatur des zu messenden Gegenstandes annehmen.

AUFTRAG 2

1. Füllt einige gleiche Fingerhüte oder Filmdöschen halbvoll mit heißem Wasser und messt die Temperatur dieses Wassers mit mindestens drei verschiedenen Thermometern aus der Physiksammlung!
2. Vergleicht die Messwerte miteinander. Achtet auch einmal darauf, wie schnell sich die Anzeigen der Thermometer ändern!
3. Erklärt eure Beobachtungen!

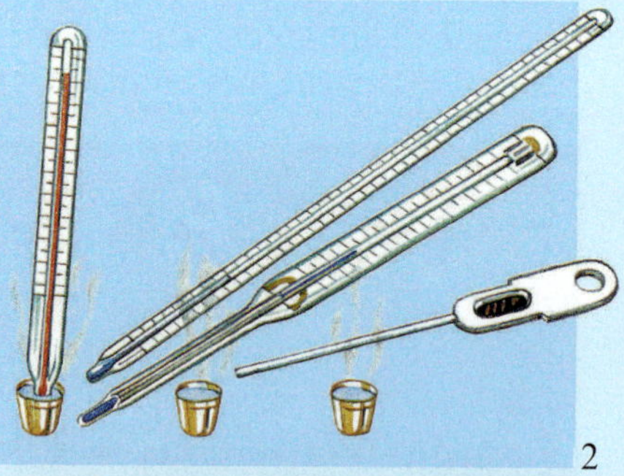

2

Für genaue Messungen muss der Messfühler viel kleiner als der zu messende Gegenstand sein, damit die Temperatur des Gegenstandes möglichst wenig verändert wird. Allerdings braucht nicht das ganze Thermometer die Temperatur des Gegenstandes anzunehmen. Es reicht, wenn der „Messfühler“ diese Temperatur hat, also das Vorratsgefäß eines Flüssigkeitsthermometers oder die Metallspitze eines elektronischen Digitalthermometers (Bild 3).

3

AUFGABEN

1. Fülle in je eine Schüssel kaltes, lauwarmes sowie heißes Wasser. Halte dann etwa 1 Minute lang eine Hand in das kalte und die andere in das heiße Wasser. Tauche anschließend beide Hände in das lauwarme Wasser. Welche Temperaturempfindungen verspürst du?

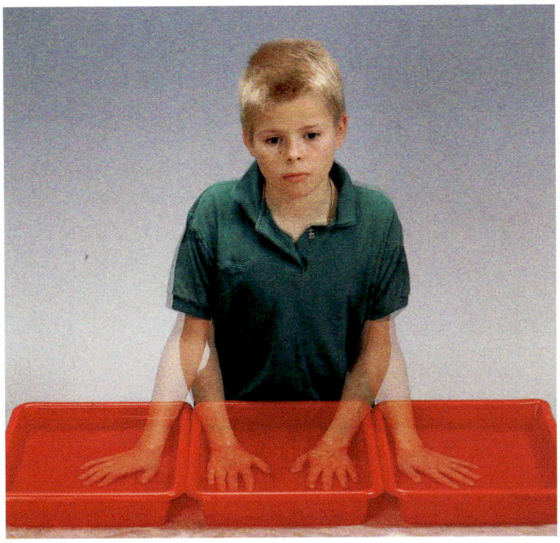

1

2. Wie genau sind die in der Schule oder zu Hause benutzten Thermometer? Vergleiche dazu die Temperaturangaben, nachdem sich diese Thermometer längere Zeit gemeinsam in demselben Zimmer befanden!
3. a) Nenne Thermometerarten, die du zu Hause hast!
   b) Welche höchste und welche niedrigste Temperatur kann man damit messen?
   c) Wie viel Grad Celsius bedeutet jeweils der Abstand zwischen zwei benachbarten Strichen auf der Skala?
   d) Wie begründest du die Unterschiede bei den Messbereichen dieser Thermometer?
4. Warum soll man beim Ablesen von Flüssigkeitsthermometern die Augen in Höhe des oberen Endes der Flüssigkeit haben?
5. Was ändert sich für die Teilchen eines Körpers, wenn die Temperatur des Körpers a) erhöht und b) erniedrigt wird?
6. Welche Temperaturangaben befinden sich auf Zeichen, die in Kleidungsstücken eingenäht sind? Was besagen diese Angaben?
7. Auf den Verpackungen mancher Lebensmittel sind Temperaturen für deren Lagerung oder Zubereitung angegeben. Warum sind diese Temperaturen einzuhalten?
8. Miss an einem Sonnabend und dem folgenden Sonntag jeweils von 7.00 Uhr bis 22.00 Uhr zu jeder vollen Stunde im Freien die Lufttemperatur. Zeichne für jeden Tag ein Temperatur-Zeit-Diagramm. Wähle als Einteilung auf den Achsen 1 cm ≙ 1 Stunde und 1 cm ≙ 1 °C! Was kannst du aus den Diagrammen ablesen?

ZUSAMMENFASSUNG

Die Temperatur gibt an, wie heiß oder wie kalt ein Körper ist.
Formelzeichen: ϑ (sprich: theta)
Einheit: Grad Celsius (°C)
Messgerät: Thermometer

Die Celsiusskala:
Festpunkte der Celsiusskala sind:
- die Schmelztemperatur von Eis (0 °C),
- die Siedetemperatur von Wasser (100 °C).

Den Abstand zwischen diesen zwei Festpunkten teilt man auf der Skala in 100 gleiche Teile.

Die Temperatur eines Körpers ist umso höher, je heftiger sich dessen Teilchen bewegen.

Seit dem 19. Jahrhundert werden für Straßen und Eisenbahnen große Stahlbrücken konstruiert. Oft sind sie mehrere hundert Meter lang.
Die Ingenieure achten beim Bau jeder Stahlbrücke darauf, dass diese nicht auf beiden Ufern fest verankert ist. Oft wird eine Seite der Brücke auf Rollen gelagert. Zusätzlich wird auf der Fahrbahn zwischen der Brücke und der hinführenden Straße eine Ausdehnungsfuge gelassen.

1

Volumenänderung von festen Körpern

Warum werden Brücken auf Rollen gelagert und mit Ausdehnungsfugen versehen? Dazu soll das Verhalten von Stahl bei einer Erhöhung und einer Erniedrigung der Temperatur untersucht werden.

2

3

EXPERIMENT 1

1. Die kalte Stahlkugel passt gerade durch den Ring hindurch. Erhöht man die Temperatur der Stahlkugel, geht die Kugel nicht mehr hindurch. Sie bleibt auf dem Ring liegen.
2. Nimmt danach die Temperatur der Kugel ab, passt sie wieder durch den Ring hindurch und fällt auf den Tisch.

Aus dem Experiment erkennst du: Stahl dehnt sich bei einer Erhöhung der Temperatur aus und zieht sich bei einer Erniedrigung der Temperatur wieder zusammen.
Nun kannst du dir erklären, warum bei vielen Stahlbrücken Rollen und Ausdehnungsfugen vorhanden sind: Im Sommer dehnen sich die Brücken aus und im Winter ziehen sie sich zusammen.

Ändern auch andere Metalle bei einer Temperaturänderung ihr Volumen? Im folgenden Experiment können auch sehr kleine Änderungen sichtbar gemacht werden.

EXPERIMENT 2
Drei Rohre aus verschiedenen Metallen sind in ein Experimentiergerät wie im Bild 1 eingespannt. Rechts liegen die Rohre auf drehbaren Walzen. Jede Walze ist mit einem Zeiger verbunden.
1. Durch alle drei Rohre fließt heißes Wasser. Das heiße Wasser erhöht die Temperatur aller drei Rohre auf denselben Wert.
2. Anschließend wird kaltes Wasser durch die Rohre geleitet.

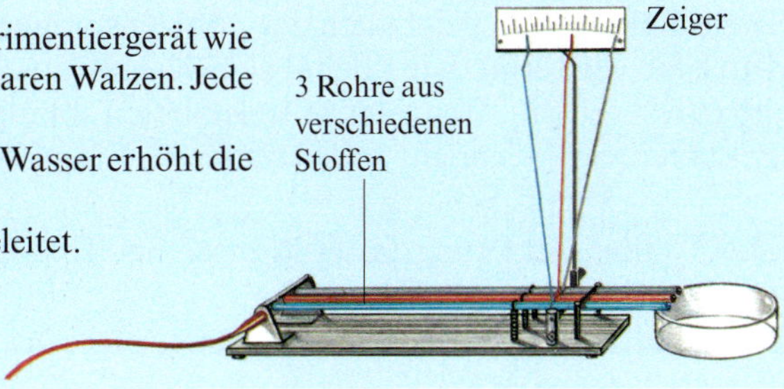

1

Je heißer die Rohre werden, desto mehr bewegen sich die drei Zeiger von ihrer gemeinsamen Ausgangslage nach rechts. Die Ausschläge der Zeiger unterscheiden sich aber. Beim Abkühlen auf Raumtemperatur kehren die Zeiger in ihre Ausgangslage zurück.
Daraus kannst du schließen: Metalle dehnen sich bei Erhöhung der Temperatur aus. Die Ausdehnung ist aber bei den einzelnen Metallen unterschiedlich groß. Bei einer Erniedrigung der Temperatur ziehen sich die Metalle zusammen. Das gleiche Verhalten beobachtet man auch bei vielen anderen festen Körpern.

Längenausdehnung von 100-m-Rohren bei Erwärmung um 80 °C

Material	Ausdehnung
Stahl	10,4 cm
Kupfer	12,8 cm
Aluminium	18,4 cm
Blei	23,2 cm

Die meisten festen Körper dehnen sich bei Erhöhung der Temperatur nach allen Seiten aus, sie vergrößern ihr Volumen. Bei Erniedrigung der Temperatur ziehen sie sich zusammen, sie verkleinern ihr Volumen.
Die Volumenänderung ist bei festen Körpern aus verschiedenen Stoffen unterschiedlich groß.

Schon gewusst?

Manche feste Körper machen aber eine Ausnahme, zum Beispiel solche aus Gummi. Gummi zieht sich bei einer Temperaturerhöhung zusammen.

Im Experiment 2 wurden die kleinen Längenänderungen der Rohre mit einem langen Zeiger sichtbar gemacht. Wenn man im gleichen Experiment längere Rohre verwendet, wird auch der Zeigerausschlag größer. Genauso ist es, wenn man noch heißeres Wasser verwendet. Daraus kann man schließen:

Die Volumenänderung eines festen Körpers ist umso größer, je mehr sich die Temperatur ändert und je größer sein Volumen ist.

Was die Volumenänderung bewirken kann

Wenn der Maler die Fensterrahmen neu lackieren will, dann muss er zuvor die alte Farbe entfernen. Mit einer Heißluftpistole erwärmt er die alte Farbe bis sie weich wird und schabt sie dann mit einem Spachtel ab. Wenn er unvorsichtig ist, macht es plötzlich „knacks!“. Die Fensterscheibe hat einen Sprung (Bild 2). Was ist passiert? Die Heißluftpistole erwärmt die Glasscheibe genau dort, wo sie hinbläst. Diese Stelle wird sehr heiß, während der Rest noch kühl ist. Die heiße Stelle „muss“ sich ausdehnen, hat dafür aber „keinen Platz“: Sie drückt gegen die kalten Bereiche und zerstört dabei die Glasscheibe.

2

Was passieren kann, wenn sich ein fester Körper ausdehnt und wieder zusammenzieht, zeigt auch der „Bolzensprenger" in Bild 1: Der Mittelstab wird erhitzt und dehnt sich deshalb aus. Bei dieser Länge wird er fest verkeilt. Wenn der Mittelstab sich abkühlt und dabei wieder kürzer wird, zerbricht er den massiven Eisenbolzen!

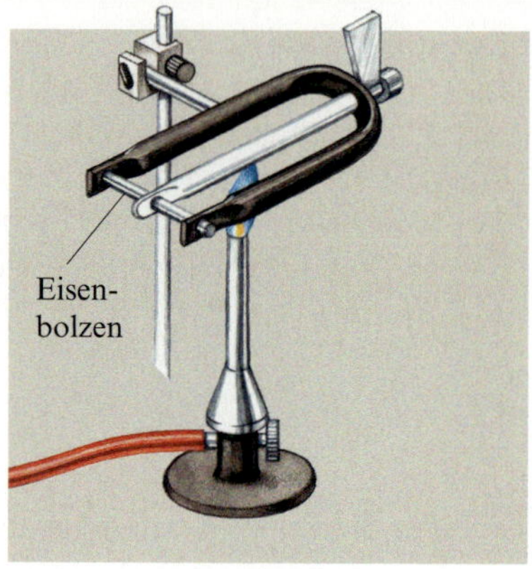

1

> Die Volumenänderung fester Körper bei Temperaturänderung kann zu Zerstörungen führen.

Volumenänderung von Flüssigkeiten

Liegt ein Gartenschlauch nach dem Rasensprengen lange in der Sonne, wird er dick und prall: Wenn du die Düse aufdrehst, spritzt einen Augenblick lang warmes, vielleicht sogar heißes Wasser heraus, obwohl der Wasserhahn geschlossen ist.

EXPERIMENT 3
Fülle eine kleine Plastikflasche randvoll mit kaltem Wasser und verschließe sie. Stelle sie in ein heißes Wasserbad und warte einige Zeit, damit das Wasser in der Flasche heiß wird. Nimm eine Nadel und stich ein Loch hinein. Beobachte und erkläre!

2

Das kalte Leitungswasser wird im Schlauch bzw. in der Flasche erwärmt. Es braucht mehr Platz und dehnt den Schlauch bzw. die Flasche etwas aus. Durch jede Öffnung wird das „überschüssige" Wasser herausgepresst. Im folgenden Experiment kann man die Volumenänderung von Flüssigkeiten beim Abkühlen beobachten:

EXPERIMENT 4
Drei gleich große Kolben werden mit Wasser, Glycerin und Petroleum gefüllt und mit gleichen Stopfen und Röhrchen verschlossen. Sie werden so lange in ein heißes Wasserbad gestellt, bis alle dieselbe Temperatur haben; in allen Röhrchen steht die Flüssigkeit bis zum oberen Rand. Danach werden die Kolben in kaltes Wasser gestellt.

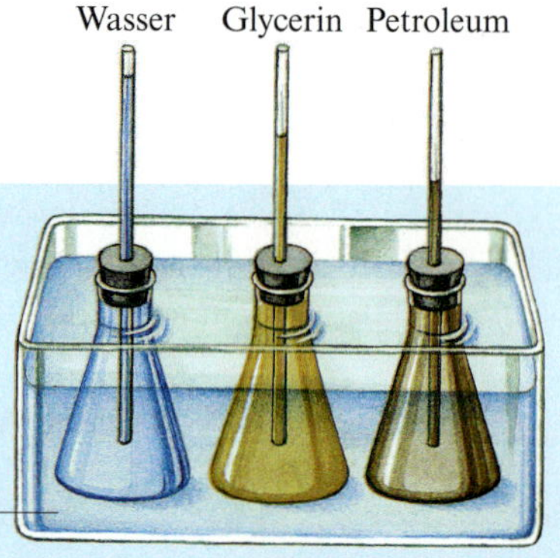

3

Nach dem Abkühlen stehen die Flüssigkeiten in unterschiedlichen Höhen. Allerdings reagieren sie unterschiedlich auf die gleiche Erwärmung bzw. Abkühlung. Petroleum zieht sich beim Abkühlen mehr zusammen als Glycerin und als Wasser. Umgekehrt dehnt sich Wasser bei gleicher Erwärmung viel weniger aus als Petroleum.

> Flüssigkeiten dehnen sich bei Temperaturerhöhung aus und ziehen sich bei Temperaturerniedrigung zusammen.
> Die Volumenänderung einer Flüssigkeit hängt von der Temperaturänderung und von der Art der Flüssigkeit ab.

In der Warmwasserheizung ist das Wasser mal wärmer, mal kälter. Es braucht also mal mehr, mal weniger Platz. Wäre das Rohrsystem völlig geschlossen, hätte das Wasser keinen Platz, um sich auszudehnen. Dadurch entstünde ein großer Druck, der das Rohrsystem sprengen könnte. Damit dies nicht geschieht, wird in die Heizung ein Ausdehnungsgefäß eingebaut (Bild 1). Das Wasser kann sich gegen ein Luftpolster ausdehnen.

Die Volumenausdehnung einer Flüssigkeit durch Erwärmung kann zur Zerstörung führen, wenn der Behälter nicht nachgeben kann.

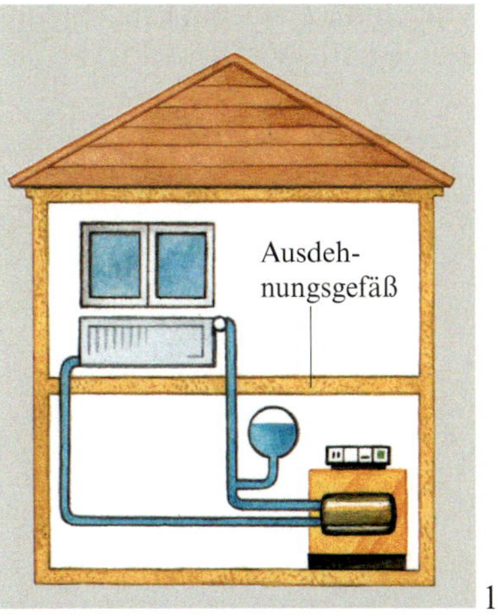

1 Prinzip einer Warmwasserheizung

Anomalie des Wassers. Kühlt sich eine Flüssigkeit ab, wird ihr Volumen immer kleiner. Wasser macht unterhalb von 4 °C eine Ausnahme; man nennt diese Erscheinung Anomalie des Wassers. In Bild 2 ist dargestellt, wie sich das Volumen des Wassers beim Abkühlen zwischen 12 °C und 0 °C ändert.

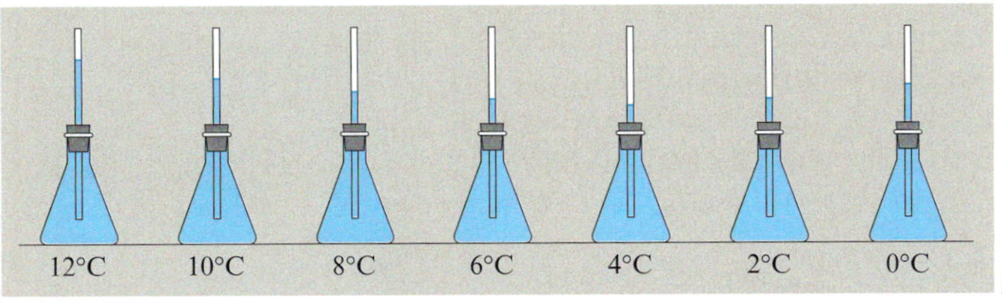

2 Beim Abkühlen bis zu einer Temperatur von 4 °C zieht sich Wasser zusammen. Beim weiteren Abkühlen dehnt es sich jedoch wieder aus. Wasser hat bei einer Temperatur von 4 °C sein kleinstes Volumen und seine größte Dichte.

Flüssigkeitsthermometer

Bei Flüssigkeitsthermometern nutzt man aus, dass Flüssigkeiten sich bei Erwärmung ausdehnen und bei Abkühlung zusammenziehen.
Warum git es so viele Arten von Thermometern? Je nachdem, welche Temperatur man messen will, muss es unterschiedliche Messbereiche und Messgenauigkeiten geben.
Ein Zimmerthermometer muss die Temperaturen anzeigen können, die in einem Zimmer auftreten. Es genügt, wenn man die Temperatur auf 1 °C genau messen kann.
Beim Badethermometer braucht die Skala erst bei Zimmertemperatur zu beginnen und muss mindestens bis zur Temperatur des heißen Wassers aus dem Wasserhahn reichen.
Einweckthermometer haben Skalen, die von der Zimmertemperatur bis über 100 °C reichen.
Mit dem Fieberthermometer kann man Temperaturen im Bereich von 35 °C bis 42 °C messen. Seine Skala ist in zehntel Grad Celsius geteilt. Wenn die Temperatur nach der Messung sinkt, reißt die Flüssigkeitssäule an einer Veregung ab. Sie trennt sich von der Flüssigkeit im Thermometergefäß und bleibt im Anzeigeröhrchen stehen. Dadurch kann die Temperatur auch nach der Messung noch abgelesen werden.
Bei Labor- oder Außenthermometern beginnen die Messbereiche schon bei Temperaturen, die unter 0 °C liegen.

3

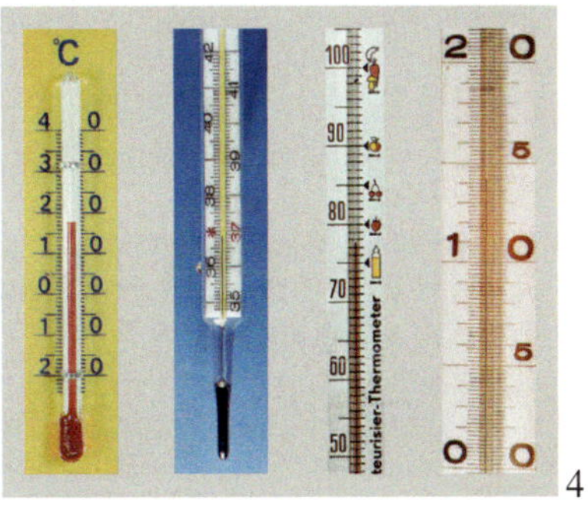

4

Modellthermometer. Ein Modellthermometer mit einer Skala kannst du folgendermaßen selbst herstellen:

EXPERIMENT 5

1. Fülle einen kleinen Erlenmeyerkolben randvoll mit Frostschutzmittel (Glycol). Der Kolben wird mit einem Stopfen, durch den ein Steigrohr führt, verschlossen. Wenn du den Stopfen in die Flasche drückst, soll nur wenig Flüssigkeit ins Rohr steigen. Achte darauf, dass keine Luftblase in der Flasche bleibt!
2. Bringe am Modellthermometer einen Pappstreifen für die Skala an!
3. Stelle das Modellthermometer in ein Wasserbad und erwärme dieses langsam auf einer Heizplatte oder mit einem Gasbrenner.
   Miss mit einem Flüssigkeitsthermometer die Temperatur des Wasserbades und markiere jeweils die Höhe der Flüssigkeitssäule im Steigrohr des Modellthermometers. Erwärme das Wasser nur langsam und warte stets, bis sich die Höhe nicht mehr ändert!

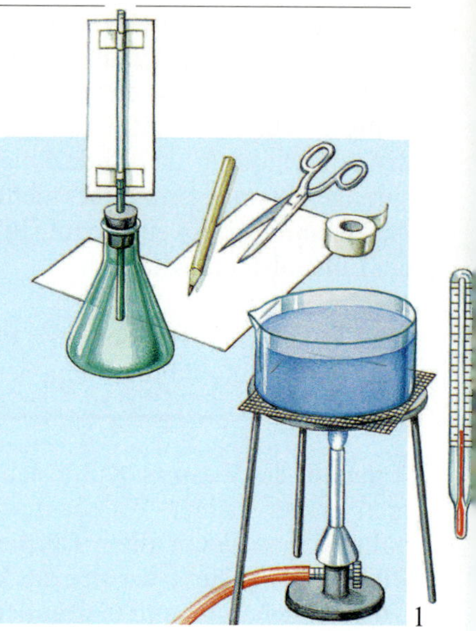
1

Mit diesem Verfahren können Thermometer *kalibriert*, d. h., mit der gleichen Skala versehen werden: Man stellt sie mit dem Thermometer aus der Physiksammlung in dasselbe Wasserbad und markiert jeweils bei allen die Flüssigkeitshöhe im Steigrohr. Das Modellthermometer ist jetzt ein kalibriertes Flüssigkeitsthermometer.

Ein Flüssigkeitsthermometer besteht aus einem Thermometergefäß mit Flüssigkeit, einem Anzeigeröhrchen und einer Skala.

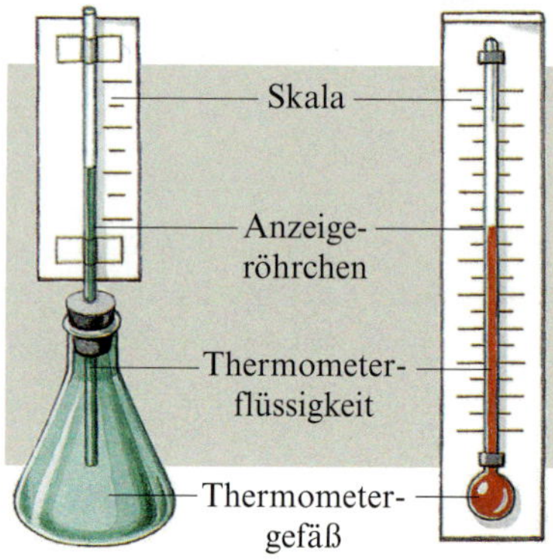

2

Weitere Thermometerarten

Außer Flüssigkeitsthermometern gibt es weitere Thermometer, die die Temperatur ganz anders messen.

Bimetallthermometer
In ihm befindet sich eine Spirale, die aus zwei verschiedenen Metallen (Bimetallstreifen) besteht. Je nach der Temperatur der Umgebung krümmt sich diese Spirale unterschiedlich stark. An ihr ist ein Zeiger befestigt, der die Temperatur anzeigt.

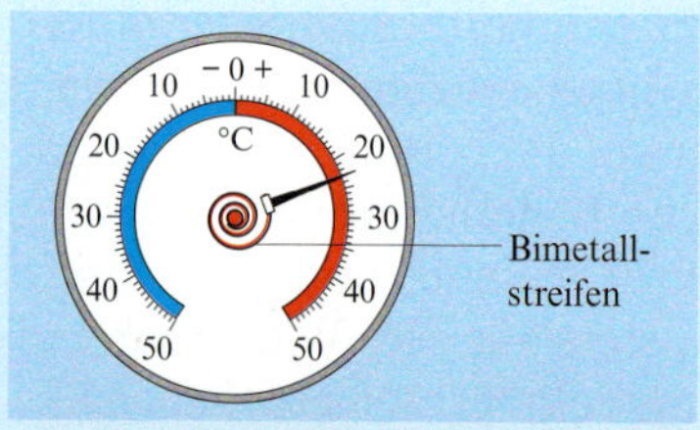

3

Thermometerstreifen
Es gibt Kristalle, die bei einer bestimmten Temperatur ihre Farbe ändern. Andere Kristalle wechseln ihre Farbe bei anderen Temperaturen. Verwendet man mehrere Arten solcher Kristalle in einem Gerät, können sie zum Messen von Temperaturen benutzt werden.

4

Elektrische Thermometer
Im Messfühler des Thermometers sind ein Kupferdraht und ein Eisendraht an einem Ende miteinander verbunden. Der Messfühler erzeugt eine elektrische Spannung, die temperaturabhängig ist. Jeder erzeugten Spannung entspricht eine bestimmte Temperatur, die dann angezeigt wird.

5

Die Temperatur in einem See

Die Volumenänderung von Wasser führt im Laufe eines Jahres zu unterschiedlichen Temperaturschichtungen in einem See. Für die Lebensbedingungen der Pflanzen und Tiere spielt dabei auch die Anomalie des Wassers eine große Rolle.

Winterschichtung. Auch bei strengem Frost herrscht in der Tiefe eine Wassertemperatur von 4 °C. Wasser hat bei 4 °C sein kleinstes Volumen und damit die größte Dichte. Wasser mit dieser Temperatur befindet sich daher immer in der unteren Wasserschicht eines Sees. Wasser von 3 °C, 2 °C oder 1 °C hat eine kleinere Dichte und schwimmt über dem Wasser von 4 °C.
Die Eisdecke des Sees verhindert, dass der See stark auskühlt. Zugleich verhindert sie aber auch, dass der Wind das Wasser verschiedener Temperaturen durchmischen kann.
Während des Winters verbrauchen die Lebewesen den Sauerstoff im Wasser, wodurch allmählich ein Sauerstoffmangel entsteht. Daher halten die Fischer in langen Frostperioden mit Strohbündeln Luftlöcher im Eis frei.

Frühjahrszirkulation. Wenn im Frühjahr das Eis geschmolzen ist, erwärmt die Sonne das obere kalte Wasser allmählich auf 4 °C. Jetzt hat das gesamte Wasser des Sees dieselbe Temperatur von 4 °C und damit die gleiche Dichte.
Die Frühjahrsstürme wälzen das Wasser im See um. Dabei gelangt sauerstoffarmes Tiefenwasser nach oben und frisches, sauerstoffreiches Wasser von der Oberfläche nach unten.

Sommerschichtung. Allmählich erwärmt die Sonnenstrahlung die oberen Wasserschichten immer weiter. Die Temperatur des Wassers steigt und seine Dichte wird kleiner. Das wärmere Wasser schwimmt auf dem kälteren.
Bläst im Sommer der Wind, kann er nur das obere Wasser in sich umwälzen. In größere Tiefen gelangt das warme Wasser nicht. Dies spürt man beim Tauchen besonders im frühen Sommer: Schon nach wenigen Metern wird es viel kühler.
Durch die zum Boden sinkenden Pflanzenreste und deren Fäulnis nimmt der Sauerstoff im Tiefenwasser im Verlaufe des Sommers immer mehr ab.

Herbstzirkulation. Wenn sich das Wasser im Herbst abkühlt und einheitlich eine Temperatur von 4 °C erreicht, wälzen Herbststürme erneut das gesamte Wasser um. Sauerstoffreiches Wasser gelangt nach unten.
Es enthält genügend Sauerstoff, damit die Tiere den nächsten Winter unter der Eisdecke überleben können.
Bei weiterer Abkühlung des Wassers sinkt die Temperatur des Wassers auf 0 °C, es gefriert und bildet die Eisdecke für die nächste Winterschichtung.

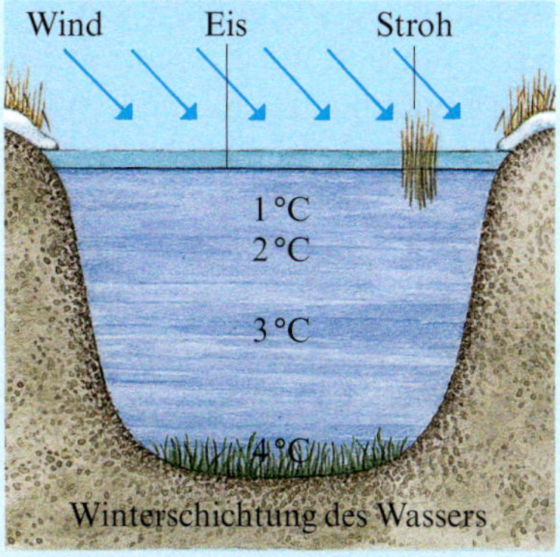

Winterschichtung des Wassers
1

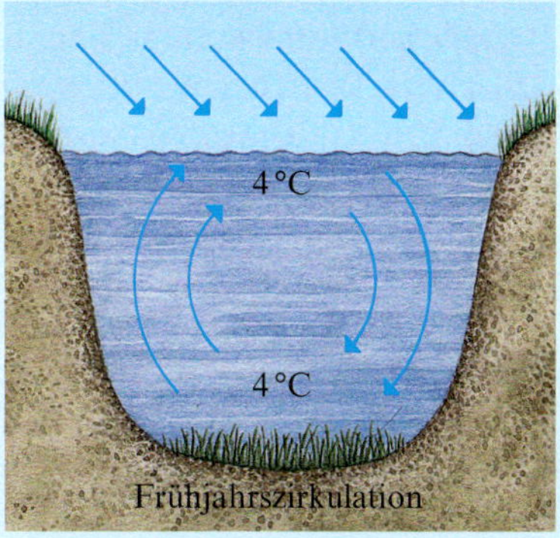

Frühjahrszirkulation
2

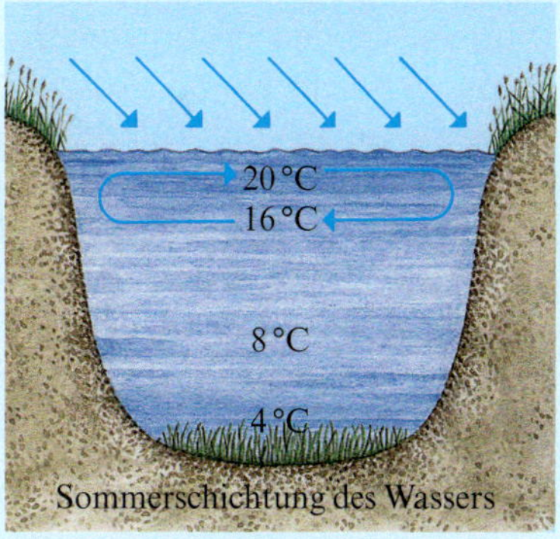

Sommerschichtung des Wassers
3

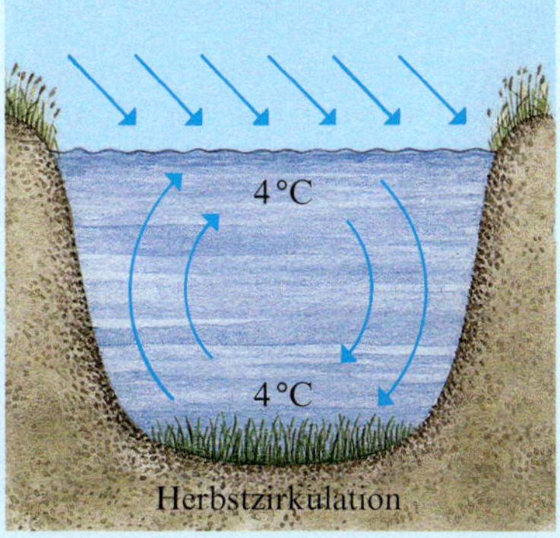

Herbstzirkulation
4

Ein Blick in die Technik

Nützliche Volumenausdehnungen

Bimetall. Ein Bimetallstreifen besteht aus zwei unterschiedlichen Metallen, z. B. aus Eisen und Kupfer; „bi" ist eine lateinische Vorsilbe und bedeutet „zwei". Haben beide Streifen beispielsweise bei 20 °C exakt dieselbe Länge, dann wird bei 30 °C der Streifen aus Kupfer ein wenig länger sein als der Streifen aus Eisen. Bei Temperaturen unter 20 °C wird der Kupferstreifen kürzer sein als der Eisenstreifen.
Sind jedoch beide Streifen fest miteinander verbunden, indem sie z. B. vernietet oder verschweißt sind, dann wird sich dieses Bimetall bei Temperaturänderung verbiegen. Der längere Streifen wird die „Außenkurve" bilden.
Bimetallstreifen werden vielfach in Thermometern und elektrischen Geräten genutzt (siehe Seite 120).

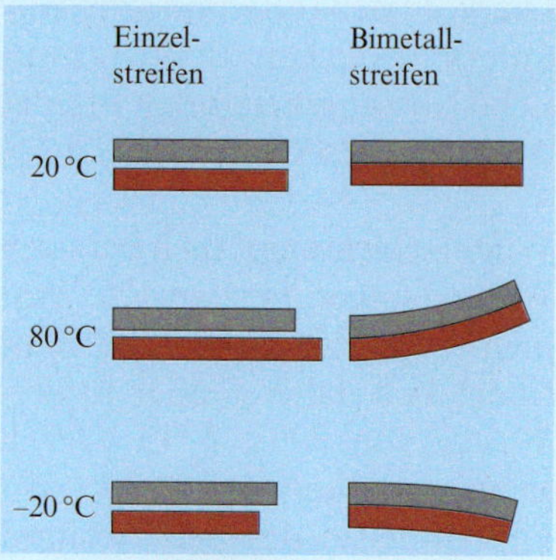

1

Heizkörperthermostat. In den Temperaturreglern für Heizkörper – den Heizkörperthermostaten – wird die Ausdehnung von Flüssigkeiten genutzt: In einem Ausdehnungsgefäß befindet sich eine Flüssigkeit, die sich bei Erwärmung ausdehnt (Bild 2). Die Flüssigkeit drückt auf eine Membran. Diese bewegt einen Stift, der den Zufluss des warmen Wassers verringert. Also heizt der Heizkörper weniger. Wenn es kühl wird und sich die Flüssigkeit wieder zusammenzieht, öffnet sich die Zufuhr wieder. Am Handrad kann der Abstand zwischen Membran und Stift verändert, also die Schließtemperatur eingestellt werden.

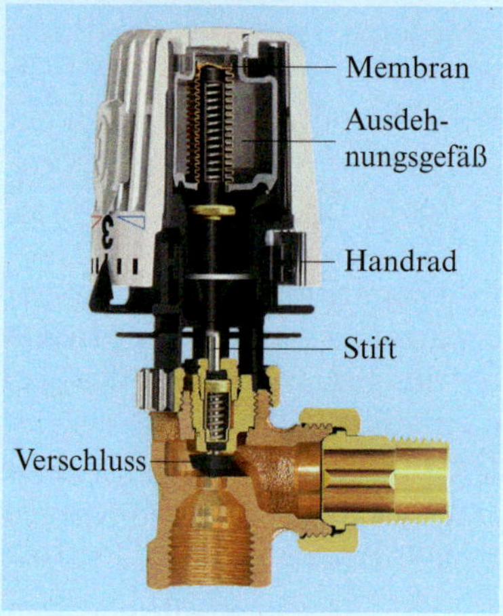

2

Schnitt durch einen Heizkörperthermostaten

Sprinkleranlage. In Kaufhäusern, Kinos, Lagerhallen und anderen Räumen werden oft automatische Löscheinrichtungen eingebaut, damit sich kein Brand ausbreiten kann. Unter der Decke werden Wasserleitungen mit vielen Düsen (Sprinkler) verlegt, die sich beim Ausbruch eines Feuers automatisch öffnen.
Die Sprinkler werden durch kleine bauchige Glasröhrchen verschlossen, in denen sich eine Flüssigkeit befindet (Bild 4).
Wenn in der Nähe ein Feuer ausbricht, wird die Flüssigkeit im Glasröhrchen erwärmt. Sie dehnt sich aus und sprengt das Röhrchen (Bild 5): Die Öffnung ist frei, das Wasser kann ausströmen und das Feuer löschen.

3

4

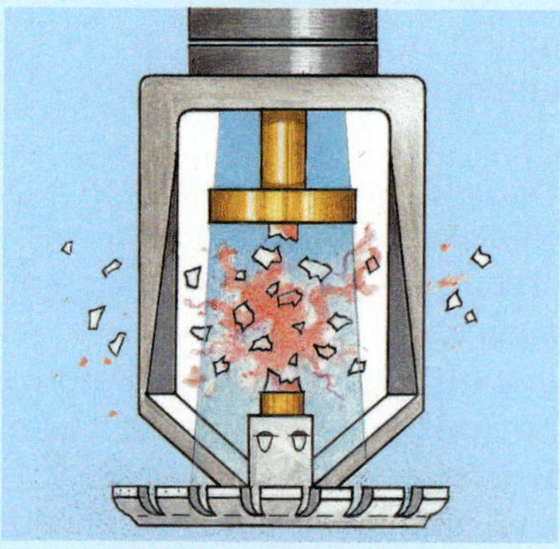
5

AUFGABEN

1. Wo hast du schon einmal solche Ausdehnungsschleifen gesehen? Wozu sind sie notwendig?

1

2. Weshalb steht auf Messbändern und Messzylindern häufig die Angabe +20 °C?
3. Wie funktionieren die Ausdehnungszungen von Schienen?

2

4. Mit einem Aluminiumlineal, das in der Sonne gelegen hat, wird die Kantenlänge eines Würfels gemessen. Ist die Kante des Würfels länger oder kürzer als der gemessene Wert? Begründe!
5. Wie kannst du festsitzende Schraubverschlüsse von Flaschen und Gläsern lösen?
6. Beschreibe, wie das Bimetallthermometer im Bild 3 auf Seite 120 funktioniert!
7. Die Motoren von Pkw werden mit Wasser gekühlt. Warum ist für dieses Kühlwasser ein Ausgleichsgefäß notwendig?

3

8. Skizziere den Aufbau eines Flüssigkeitsthermometers und beschreibe seine Wirkungsweise!
9. Welche Temperatur hat das Wasser eines Sees während des Winters in verschiedenen Tiefen? Begründe diese Temperaturverteilung!

4

ZUSAMMENFASSUNG

Metalle und andere feste Körper und Flüssigkeiten dehnen sich bei Erhöhung der Temperatur aus und ziehen sich bei Erniedrigung der Temperatur zusammen.

Die Volumenänderung ist umso größer, je mehr sich die Temperatur ändert. Bei festen Körpern und Flüssigkeiten ist die Volumenänderung auch von den Stoffen abhängig, aus denen die Körper bestehen.

Die Volumenänderung von Körpern bei Temperaturänderung kann zu großen Zerstörungen führen.

Anomalie des Wassers: Unterhalb von 4 °C dehnt sich flüssiges Wasser bei Abkühlung aus.

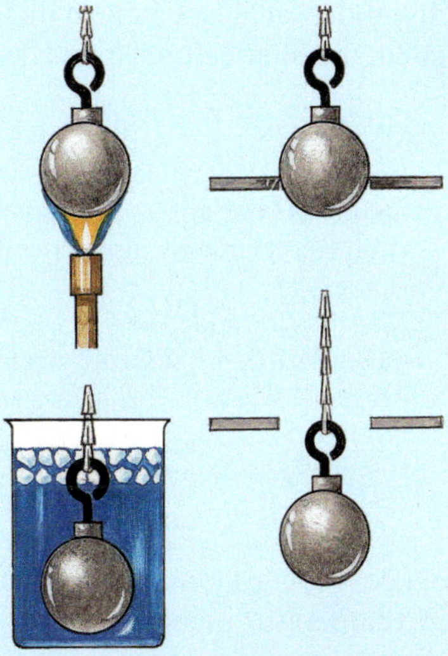

1

Wasser, Schnee, Eis, Raureif und Tau sind scheinbar verschiedene Stoffe. Physikalisch gesehen ist es aber immer derselbe Stoff, nämlich Wasser. Es kommt in der Natur in drei verschiedenen Aggregatzuständen vor: fest als Eis oder Schnee, flüssig als Wasser und gasförmig als unsichtbarer Wasserdampf.

Schmelzen und Erstarren

Von vielen Stoffen weißt du, dass es sie in festem oder in flüssigem Zustand geben kann: feste Schokolade wird in der Hand flüssig, Lötzinn wird an einem Lötkolben flüssig und am Draht wieder fest (Bild 2).

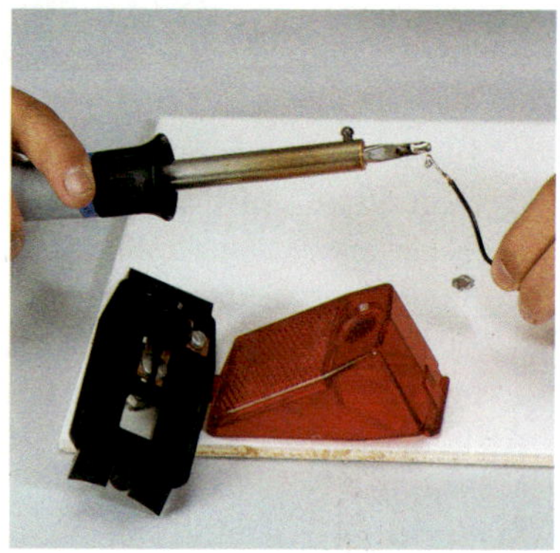
2
Löten

Schmelzen. Haben sich Eis und Schnee in der Frühlingssonne auf eine Temperatur von 0 °C erwärmt, beginnen sie zu schmelzen. Unter Schmelzen versteht man den Übergang eines Stoffes vom festen in den flüssigen Aggregatzustand.
Damit im Frühjahr Eis und Schnee vollständig schmelzen, muss die Sonne viele Tage scheinen. Warum dauert es so lange, bis das Eis verschwunden ist? Dazu kannst du folgendes Experiment durchführen, in dem die Sonne durch eine Heizplatte ersetzt wird.

EXPERIMENT 1
1 Fülle in ein Becherglas fein zerkleinertes Eis und etwas Wasser!
2 Stelle das Glas auf eine Heizplatte!
3 Rühre das Gemisch aus Wasser und Eis von Zeit zu Zeit mit einem Glasstab um!
4 Miss in Abständen von je einer Minute die Temperatur! Das Termometer darf dabei nicht auf dem Boden stehen.
5 Trage die Werte in eine Messwertetabelle ein!
6 Notiere den Zeitpunkt, zu dem das Eis vollständig geschmolzen ist!
7 Erstelle hieraus ein Temperatur-Zeit-Diagramm!

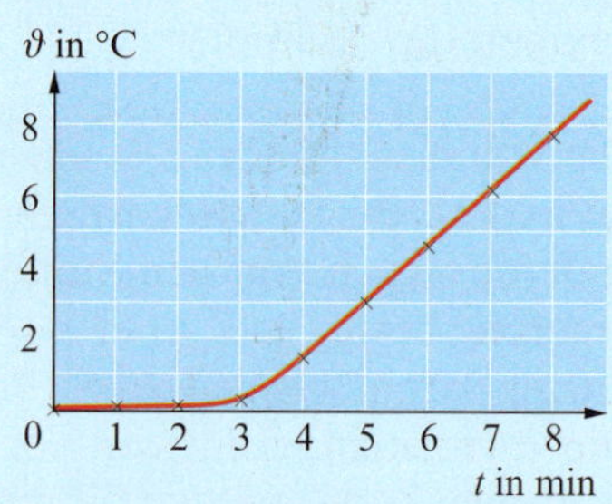

3

Aus dem Diagramm erkennst du: Während des Schmelzens steigt die Temperatur nicht weiter an, obwohl ständig Wärme zugeführt wurde.

Die meisten Stoffe schmelzen bei einer ganz bestimmten Temperatur. Diese nennt man Schmelztemperatur.

Erreicht ein fester Stoff seine Schmelztemperatur, so geht er bei weiterer Wärmezufuhr in den flüssigen Zustand über.
Während des Schmelzens ändert sich seine Temperatur nicht.

Daher dauert es im Frühjahr oft einige Tage, bis das Eis geschmolzen ist: Es wird erst dann flüssig, wenn es genügend Wärme von der Sonne aufgenommen hat.

Erstarren. Im Winter wird das flüssige Wasser zu festem Eis. Diesen Vorgang nennt man Gefrieren oder Erstarren.

Unter Erstarren versteht man den Übergang eines Stoffes vom flüssigen in den festen Aggregatzustand.

Einige Schmelztemperaturen

Stoff	Schmelztemperatur in °C
Sauerstoff	– 219
Alkohol	– 114
Quecksilber	– 39
Glycerin	– 17
Wasser	0
Zinn	232
Blei	327
Aluminium	660
Silber	961
Gold	1 063
Kupfer	1 083
Eisen	1 535
Wolfram	3 380

In einem weiteren Experiment kannst du die Frage untersuchen: Bei welcher Temperatur erstarrt Wasser?

EXPERIMENT 2
Stelle einen kleinen Becher mit Wasser in das Gefrierfach eines Kühlschrankes und miss in regelmäßigen Abständen die Temperatur des Wassers!

1

Daraus erkennst du zwei Tatsachen:
1. Das Wasser erstarrt bei derselben Temperatur von 0 °C, bei der umgekehrt Eis schmilzt.
2. Während des Erstarrens ändert sich die Temperatur nicht. Das gilt auch für andere Stoffe.

Schmelztemperatur und Erstarrungstemperatur eines Stoffes stimmen überein. Während des Erstarrens ändert sich die Temperatur nicht.

In der Tabelle oben findest du die Schmelztemperaturen einiger Stoffe. Sie sind sehr unterschiedlich. So erstarrt Sauerstoff erst bei einer Temperatur, die man nur mit besonderen Kühlmaschinen erzeugen kann. Die meisten Metalle dagegen schmelzen erst bei Temperaturen, bei denen sie längst glühen (Bild 2).
Die angegebenen Werte gelten aber nur für reine Stoffe. Ist zum Beispiel im Wasser Salz oder Zucker gelöst, erstarrt das Salzwasser oder das Zuckerwasser erst bei Temperaturen unter 0 °C.
Stoffgemische (z. B. Stearin) haben keine ganz bestimmte Schmelztemperatur. Sie erweichen in einem größeren Temperaturbereich.

2

Verdampfen und Kondensieren

Verdampfen. Wenn man in einem offenen Topf Wasser längere Zeit sieden lässt, wird es allmählich weniger. Das Wasser beginnt zu verdampfen. Unter Verdampfen versteht man den Übergang eines Stoffes vom flüssigen in den gasförmigen Aggregatzustand.
In einem Experiment kannst du prüfen, ob sich die Temperatur des Wassers beim Verdampfen ändert.

EXPERIMENT 3
1. Fülle ein Glas mit Wasser und miss die Anfangstemperatur!
2. Stelle das Glas auf eine Heizplatte!
3. Rühre das Wasser von Zeit zu Zeit mit einem Glasstab um!
4. Miss in gleichen Abständen die Temperatur des Wassers!
5. Trage deine Messwerte in eine Tabelle und danach in ein Temperatur-Zeit-Diagramm ein!
6. Vergleiche das Diagramm mit Bild 3 auf Seite 124!

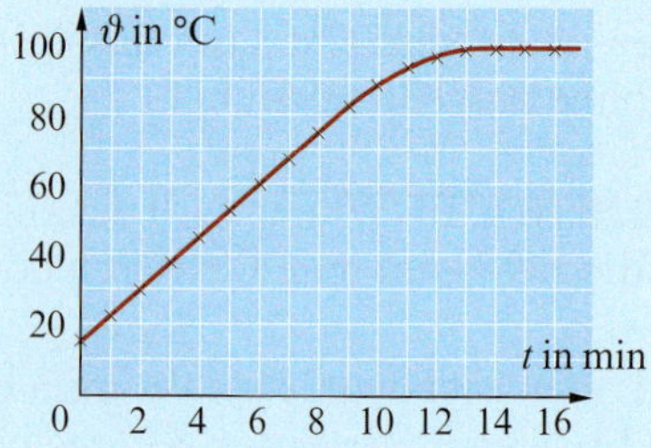

1

Aus dem Diagramm erkennst du: Während des Verdampfens steigt die Temperatur des Wassers nicht weiter an, obwohl ständig Wärme zugeführt wird. Diese Temperatur nennt man die Siedetemperatur. Auch für andere Flüssigkeiten gilt:

Erreicht ein flüssiger Stoff seine Siedetemperatur, so geht er bei weiterer Wärmezufuhr in den gasförmigen Zustand über.
Während des Verdampfens ändert sich seine Temperatur nicht.

Einige Siedetemperaturen

Stoff	Siedetemperatur in °C
Sauerstoff	– 183
Alkohol	78
Wasser	100
Silber	2 200
Gold	2 800

Verdunsten. Wasser kann sich auch schon unterhalb der Siedetemperatur in Wasserdampf verwandeln. Man spricht dann von Verdunsten. Das kennst du zum Beispiel vom Wäschetrocknen oder von Wasserpfützen, die nach einiger Zeit verschwunden sind (Bild 2).
Das Verdunsten erfolgt umso schneller, je größer die Oberfläche ist, je höher die Temperatur ist und je schneller der Wind das verdunstete Wasser wegträgt.

2

Kondensieren. In einem Topf mit einem Glasdeckel kannst du die Umwandlung eines Stoffes aus dem gasförmigen in den flüssigen Zustand beobachten. Diesen Vorgang nennt man Kondensieren.

Unter Kondensieren versteht man den Übergang eines Stoffes vom gasförmigen in den flüssigen Aggregatzustand.

3

Der unsichtbare, sehr heiße Wasserdampf kühlt sich am Glasdeckel auf 100 °C ab. Er kondensiert dann zu sichtbaren Wassertropfen. Messungen ergeben auch für andere Stoffe:

Siedetemperatur und Kondensationstemperatur eines Stoffes stimmen überein.

Volumenänderungen bei Aggregatzustandsänderungen

1

Du kennst das Klappern eines Topfdeckels, wenn auf dem Küchenherd gekocht wird. Der Deckel wird von Zeit zu Zeit angehoben und es entweicht Wasserdampf aus dem Topf. Offensichtlich braucht der Wasserdampf mehr Platz, als ihm unter dem Deckel zur Verfügung steht.
Der Wasserdampf hat ein größeres Volumen als das flüssige Wasser, aus dem er entstanden ist.
1 Liter Wasser nimmt nach seiner Umwandlung in Dampf ein Volumen von etwa 1700 Litern ein. Beim Übergang vom flüssigen in den gasförmigen Zustand ändert sich also das Volumen von Wasser sehr stark.
Gibt es auch eine Volumenänderung beim Übergang zwischen festem und flüssigem Aggregatzustand?
Die Kerze im Bild 2 ist zunächst angezündet. Das flüssige Stearin bildet eine glatte Fläche am oberen Rand der Kerze. Einige Zeit nach dem Ausblasen ist das Stearin erstarrt. Die Oberfläche ist nun deutlich nach innen gewölbt. Beim Erstarren verkleinert das Stearin sein Volumen.

2

Die meisten Stoffe vergrößern ihr Volumen beim Schmelzen oder Verdampfen. Sie verkleinern ihr Volumen beim Erstarren oder Kondensieren.

Ausnahme Wasser. Bei strengem Frost können bei ungeschützten Wasserleitungen Rohrbrüche entstehen. Wodurch kommen diese zustande?
Hierzu kannst du folgendes Experiment durchführen:

EXPERIMENT 4
1. Fülle ein Reagenzglas 10 cm hoch mit Wasser!
2. Stelle es in ein Tiefkühlfach!
3. Lies nach dem Erstarren die Höhe der Eissäule ab!

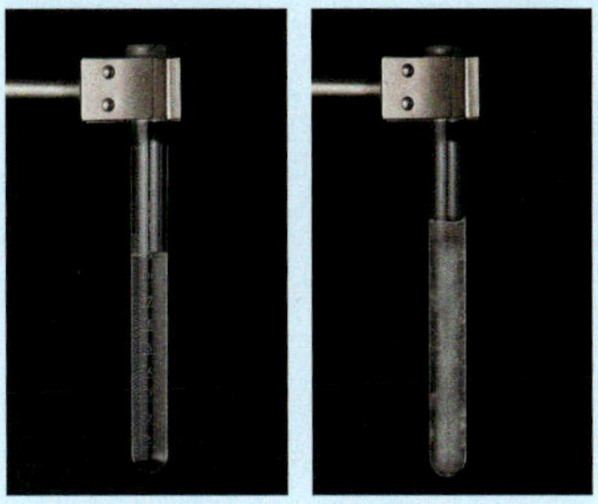
3

Wasser macht gegenüber anderen Flüssigkeiten eine Ausnahme, es vergrößert beim Erstarren sein Volumen.

Die Ausdehnung des Wassers beim Gefrieren kann zu erheblichen Zerstörungen führen. Daher solltest du niemals Getränke, die viel Wasser enthalten, im Gefrierfach lagern.

Ein Blick in die Technik

Nützliche Zustandsänderungen – und weniger nützliche

Destillieren. Will man eine Mischung aus zwei verschiedenen Flüssigkeiten trennen, zum Beispiel Wasser und Alkohol, so kann man einen Destillierapparat benutzen. Bild 1 zeigt seinen Aufbau.
Wird das Alkohol-Wasser-Gemisch im Destillierkolben erhitzt, so beginnt bei einer Temperatur von 78 °C der Alkohol zu sieden. Der Alkoholdampf steigt nach oben und gelangt in das nach unten gerichtete Kühlrohr. Die Temperatur des Kühlrohres liegt weit unter 78 °C. Daher kondensiert dort der Alkoholdampf wieder zu flüssigem Alkohol und läuft in das Auffanggefäß. Auf diese Weise ist der Alkohol vom Wasser getrennt worden.

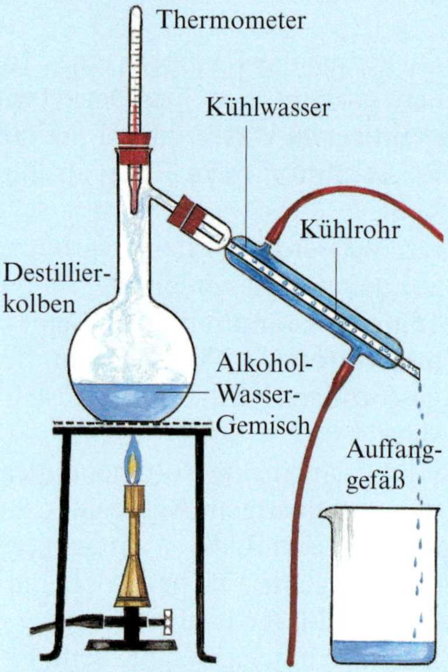

1 Destillierapparat

Metallbearbeitung. In vielen Verfahren der Metallbearbeitung ist das Schmelzen und Erstarren von Bedeutung, so zum Beispiel beim Gießen, Löten und Schweißen. Beim Schmelzschweißen werden zwei Eisenbleche mit ihren Kanten dicht aneinander gelegt. In der Flamme eines Schweißbrenners wird ein Draht geschmolzen. Die Schmelze gelangt auf die kalten Kanten der Eisenbleche. Dort erstarrt sie und verbindet beide Bleche.

2

3

4

Sprengstoff Eis. Gefrierendes Wasser kann zum Sprengstoff werden. Das zeigen zum Beispiel die Straßenaufbrüche im Frühjahr (Bilder 5 bis 7). Durch kleine Risse in der Straße dringt Regenwasser unter den Belag. Wenn das Wasser nicht tiefer absickern kann, gefriert es im Winter. Da sich das Wasser beim Erstarren ausdehnt, bricht es die Straßendecke auf.

5

6

7

AUFGABEN

1. Warum kann man Eisen nicht in einem Kupfertiegel schmelzen?
2. Warum benutzt man in Glühlampen Drähte aus Wolfram?
3. In einem Kühlfach liegen bei einer Temperatur von 0 °C Eiswürfel. Werden sie schmelzen?
4. Nenne Stoffgemische, die keinen bestimmten Schmelzpunkt, sondern einen Erweichungsbereich haben!
5. Warum soll man eine Flüssigkeit nur abgedeckt in einen Kühlschrank stellen?
6. Gießformen sind größer als das fertige, ausgekühlte Gussstück (Bild 1). Warum ist das so?
7. Warum pfeift ein Wasserkessel, wenn das Wasser siedet?
8. Wann bemerkt man die meisten Rohrbrüche in Wasserleitungen: a) bei lang andauerndem Frost oder b) bei Tauwetter nach einer Frostperiode?

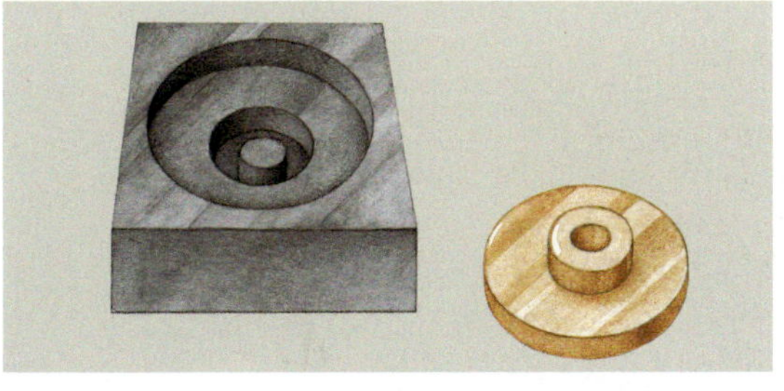

1

9. Wie schützt man das Kühlwasser im Motor eines Pkw vor dem Gefrieren im Winter?
10. Auch Pflanzen müssen sich gegen Frost schützen. Sie enthalten im Winter viel weniger Saft. Zugleich erzeugen sie bei niedrigen Temperaturen andere Stoffe, die sich im Saft lösen. Plane Experimente, in denen du folgende Fragen untersuchen kannst:
    a) Welche Stoffe senken die Gefriertemperatur von Wasser?
    b) Hängt die Gefriertemperatur auch davon ab, wie viel von dem jeweiligen Stoff im Wasser gelöst ist?

    Führe die Experimente durch!
11. Was würde geschehen, wenn man in den Destillierapparat im Bild 1 auf S. 128 statt des Gemisches aus Alkohol und Wasser
    a) sehr salziges Wasser,
    b) eine Zuckerlösung,
    c) ein Cola-Getränk einfüllt?
12. Wie gewinnt man aus Meerwasser Salz?
13. Wie könnte man aus Meerwasser Trinkwasser erhalten?
14. Zerschneide Kupferdraht in solche Stücke, dass du sie zu römischen Zahlen I bis X oder zu einem „Puppenstuhl" zusammen löten kannst! Was musst du beim Löten beachten?
15. Wie könntest du Schwimmkerzen herstellen?

ZUSAMMENFASSUNG

Erreicht ein fester Stoff seine Schmelztemperatur, so geht er bei weiterer Wärmezufuhr in den flüssigen Zustand über; er schmilzt.
Erreicht ein flüssiger Stoff seine Siedetemperatur, so geht er bei weiterer Wärmezufuhr in den gasförmigen Zustand über; er verdampft.
Der Übergang vom flüssigen in den festen Aggregatzustand heißt Erstarren.
Der Übergang vom gasförmigen in den flüssigen Aggregatzustand heißt Kondensieren.

Während der Änderung des Aggregatzustandes ändert sich die Temperatur nicht.

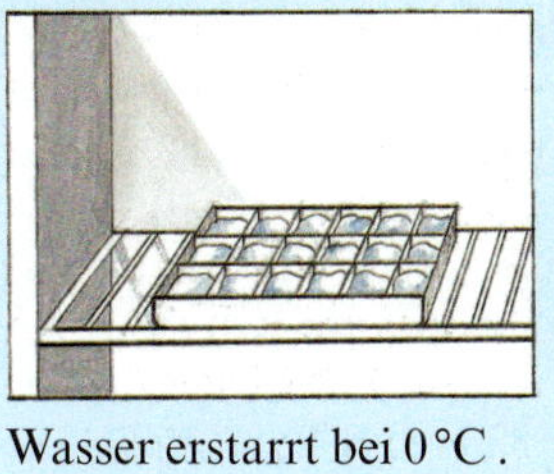

Wasser erstarrt bei 0 °C.

Eis schmilzt bei 0 °C.

Wasserdampf kondensiert bei 100 °C.

Wasser verdampft bei 100 °C.

Wärmedämmung

Die Eisbären scheinen sich trotz der tiefen Temperaturen in der Arktis sehr wohl zu fühlen. Wie halten sie solche Temperaturen aus? Wenn wir Menschen uns in der Arktis aufhalten, dann müssen wir viele Maßnahmen ergreifen, um uns vor starken Wärmeverlusten zu schützen. Wie gelingt das bei den Eisbären?

Wärmeübertragung

Wenn es draußen kalt ist, fühlst du dich in einem geheizten Zimmer so richtig wohl. Die Temperatur ist viel höher als draußen. Dafür sorgt ein Heizkörper oder ein Ofen. Er ist die Wärmequelle. Der Heizkörper gibt ständig neue Wärme ab.
Diese Wärme breitet sich im Zimmer aus. Sie bleibt aber nicht im Zimmer. Die Wärme wird auf die Wände, den Fußboden und die Decke übertragen. Sie dringt durch die Wände, den Fußboden und die Decke hindurch. Schließlich gelangt sie ins Freie. Die meiste Wärme verlässt das Zimmer durch Fenster und Türen.
Wärme kann durch drei verschiedene Arten von einem Körper auf einen kälteren übertragen werden.

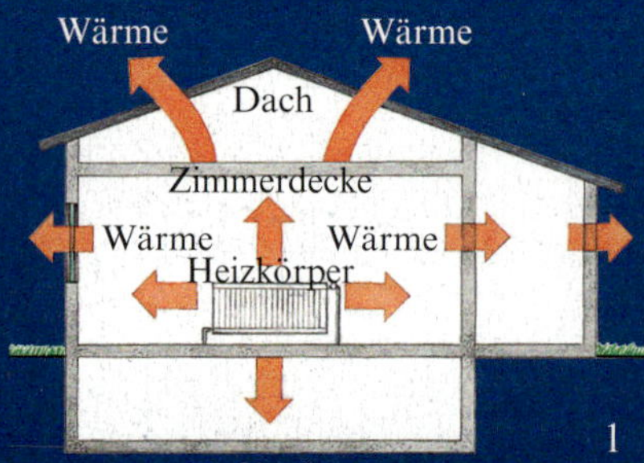

1

Wärmeleitung. In einer Thermoskanne befindet sich heißer Tee. Die Außenwand der Kanne ist kalt. Wenn du den Tee in ein Glas gießt, wird jedoch das Glas außen heiß. Du kannst es nicht mehr anfassen. Offenbar gelangt die Wärme im Teeglas besser nach außen als in der Thermoskanne.

EXPERIMENT 1

An einem Kupferstab, einem Eisenstab und einem Glasstab sind Schrotkugeln mit Wachs befestigt. Die Stäbe werden gleichzeitig an den Enden erhitzt.

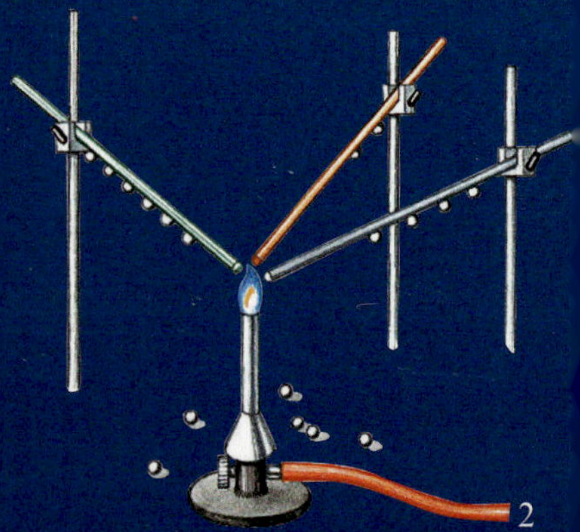
2

Die Schrotkugeln fallen nacheinander ab. Du kannst deutlich „sehen", welcher Stab die Wärme schneller überträgt. Die verschiedenen Stoffe leiten die Wärme unterschiedlich schnell.
Metalle sind gute Wärmeleiter. Schlechte Wärmeleiter sind z. B. Glas, Holz und Kunststoff.

Nicht nur feste Körper können die Wärme leiten. Wärmeleitung tritt auch in Flüssigkeiten und Gasen auf.

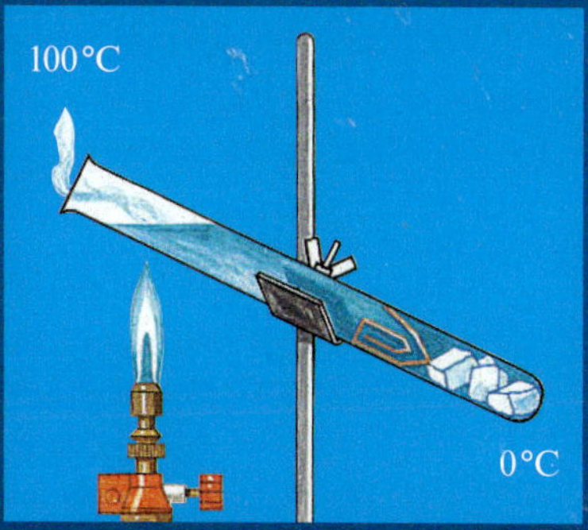

1

EXPERIMENT 2

In ein Reagenzglas werden einige Stücke Eis gebracht. Dann wird eine Briefklammer so verbogen, dass sie straff in das Reagenzglas hineinpasst. Sie soll das Eis am Boden des Glases festhalten. Das Reagenzglas wird mit Eiswasser gefüllt. Dann erhitzt man den oberen Teil des Reagenzglases in einer Flamme.

Nach einiger Zeit siedet das Wasser im oberen Teil des Glases, ohne dass das Eis am Boden des Glases schmilzt. Wasser leitet die Wärme sehr langsam. Man kann das Experiment auch mit anderen Flüssigkeiten wiederholen. Es führt zum gleichen Ergebnis.
Auch Experimente mit Luft und weiteren Gasen zeigen: Flüssigkeiten und Gase sind schlechte Wärmeleiter.

Wärmeströmung. Wenn es dir im Zimmer kalt ist, drehst du das Ventil an der Warmwasserheizung auf. Der Heizkörper ist noch kalt. Dann erwärmt er sich zunächst in der Nähe des Ventils. Schließlich wird er allmählich überall heiß. Mit der Hand kannst du fühlen, wie das heiße Wasser vom Ventil aus in den Heizkörper hineinströmt. Dabei bringt es Wärme mit. Diese Form der Wärmeübertragung nennt man Wärmeströmung. Eigentlich strömt jedoch nur das Wasser (Bild 3).
Die Wärmeströmung sorgt auch dafür, dass die Wärme vom Heizkörper aus an alle Stellen des Zimmers gelangt (Bild 4). Der Heizkörper erwärmt die Luft. Luft mit höherer Temperatur hat eine geringere Dichte. Sie steigt auf. Auf dem Weg durch das Zimmer kühlt sie sich etwas ab. Dadurch strömt sie wieder zum Heizkörper zurück.
In Flüssigkeiten und Gasen kann die Wärme durch Wärmeströmung übertragen werden.

2

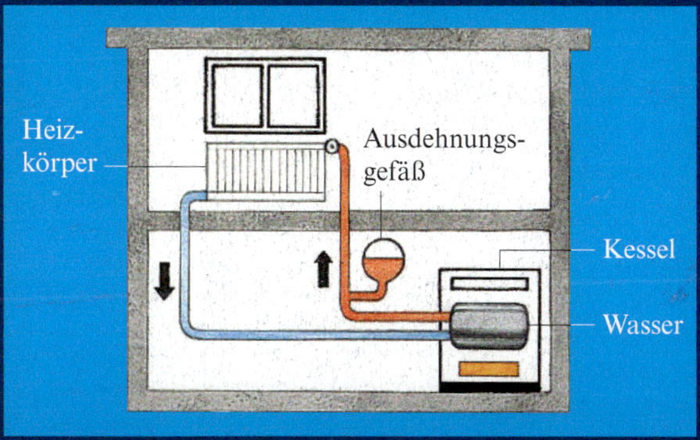

3

4

Wärmestrahlung. Wenn es im Frühling noch kalt ist, kannst du dich an einem windgeschützten Platz schon sonnen. Wie ist es möglich, dass dabei die Wärme von der Sonne zu deinem Körper gelangt? Die Luft kann die Wärme nicht durch Wärmeleitung oder Wärmeströmung übertragen. Dafür ist sie zu kalt. Es muss also noch eine andere Form der Wärmeübertragung geben.

1

EXPERIMENT 3

Bringe deine Hände etwa 50 cm vor einen eingeschalteten Wärmestrahler. Nähere sie vorsichtig der Wärmequelle. Beschreibe, was du auf der Vorderseite und der Rückseite deiner Hände empfindest!

Die Wärme wird durch Wärmestrahlung übertragen. Für diese Form der Wärmeübertragung ist kein Stoff erforderlich. So gelangt z. B. die Wärmestrahlung von der Sonne durch das leere Weltall zur Erde, genau wie das Sonnenlicht. Wärmestrahlung tritt in der Umgebung aller heißen Körper auf.

Bei gleicher Bestrahlung erwärmen sich dunkle und matte Körper stärker als helle und glänzende Körper. Das hast du vielleicht schon beim Barfußgehen bemerkt. Eine schwarze Asphaltstraße erwärmt sich stärker als die hellen Pflastersteine eines Gehweges.
Dunkle Körper verschlucken (absorbieren) die Wärmestrahlung stärker als helle. Wärmestrahlung wird von hellen und glänzenden Körpern zurückgeworfen (reflektiert).

AUFGABEN

1. Nenne Stoffe, die die Wärme gut leiten. Beschreibe an drei Beispielen, wo diese Stoffe eingesetzt werden!
2. Erläutere zwei Beispiele für Wärmeströmungen in der Natur oder Technik!
3. Nenne drei Beispiele für die Wärmestrahlung!

Wie kann man die Wärmeübertragung verhindern?

Eine gut geheizte Wohnung ist schön warm. Wenn man jedoch die Heizung abstellt, wird sie schnell wieder kalt. Man muss immer wieder neu heizen. Warum reicht es nicht aus, die Wohnung einmal richtig zu erwärmen? Offenbar verlässt die Wärme das Haus.
Bild 2 ist mit einer Wärmekamera aufgenommen. Die einzelnen Farben geben an, wie viel Wärme an welcher Stelle aus dem Haus herauskommt. Man kann also erkennen, wo man bauliche Veränderungen vornehmen muss, um Wärmeverluste zu vermeiden.

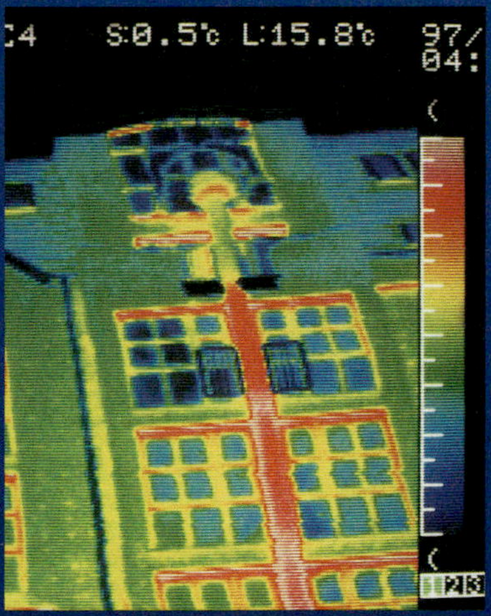

2

Die Behinderung der Wärmeübertragung nennt man **Wärmedämmung.** Um eine hohe Dämmung zu erreichen, müssen sowohl Wärmeleitung als auch Wärmeströmung und Wärmestrahlung stark verringert werden. Das ist durch folgende Maßnahmen möglich:
- Die beiden Körper unterschiedlicher Temperatur dürfen sich nicht direkt berühren. Dann kann auch keine Wärmeleitung zwischen ihnen auftreten.
- Zwischen diesen Körpern muss sich ein Gas oder ein Vakuum befinden. Die Wärmeleitung von Gasen ist sehr gering.
- Um Wärmeübertragung durch Strömung der Gase zu verringern, muss sich das Gas in möglichst kleinen Räumen befinden.
- Mit Metallfolien kann die Wärmestrahlung reflektiert werden.

Wärmedämmung in einem Haus. Wärmedämmung beginnt mit der Auswahl der Baustoffe, aus denen man die Wände herstellt. Die Wände müssen möglichst viele kleine Hohlräume besitzen, in denen sich Luft befindet. Hierzu sind Steine aus Schaumbeton möglich, die sowohl die notwendige Festigkeit besitzen als auch viele kleine mit Luft gefüllte Hohlräume. Weiterhin werden oft Hohlziegel benutzt, die viele Luft gefüllte Kanäle enthalten. Um die Strömungen in den Kanälen auszuschließen, kann man außerdem Schaumstoff in die Hohlräume hinein bringen. Da Luft ein schlechter Wärmeleiter ist, wird die Wärmeleitung behindert.
In kleinen Hohlräumen kann so gut wie keine Wärmeströmung auftreten. Zusätzlich können noch Platten aus Mineralwolle oder Schaumstoff auf die Außenwände aufgebracht werden.

Um Strömungen nach außen und innen zu vermeiden, müssen die Fenster dicht schließen. Hierzu werden Gummidichtungen verwendet, die sich eng an die Fensteröffnung anschmiegen. Bei schlecht schließenden Fenstern strömt je nach der Windrichtung ständig auf der einen Seite kalte Luft in die Wohnung ein und auf der anderen Seite warme Luft aus ihr heraus.

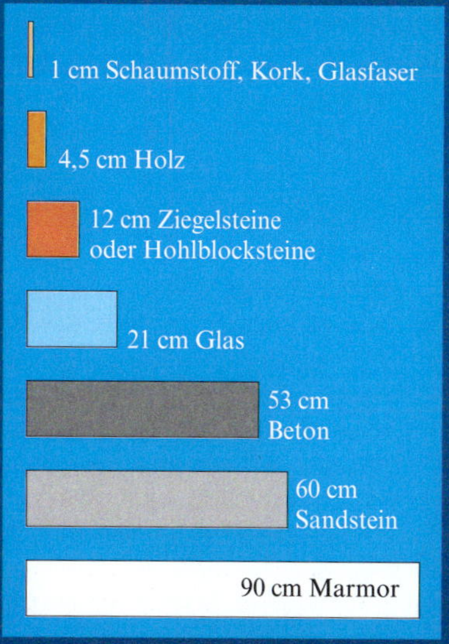

1

1 cm Schaumstoff dämmt die Wärme genau so gut wie eine 60 cm dicke Sandsteinmauer.

2

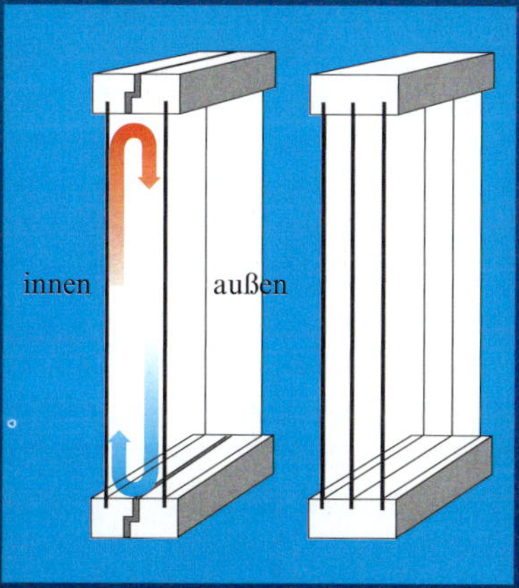

3

4

Große Wärmeverluste treten bei den Fensterscheiben auf. Glas ist zwar ein schlechter Wärmeleiter. Die Scheiben sind jedoch im Vergleich zur Außenwand sehr dünn, sodass eine starke Wärmeleitung auftritt. Deshalb bringt man statt einer Scheibe zwei oder drei Scheiben hintereinander an. Der große Vorteil besteht nicht darin, dass die Glasschicht insgesamt dicker wird, die die Wärme durchdringen muss, sondern vor allem in den Zwischenräumen, die mit Luft gefüllt sind. Dreifachscheiben haben zwei Luftkammern. Da der Scheibenabstand sehr gering ist, können sich kaum Strömungen in den Lufträumen ausbilden (Bild 3).
Eine besondere Beschichtung auf der Innenseite der Scheibe kann bewirken, dass die Wärmestrahlung besser reflektiert wird. Solche Fenster sind dann Spiegel für die Wärmestrahlung, aber durchlässig für Licht. Bürotürme mit großen Fensterfronten haben solche Beschichtungen an der Außenseite der Fenster, damit sich die Büroräume bei Sonnenschein nicht zu sehr aufheizen (Bild 4).

AUFGABEN

1. Wie würde dein Haus aussehen, wenn du ein Architekt wärst und eine sehr gute Wärmedämmung erreichen wolltest?
2. Wie könnte man die Wärmedämmung in eurer Schule verbessern?
3. Welche Materialien stehen zur Wärmedämmung zur Verfügung, welche Eigenschaften und Vorteile haben diese?

In einem Haus mit sehr guter Wärmedämmung kann man viel Geld für die Heizung sparen und einen wichtigen Beitrag zum Schutz der Umwelt leisten. Untersuche mit einem kleinen Haus, wie sehr sich die Wärmedämmung auf die Temperatur in einem Haus auswirkt!

AUFTRAG 1

1. Baue dir aus einem Pappkarton ein kleines Haus. Hänge ein Zimmerthermometer so hinein, dass du die Temperatur durch ein „Fenster“ ablesen kannst. Benutze als „Ofen“ eine große Tasse mit Wasser. Lies die Temperatur ab, solange der Ofen noch kalt ist!
2. Heize, indem du heißes Wasser in die Tasse füllst. Schließe Türen und Fenster und warte etwa 5 Minuten. Lies dann die Temperatur im Haus ab. Beobachte die Temperatur auch bei offenem Fenster!
3. Verbessere die Wärmedämmung deines Hauses! Wähle verschiedene Materialien aus, die die Wärme gut dämmen und umhülle das Haus.. Experimentiere auch mit unterschiedlich dicken Schichten.
4. Fülle den „Heizkörper“ noch einmal mit heißem Wasser. Nach 5 Minuten kannst du feststellen, ob du die Wärmedämmung verbessert hast.

1

Treibhauseffekt. Wenn ein Auto im Sommer in der Sonne gestanden hat, dann können die Sitze so heiß sein, dass man kaum einsteigen kann. Ursache dafür ist die Strahlung der Sonne. Die Strahlung von sehr heißen Körpern unterscheidet sich von der Wärmestrahlung, die von Körpern geringerer Temperatur ausgeht. Sie kann Glas nahezu ungehindert durchdringen. Die Wärmestrahlung von kälteren Körpern (z. B. den Autositzen) wird vom Glas nicht hindurchgelassen. Dadurch entsteht der Treibhauseffekt: Die Wärme im Auto ist wie in einer Falle gefangen.
Diese Erscheinung nutzt man in einem Gewächshaus und auch zur Erwärmung in Häusern.
Der Treibhauseffekt kann aber für unsere Umwelt negative Auswirkungen haben. Die Erde ist von einer dicken Luftschicht umgeben. Ein Bestandteil der Luft ist das Kohlenstoffdioxid. Es entsteht z. B. beim Verbrennen von Kohle, Erdöl, Benzin und Erdgas. Das Kohlenstoffdioxid hat ähnliche Eigenschaften wie das Glas im Gewächshaus. Es lässt die von der Sonne kommende Strahlung ungehindert hindurch. Die von der warmen Erdoberfläche ausgehende Wärmestrahlung wird jedoch vom Kohlenstoffdioxid nur teilweise hindurchgelassen. Je mehr Kohlenstoffdioxid in die Atmosphäre gelangt, desto mehr Wärmestrahlung wird von ihr zurück gehalten. Die Erde erwärmt sich immer mehr und das Klima verändert sich.

2

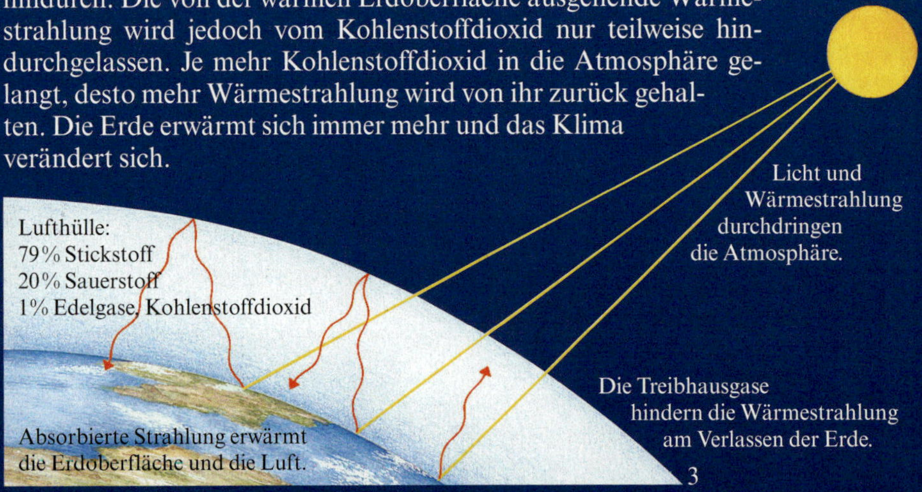

3

Vom Niedrigenergiehaus zum Passivhaus

Wer heute ein Haus bauen möchte, muss dabei die gesetzlich vorgegebene Energieeinsparverordnung beachten. Durch sie soll der Energieverbrauch gesenkt und die Umwelt geschützt werden.

Alle neuen Häuser müssen **Niedrigenergiehäuser** sein. In ihnen wird weniger Elektrizität, Wasser, Öl oder Gas verbraucht als in Gebäuden herkömmlicher Bauweise. Sehr viel Energie wird gespart, wenn der jährlichen Bedarf an Heizwärme reduziert wird. In Niedrigenergiehäusern beträgt er etwa ein Viertel von demWert von älteren Gebäuden. Wärmedämmung spielt dabei eine wichtige Rolle.

1

Neben der richtigen Auswahl der Baumaterialien, die eine hervorragende Wärmedämmung garantieren, gibt es noch weitere Möglichkeiten, Energie zu sparen. Bei **Solarhäusern** wird die Sonnenenergie besonders gut genutzt (Bild 1). Große Teile des Daches sind hier mit Sonnenkollektoren versehen (Bild 3). Auf diese Weise wird heißes Wasser zum Waschen, Duschen und Baden erzeugt. Dadurch gelangt viel Wärme ins Innere des Hauses. Außerdem durchströmt das warme Wasser der Sonnenkollektoren auch die Heizkörper. Dadurch wird Gas, Öl oder Elektrizität gespart.

Übrigens

Das Wirkprinzip eines Sonnenkollektors ist dasselbe wie beim Gewächshaus.

2

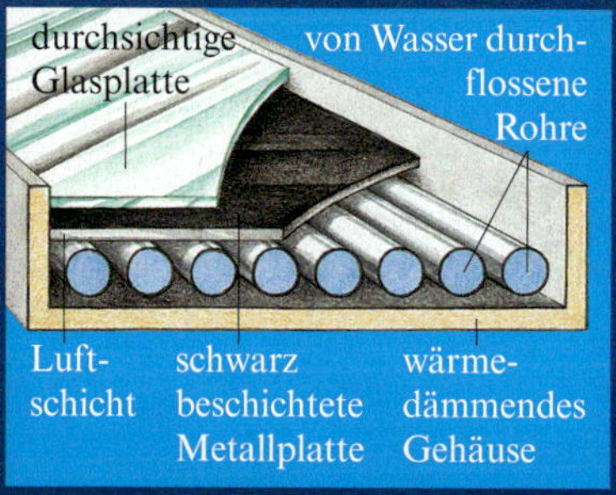

3

Viele Bereiche eines Solarhauses sind mit Glas umbaut. Wenn die Sonne scheint, aber auch schon an hellen Tagen, führt der Treibhauseffekt zu einer erheblichen Erhöhung der Temperatur. Da sich die Glasteile im unteren Bereich des Hauses befinden, kann die erwärmte Luft ins Innere des Hauses gelangen und von dort in das Obergeschoss aufsteigen (Bild 2).

Schließlich ist es vorteilhaft, wenn einzelne Außenwände von Efeu bewachsen sind. Efeu hat auch im Winter grüne Blätter. Er hält die Wärmestrahlung des Hauses zurück und er trägt dazu bei, dass der Wind die Hauswände nicht so stark abkühlt. Darüber hinaus finden in ihm viele Insekten Schutz und für einige Vogelarten bietet er ideale Nistmöglichkeiten.

Man kann beim Bau eines Hauses die Wärmedämmung noch mehr verstärken und mehr Sonnenenergie nutzen Das Ergebnis ist ein Haus, bei dem die sonst übliche Heizungsanlage eingespart werden kann. Diese Häuser nennt man **Passivhäuser.**

AUFGABEN

1. Beschreibe den Aufbau und erkläre die Wirkungsweise eines Sonnenkollektors. Nutze dabei die Kenntnisse über die Wärmeausbreitung und Wärmedämmung und über den Treibhauseffekt!
2. Warum wurde die Energieeinsparverordnung erlassen?
3. Stelle in einer Übersicht die Kennzeichen von Häusern alter Bauweise, Niedrigenergiehäusern und Passivhäuser gegenüber!
4. Erkunde, was ein „Null-Energie-Haus“ist!

Wärmedämmung im Tierreich

Säugetiere und Vögel haben eine hohe Körpertemperatur (36 °C bis 44 °C). Viele von ihnen leben in Gebieten, in denen die Temperatur im Winter oftmals weit unter 0 °C absinkt. Damit sie nicht erfrieren, besitzen viele Tiere körperliche Merkmale, die eine gute Wärmedämmung ermöglichen.
Das Fell der Säugetiere und das Gefieder der Vögel bewirken eine gute Wärmedämmung: Haare und Federn sind schlechte Wärmeleiter. Zwischen ihnen befindet sich Luft, die ebenfalls ein schlechter Wärmeleiter ist.

1

2

3

Auch die Wärmeströmung muss verhindert werden. Die Luft, die einen Körper umgibt wird von diesem erwärmt und steigt deshalb nach oben. Sie nimmt die Wärme mit. Nachströmende kühle Luft wird auch erwärmt und nimmt wieder Wärme mit. Dadurch würde die Körpertemperatur sinken. Die Luft am Körper darf also nicht aufsteigen können. Ein dichtes Fell und Daunenfedern behindern die Wärmeströmung.
Auch Fett ist ein schlechter Wärmeleiter. Eine dicke Fettschicht bewahrt z. B. Robben vor zu starker Auskühlung bei langem Aufenthalt im arktischen Wasser.

Eisbären sind die „Weltmeister" bei der Wärmedämmung. Bei ihnen sind die Haare des Fells hohl und mit Luft gefüllt. Und unter dem Fell ist die Haut schwarz! Die Sonnenstrahlung, die das weiße Fell durchdringt, wird absorbiert und dadurch wird die Luft in den Haaren und zwischen ihnen erwärmt. Es ist das gleiche Prinzip wie bei einem Sonnenkollektor.

Übrigens

Auch deine nackte Haut besitzt kleine Hindernisse für die Wärmeströmung: Fast am ganzen Körper hast du feine, kurze Haare, die die Luft festhalten und eine Strömung behindern. Puste einmal kräftig über deinen Handrücken! Die Haut wird kühl, weil du die festgehaltene Luftschicht und zugleich die Wärme „wegpustest".

AUFGABEN

1. Viele Säugetiere leben in Erdwohnungen (Füchse, Kaninchen, Hamster und andere). Im Sommer schützen die Erdbauten vor Hitze, im Winter vor Kälte und Frost. Diese Bauten sind sehr zweckmäßig angelegt. Zeichne einen Schnitt durch solche Bauten auf und kennzeichne ihre Vorteile!
2. Finde heraus, wie Tiere vor Auskühlung geschützt sind. Benutze für deine Untersuchungen Biologiebücher, Nachschlagewerke oder das Internet! Präsentiere deine Ergebnisse!

4

Elektrische Stromkreise

Sobald es dunkel wird, erstrahlen in einer Stadt unzählig viele Lichter – die Nacht wird zum Tag. Ohne elektrischen Strom wäre das nicht möglich. Ohne elektrischen Strom könntest du auch nicht mit deiner Eisenbahn spielen, deine Lieblings-CD hören oder einen spannenden Film im Fersehen anschauen. Und statt einer SMS würdest du deinem Freund vielleicht wieder Rauchzeichen senden müssen. Auch viele weitere Beispiele machen deutlich, wie sehr der elektrische Strom unser Leben bestimmt.

Du darfst keines der folgenden Experimente zu Hause mit der Steckdose wiederholen. Das wäre lebensgefährlich! Auch ein sorgloser Umgang mit elektrischen Haushaltsgeräten kann sehr gefährlich sein!

1

Viele Spielzeuge funktionieren nur, solange der elektrische Strom fließt.
Wenn deine Fahrradlampe leuchten soll, muss ebenfalls elektrischer Strom fließen.
Welche Voraussetzungen müssen erfüllt sein, damit ein elektrischer Strom fließt?
Was kann der elektrische Strom alles bewirken?

Bedeutung der Elektrizität für unser Leben

Du hattest einen bösen Traum: Eines Morgens gab es plötzlich keinen elektrischen Strom mehr! Das Licht ließ sich nicht mehr einschalten, der Herd blieb kalt. Draußen war es ganz ruhig. Es fuhren keine Autos, denn ihre Motoren müssen mit elektrischem Strom angelassen werden. Die großen Geschäfte blieben geschlossen. Da sie keine Fenster haben, konnten sie ohne elektrische Beleuchtung nicht mehr benutzt werden. Eisenbahnen und Fahrstühle waren nachts stehen geblieben, ebenso die öffentlichen Uhren. Und die wenigen Leute, die sich mit dem Fahrrad auf den Weg zur Arbeit gemacht hatten, kamen nur auf Umwegen in ihre Bürohäuser, weil die automatischen Türen versagten. In den Büros funktionierten weder Telefone noch Computer. Auch Radio und Fernseher ließen sich nicht mehr einschalten. So wusste niemand, wann der elektrische Strom wieder fließen würde. Nicht einmal Zeitungen gab es an diesem Morgen, denn in der Nacht waren die Druckmaschinen ausgefallen. Was tun an einem solchen Tag – ohne Fernseher und CD-Player, ohne frische Brötchen und warmen Kakao?

2

3

Elektrizität im Büro

4

… in der Landwirtschaft,

5

… in der Industrie.

Spannungsquellen

Wenn man einen elektrischen Strom erzeugen will, braucht man eine Spannungsquelle. Du kennst bereits verschiedene Spannungsquellen: die Batterie in der Taschenlampe, die Monozelle in deinem Taschenrechner, den wiederaufladbaren Akku im Handy und den Akkumulator eines Pkw, die Babyzelle in deiner Armbanduhr oder die Solarzelle für die Stromversorgung von Häusern. Und den Strom, der uns über die Steckdose zur Verfügung gestellt wird, wird von Generatoren in den Kraftwerken erzeugt. Sie besitzen im Prinzip den gleichen Aufbau wie dein Fahrraddynamo.

1 Wohnhaus mit Solarmodulen

2 Wasserpumpenstation in Indien

3 Generator, teilweise geöffnet

Siehst du dir verschiedene Batterien, Akkumulatoren oder Dynamos vom Fahrrad an, erkennst du auf ihnen viele Angaben. So sehr sich diese auch unterscheiden, auf jeder Spannungsquelle findest du eine Angabe wie 1,5 V oder 4,5 V oder 6 V oder 9 V. Das V liest man als *Volt*.

Mit dieser Einheit wird der italienischen Physiker ALESSANDRO VOLTA geehrt. Er hat als Erster leistungsfähige Elektrizitätsquellen hergestellt.

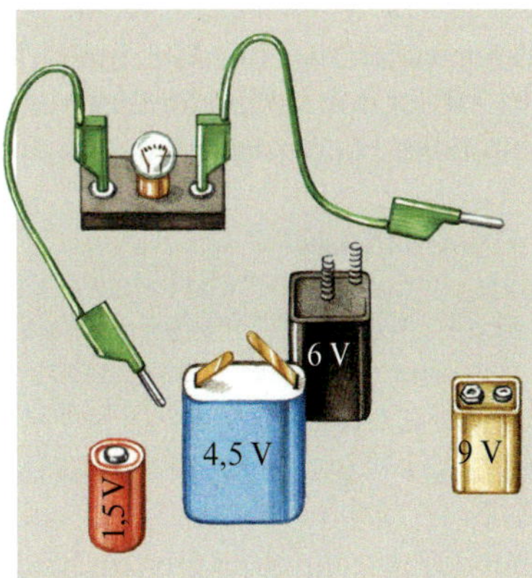

4

Die Volt-Zahlen geben Auskunft darüber wie stark die Spannungsquelle den elektrischen Strom antreibt. Diesen Antrieb bezeichnet man auch als elektrische Spannung. Daher heißen diese Geräte auch **Spannungsquellen**. Der Strom, der durch ein elektrisches Gerät, wie z. B. eine Glühlampe, fließt, ist umso größer, je größer die Spannung der Quelle ist.
Jedes elektrische Gerät ist für eine bestimmte Spannung gebaut. Diese ist auf dem Gerät angegeben.

5

Bei deinen Experimenten wirst du als Spannungsquelle oft ein Netzgerät (Stromversorgungsgerät) benutzen (Bild 5). Dieses Gerät wird an eine Steckdose angeschlossen. Es liefert Strom, der sehr gut zum Experimentieren geeignet ist. Bei sorgfältigem Umgang ist dieser Strom völlig ungefährlich.
Die Anschlusskontakte einer Spannungsquelle heißen Pole. Man bezeichnet sie mit „+" und „–" und nennt sie Pluspol und Minuspol.

Modell für den elektrischen Strom. Man kann sich das Fließen des elektrischen Stromes besser vorstellen, wenn man den Strom mit der Wasserströmung in Rohren vergleicht. Die Wasserströmung ist dann ein Modell für den elektrischen Strom. Das erkennst du beim Betrachten der Bilder 1 und 2:

- Die Rohre mit Wasser entsprechen den elektrischen Leitungen.
- Die Wasserpumpe entspricht der Spannungsquelle. Ähnlich, wie die Wasserpumpe die Wasserströmung bewirkt, treibt die Spannungsquelle den elektrischen Strom an.
- Im Wasserkreislauf kann sich eine Wasserturbine befinden. Sie wird durch das strömende Wasser angetrieben. Diese Turbine kann man mit einem Elektromotor vergleichen, der sich im Stromkreis befindet. Er wird durch den elektrischen Strom angetrieben.
- Der Wasserhahn in der Leitung entspricht dem Schalter im elektrischen Stromkreis. Wird der Wasserhahn geöffnet, so beginnt das Wasser sofort im gesamten Kreislauf zu strömen. Ebenso fließt der Strom, sobald der Schalter geschlossen wird.

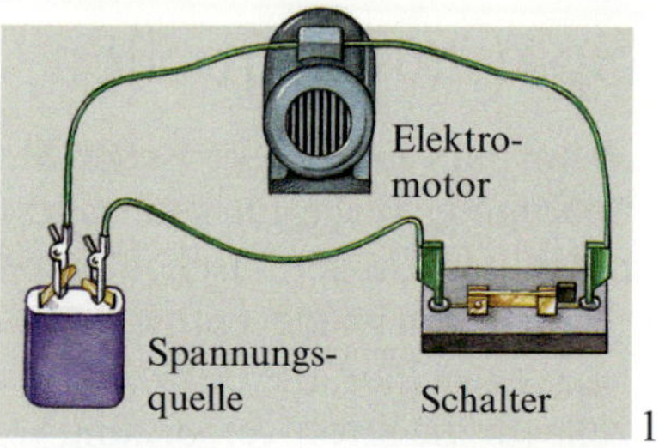

1

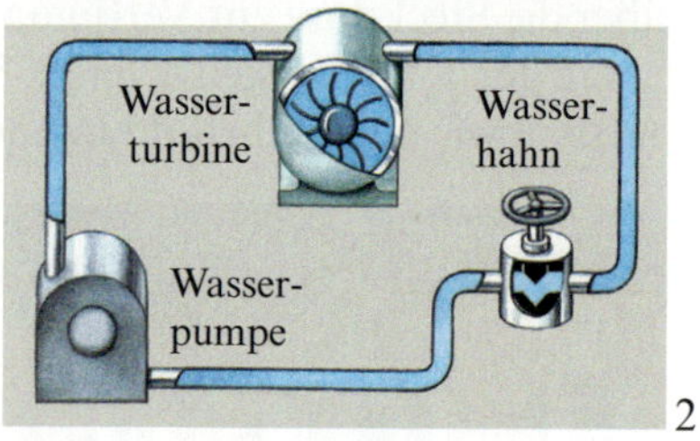

2

Wirkungen des elektrischen Stromes

Den elektrischen Strom kann man nicht sehen, nicht riechen und nicht anfassen. Ob ein elektrischer Strom fließt oder nicht, kann man nur an den Wirkungen erkennen. Diese Wirkungen werden in den unterschiedlichen elektrischen Geräten genutzt.

Wärmewirkung. Die Wärmewirkung des elektrischen Stromes hast du z. B. schon beim elektrischen Herd (Bild 3), beim Wasserkocher und beim Haartrockner beobachtet. Wie funktionieren diese Geräte?

3

EXPERIMENT 1
Ein dünner Eisendraht wird zwischen zwei Isolierstützen straff gespannt. Die Enden dieses Drahtes werden über einen Schalter mit den Polen einer Spannungsquelle verbunden. Der Stromkreis wird geschlossen.

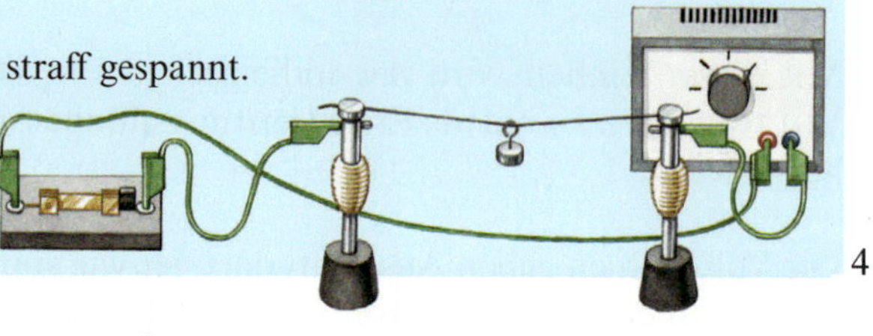
4

Der Draht hängt immer mehr durch. Daran erkennt man, dass er sich erwärmt. Schließlich glüht der Draht sogar.
Wenn man das Experiment mit einem Draht aus einem anderen Metall durchführt, erhält man dasselbe Ergebnis.

Fließt ein elektrischer Strom durch einen Leiter, so wird der Leiter erwärmt.

5

In elektrischen Kochplatten und im Haartrockner befinden sich dünne Metalldrähte, die dadurch erhitzt werden, dass ein elektrischer Strom hindurchfließt. Sie werden so stark erhitzt, dass sie hell glühen (Bild 5). Je dünner die Drähte sind und je höher die Spannung ist, umso stärker erwärmt sich der Draht.

Lichtwirkung. In Glühlampen wird die Wärmewirkung des elektrischen Stromes genutzt. Bei hohen Temperaturen glüht der Draht in der Lampe und sendet dadurch Licht aus (Bild 1). Energiesparlampen erzeugen das Licht direkt, nicht erst durch Erhitzen eines Drahtes. Deshalb senden sie viel mehr Licht aus und werden nicht so heiß wie Glühlampen (Bild 2). Auf welche Weise erzeugen sie das Licht?

1
Glühlampe

2
Energiesparlampe

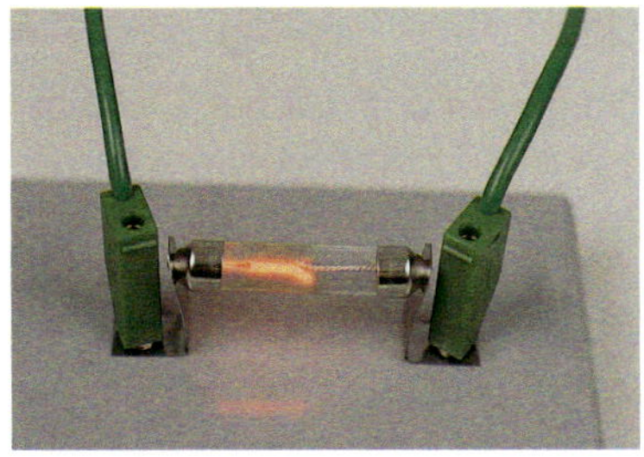
3
Glimmlampe

Unter bestimmten Bedingungen kann der elektrische Strom auch durch ein Gas fließen.
Glimmlampen enthalten das Edelgas Neon. Fließt elektrischer Strom durch dieses Gas, so leuchtet es rot (Bild 3). Bei Leuchtstofflampen und Energiesparlampen wird die Lichtfarbe durch die Art des Leuchtstoffes hervorgerufen, der als dünne Schicht innen auf dem Glasrohr angebracht ist.
Wenn du alle diese Lampen mit der Hand berührst, stellst du fest, dass sie sich kaum erwärmt haben.

Fließt ein elektrischer Strom unter besonderen Bedingungen durch ein Gas, so kann er diese zum Aussenden von Licht anregen.

Chemische Wirkung. Manche Flüssigkeiten leiten den elektrischen Strom. Sie erwärmen sich durch den Strom ebenso wie Metalle. Der elektrische Strom ruft aber in Flüssigkeiten auch chemische Wirkungen hervor.

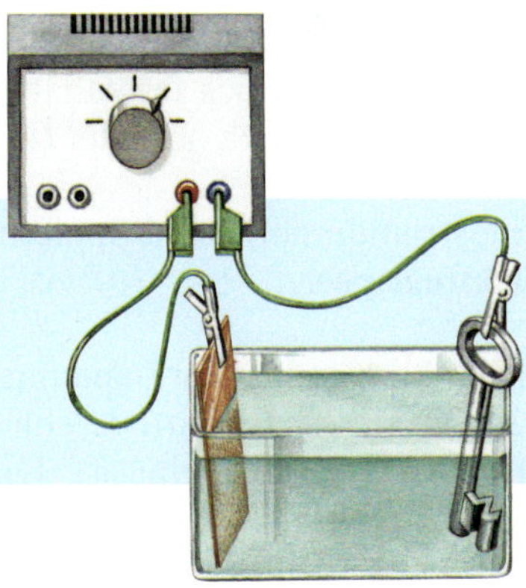
4

EXPERIMENT 2
Ein Schlüssel und eine Kupferplatte befinden sich in Wasser, in dem Kupfersulfat aufgelöst wurde. Der Schlüssel wird mit dem Minuspol der Spannungsquelle verbunden, die Kupferplatte mit dem Pluspol.

Nach einigen Minuten hat sich auf dem Schlüssel ein Überzug aus Kupfer gebildet, während an der Kupferplatte Gasbläschen aufsteigen. Der elektrische Strom hat eine chemische Veränderung bewirkt.

Fließt ein elektrischer Strom durch eine Flüssigkeit, so kann er an den eintauchenden Körpern chemische Veränderungen hervorrufen.

Die chemische Wirkung des elektrischen Stromes wird z. B. zur Herstellung von sehr reinem Kupfer angewandt. Es wird für Kabel, Spulen und Leiterplatten in vielen elektrischen Geräten benötigt.
Die chemische Wirkung des elektrischen Stromes benutzt man auch, um haltbare Überzüge auf Metallen zu erzeugen. So werden z. B. Schlittschuhe und Fahrradteile verchromt. Schmuck kann man mithilfe des elektrischen Stromes versilbern und vergolden.

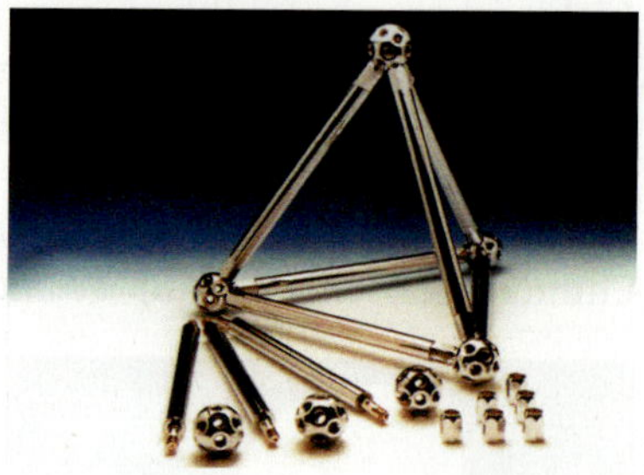
1

Magnetische Wirkung. Der elektrische Strom ruft nicht nur in elektrischen Leitern Wirkungen hervor. Er beeinflusst auch die Umgebung der Leiter. Das zeigt das folgende Experiment:

EXPERIMENT 3
Ein Kupferdraht wird straff zwischen zwei Isolierstützen gespannt. Seine Enden werden über einen Schalter mit den Polen einer Batterie verbunden. Dicht unter dem Draht befindet sich eine Magnetnadel.

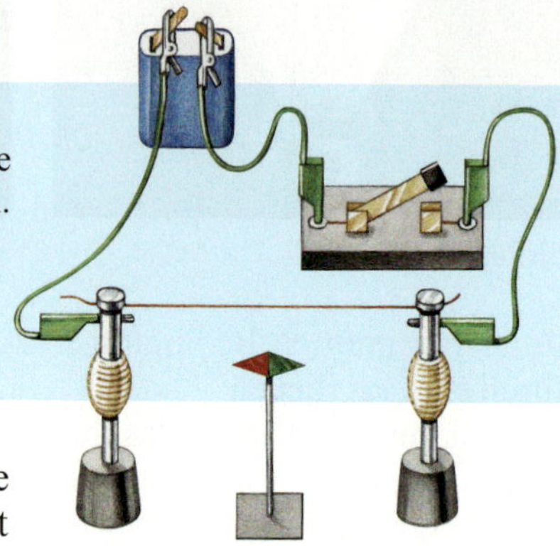
2

Wird der Stromkreis geschlossen, dreht sich die Magnetnadel in eine andere Richtung. Wenn der Stromkreis wieder geöffnet wird, bewegt sich die Nadel in ihre ursprüngliche Lage zurück.

Fließt ein elektrischer Strom durch einen Leiter, so treten in seiner Umgebung magnetische Wirkungen auf.

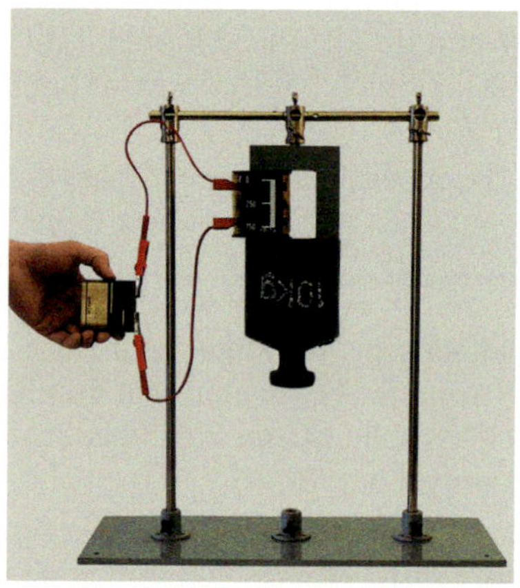
3

Man kann die magnetische Wirkung des elektrischen Stromes vergrößern, indem man den Draht zu einer Spule aufwickelt. Bringt man einen Eisenkern in die Spule, so treten noch stärkere magnetische Wirkungen auf.
Auf diese Weise ist es möglich, mit dem Strom einer Flachbatterie ein 10-kg-Wägestück festzuhalten. Schaltet man den Strom aus, so fällt das Wägestück herunter (Bild 3).

Eine stromdurchflossene Spule mit einem Eisenkern nennt man auch **Elektromagnet.**

Sicher hast du bei den Experimenten außerdem bemerkt, was passiert, wenn du die Batterie von der Spule trennst, der elektrische Strom also ausgeschaltet ist: Die magnetische Wirkung der Spule verschwindet. Das ist anders als bei den Magneten, die du z. B. von Spielzeugen kennst. Sie ziehen immer an. Einen Elektromagneten kann man dagegen leicht ein- und ausschalten, je nachdem, ob man ihn gerade braucht oder nicht.

4

Dies ist für viele Anwendungen in der Technik von Bedeutung: Zum Beispiel kann man mühelos sehr schwere Gegenstände aus Eisen anheben, transportieren und wieder absetzten (Bild 4). Seile und Haken sind hierbei überflüssig.

Sicherungen – gegen die Gefahren der Wärmewirkung des elektrischen Stromes

Kurzschluss. Manchmal wird gedankenlos ein elektrisches Kabel hin- und hergeknickt. Darunter leidet die Isolation des Kabels. Zusammen mit der langsamen Alterung eines Kabels kann dies zu einer Beschädigung der Isolation an den Kabeladern führen. In einem solchen Fall fließt der elektrische Strom auf „kurzem Wege" zurück, ohne dass er durch das angeschlossene Gerät fließt (Bild 1). Der Strom im Kabel ist dann sehr viel größer als vorgesehen.
Dabei könnten sich die Leitungen so stark erwärmen, dass es zu einem Brand kommt.

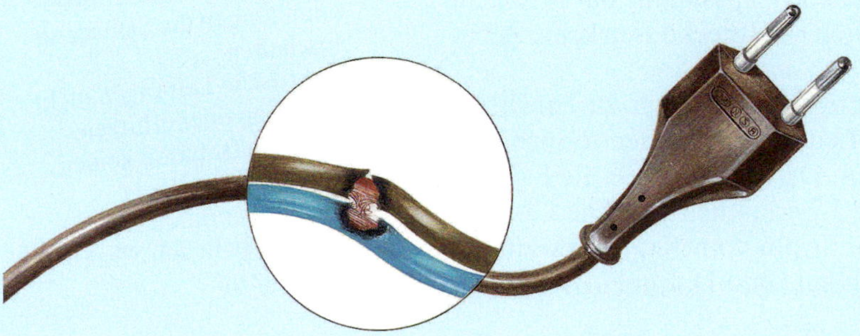

1

Überlastung. Zu einer Überlastung der Leitungen kommt es, wenn an einer Steckdose zu viele Geräte angeschlossen werden.
Um die Leitungen in Wohnungen vor Überlastung zu schützen, werden elektrische Großgeräte auf mehrere Anschlüsse verteilt.
Auch die Steckdosen in verschiedenen Zimmern sind meistens nicht über dieselbe Leitung mit dem Hausanschluss verbunden.
Zum Schutz der Wohnräume und einzelner elektrischer Geräte baut man in die Leitungen oder in die Geräte Sicherungen ein.

Schmelzsicherung. In Bild 2 ist der Aufbau einer Schmelzsicherung, wie sie im Haushalt verwendet wird, dargestellt. Bild 3 zeigt Schmelzsicherungen, wie sie in Autos und elektronischen Geräten eingebaut werden. Der Schmelzdraht hat jeweils einen solchen Durchmesser, dass er sich im normalen Betrieb nur geringfügig erwärmt. Wenn aber der Strom größer wird und einen bestimmten Wert überschreitet, schmilzt der Draht. Dadurch wird der Stromfluss unterbrochen und der Fehler kann behoben werden.

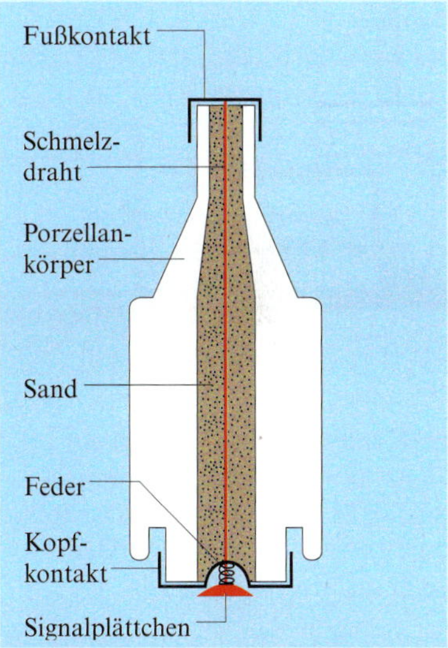

2
Aufbau einer Schmelzsicherung

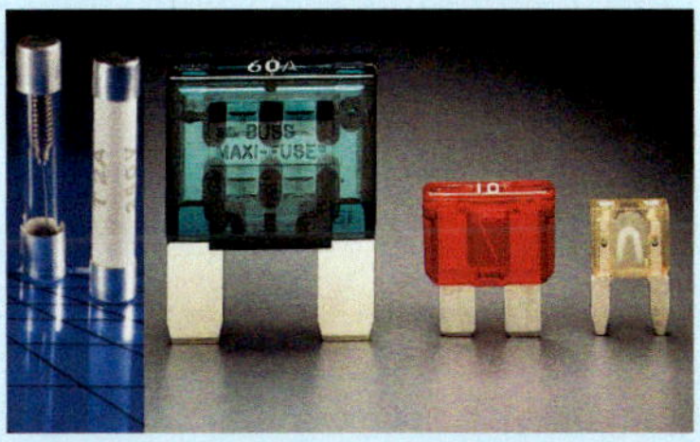

3
Schmelzsicherungen

Sicherungsautomat. Eine Schmelzsicherung ist nur einmal zu gebrauchen. Im Haushalt werden daher zumeist Sicherungsautomaten eingesetzt, in denen die magnetische Wirkung und die Wärmewirkung des Stromes genutzt werden.
In einem Sicherungsautomaten befinden sich ein Elektromagnet und ein Bimetallstreifen. Der Elektromagnet unterbricht den Stromfluss bei plötzlicher Erhöhung des Stromes; der Bimetallstreifen unterbricht den Stromfluss bei langsamer Vergrößerung des Stromes. In beiden Fällen wird ein Hebel umgelegt.

Ein Blick in die Technik

Gefahren der Elektrizität

Der menschliche Körper leitet den elektrischen Strom. Schon beim Berühren der zwei Pole einer Flachbatterie fließt durch deinen Körper ein schwacher elektrischer Strom. Diesen kannst du auch spüren, wenn man zum Beispiel die zwei Pole einer Flachbatterie an die Zunge bringt. Das ist zwar nicht angenehm, doch noch völlig ungefährlich. Gefährlich wird es aber bereits ab etwa 40 V. Deshalb wurde für elektrische Spielzeuge und für Schülerexperimente festgelegt, dass die Spannung der elektrischen Quellen 24 V nicht übersteigen darf.
Die Spannung der Steckdosen beträgt 230 V. Sie birgt tödliche Gefahren. Berühre daher nie die Pole einer Steckdose – auch nicht einen Pol allein! Wegen dieser tödlichen Spannung darfst du an defekten elektrischen Haushaltsgeräten oder Steckdosen keine Reparaturen selbst ausführen!
Du brauchst gar nicht beide Leitungen zum Gerät zu berühren, schon das Berühren einer einzigen Leitung kann einen tödlich wirkenden elektrischen Schlag auslösen. Das gilt auch für die Fahrleitungen von Straßenbahnen und die Überlandleitung. Die Ursache liegt in der Art, wie der elektrische Strom vom Kraftwerk zu den Häusern oder den Lokomotiven gelangt (Bild 1). Ein Pol des Generators ist geerdet.

Tipps zur Sicherheit

- Elektrische Geräte nie über gefüllten Waschbecken oder Badewannen benutzen bzw. aufstellen!
- Nicht mit elektrischen Geräten hantieren, wenn man nasse Hände hat!
- Vor dem Auswechseln von Glühlampen die Sicherung abschalten!
- Elektrische Leitungen nicht quetschen oder erhitzen, damit die Isolation keinen Schaden nimmt!
- Kleinkinder durch Kindersicherungen in den Steckdosen schützen!

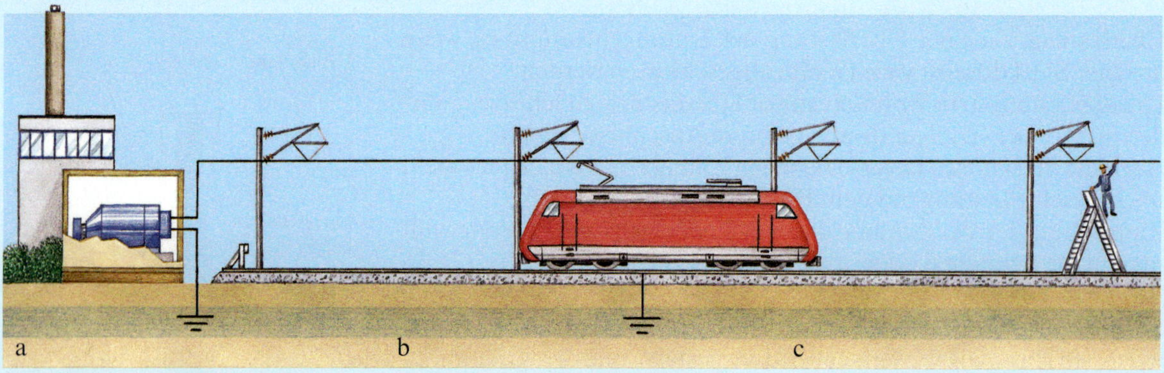

1

a: Im Kraftwerk befindet sich ein Generator. Er ist die Spannungsquelle für die Lokomotive. Sie muss durch zwei Anschlüsse mit dem Generator verbunden sein.

b: Ein Anschluss ist die Oberleitung, der Fahrdraht der Lokomotive. Als zweite Leitung benutzt man die Schienen und das Grundwasser. So spart man Leitungsmaterial.

c: Wenn ein Mensch den Fahrdraht berührt, fließt der elektrische Strom durch den Körper und die Erde.

In Wirklichkeit ist es noch gefährlicher: Bereits vor Berührung des Fahrdrahtes der Eisenbahn oder der Überlandleitung springt wegen der hohen Spannung ein tödlich wirkender Funke über.
Auch in Wohnungen ist das Berühren einer einzigen Leitung der Steckdose oder eines elektrischen Gerätes äußerst gefährlich. Der Strom kann hier ebenfalls über den Fußboden und die Hauswand zur Erde fließen. Diese Gefahr erhöht sich in Räumen, in denen Wasser die Leitung zur Erde verbessert. Deshalb ist es tödlicher Leichtsinn, während des Badens oder Duschens elektrische Geräte zu betreiben (Bild 2).

2

AUFGABEN

1. Lass dir von deinen Eltern alle Geräte aus eurem Haushalt zeigen, in denen Batterien oder Akkumulatoren als Spannungsquelle dienen. Stelle in einer Tabelle die Geräte, die Bezeichnung der Spannungsquelle und der jeweiligen Spannungen zusammen!
2. Nenne möglichst viele elektrischen Geräte in eurer Wohnung, welche die Wärmewirkung des elektrischen Stromes nutzen!
3. In einem Toaster sollen die Heizdrähte erwärmt werden, nicht aber die Zuleitungen. Wie erreicht man das?
4. Betrachte die Glühwendeln von verschiedenen Glühlampen mit einer Lupe!
   Was fällt dir alles auf?
5. Aus welchem Material werden Glühwendeln hergestellt? Was ist der besondere Vorteil dieses Materials?
6. Warum brennt bei einer Glühlampe stets der Glühdraht und nie der in Glas eingeschmolzene Haltedraht durch?
7. Erkläre die Wirkungsweise einer Schmelzsicherung!
8. Was muss bei einer Schmelzsicherung geändert werden, damit erst bei größeren Strömen der Stromfluss unterbrochen wird?
9. Welche Teile an deinem Fahrrad haben mithilfe des elektrischen Stromes einen glänzenden Überzug erhalten? Welches Metall nutzt man dafür?
10. Begründe die einzelnen Sicherheitstipps auf der Seite 144!
11. Einen Menschen, der einen elektrischen Schlag erhalten hat und noch mit der Leitung in Kontakt ist, darfst du zu deiner eigenen Sicherheit nicht berühren. Warum?
12. Nenne Beispiele für die Anwendung der Lichtwirkung des elektrischen Stromes!
13. Baue dir aus einem Nagel (als Eisenkern) und einem mehrfach darum gewickelten isolierten Draht (als Spule) einen Elektromagneten. Schließe ihn an eine Batterie an und versuche, kleine Gegenstände anzuheben. Berichte über deine Beobachtungen!

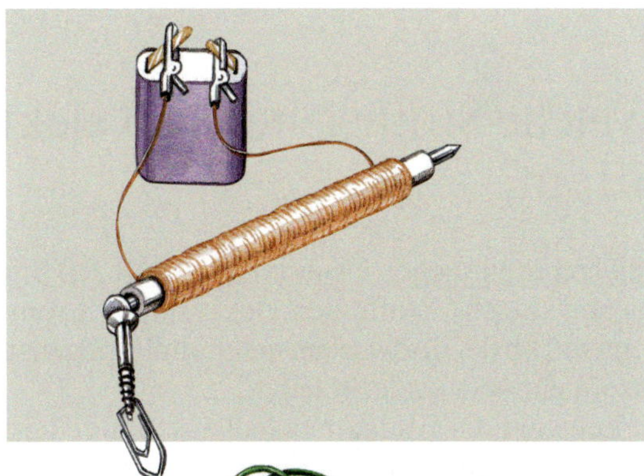

1

ZUSAMMENFASSUNG

Man kann das Fließen eines elektrischen Stromes nur an seinen Wirkungen erkennen.

Chemische Wirkung
Fließt ein elektrischer Strom durch eine Flüssigkeit, so kann er an den eintauchenden Körpern chemische Veränderungen hervorrufen.

Magnetische Wirkung
Fließt ein elektrischer Strom durch einen Leiter, so treten in seiner Umgebung magnetische Wirkungen auf.

Wärmewirkung
Fließt ein elektrischer Strom durch einen Leiter, so wird der Leiter erwärmt.

Lichtwirkung
Fließt ein elektrischer Strom durch ein Gas, so kann er das Gas zum Leuchten anregen.

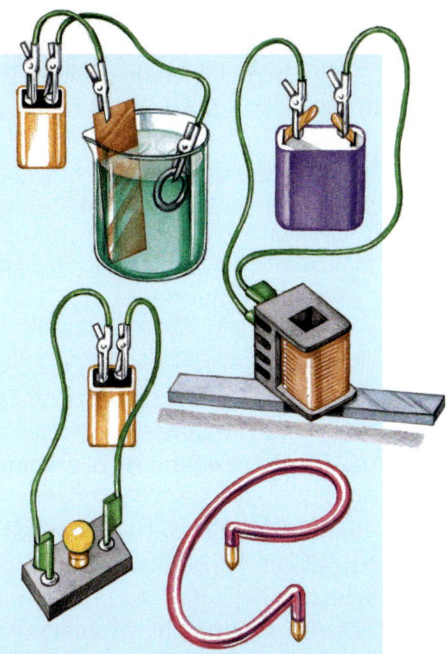

Nora hat sich etwas Besonderes ausgedacht. Sie hat eine Batterie und eine Klingel, aber keine Kabel, um sie miteinander zu verbinden. Deshalb nutzt sie als Verbindung Büroklammern, eine Schere, einen Ohrring, eine Anhängerkette und Krokodilklemmen.
Glaubst du, dass ein elektrischer Strom fließt und die Klingel läutet?

1

Welche Stoffe leiten den elektrischen Strom?

Mit einem einfachen Experimentieraufbau (Bild 2) kann man untersuchen, welche Stoffe den elektrischen Strom leiten. Eine Lampe zeigt an, ob der dazwischen geschaltete Gegenstand den elektrischen Strom gut oder schlecht leitet.

- Leuchtet die Glühlampe hell auf, handelt es sich um einen guten elektrischen Leiter. Es fließt ein großer elektrischer Strom.
- Leuchtet die Glühlampe nur schwach auf, ist der Gegenstand ein schlechter elektrischer Leiter. Es fließt nur ein kleiner Strom.

Stoffe, die den Strom nicht leiten, nennt man **Isolatoren**.

EXPERIMENT 1

1. Berühre mit den Krokodilklemmen Gegenstände aus verschiedenen Stoffen!
2. Verbinde die Krokodilklemmen mit Kohlestiften und tauche diese in Salzwasser!
3. Notiere deine Beobachtungen!

2

Aus dem Experiment ist zu erkennen:

Metalle, Kohle und salzhaltiges Wasser leiten den elektrischen Strom gut. Sie heißen elektrische Leiter.
Kunststoffe, Glas, Keramik und Luft leiten den elektrischen Strom fast gar nicht. Man nennt sie Isolatoren.

Erde – ein guter oder schlechter Leiter?

Wenn du in den Experimentieraufbau einen Blumentopf einbaust, dann kann die Lampe leuchten! Das bedeutet: Auch Erde kann den elektrischen Strom leiten. Wie ist das möglich?

EXPERIMENT 2
1. Fülle einen Blumentopf mit trockener Erde!
2. Stecke zwei Bleche tief in den Topf hinein, sie dürfen sich aber nicht berühren!
3. Schalte die Spannungsquelle ein und beobachte die Lampe!
4. Feuchte in kleinen Portionen die Erde an und beobachte weiter!

1

Aus den Beobachtungen erkennt man:

Trockene Erde ist ein schlechter elektrischer Leiter. Je feuchter die Erde ist, umso besser leitet sie den elektrischen Strom.

Gleiches gilt für alle Gegenstände, die in trockenem Zustand schlechte elektrische Leiter sind. So beginnen auch Bindfäden oder Holzstückchen den elektrischen Strom zu leiten, wenn sie mit Wasser getränkt sind.

Leitet die Luft den elektrischen Strom?

Unter gewöhnlichen Bedingungen ist Luft ein Isolator. Wäre nämlich die Luft ein guter elektrischer Leiter, könnte der elektrische Strom durch die Luft zwischen den beiden Polen einer Steckdose fließen und einen Kurzschluss verursachen.
Unter besonderen Umständen werden die Luft und andere Gase jedoch gute elektrische Leiter. Voraussetzungen hierfür sind:
- Es ist eine sehr starke Spannungsquelle vorhanden.
- Der Abstand zwischen den zwei getrennten Leitern ist relativ klein.
- Das Gas wird durch Auspumpen verdünnt.

Beispiele für das Fließen eines elektrischen Stromes in Gasen sind Blitze und Funken sowie das Leuchten von Glimmlampen und Leuchtstofflampen.

2

Gewitterwolken bilden unter sich und mit der Erde sehr starke Spannungsquellen. Es fließen kurzzeitig elektrische Ströme in Form von Blitzen. Auf ihrem letzten Stück zur Erde „suchen“ sie sich gut leitende Körper aus Metall, feuchte Felsen oder saftige Bäume.

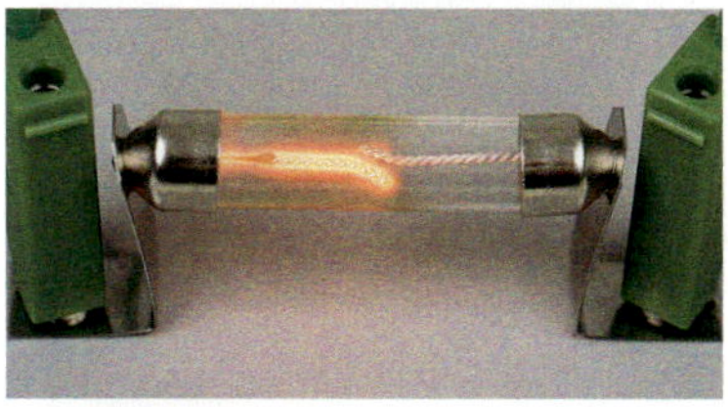
3

In Glimmlampen ist das Gas verdünnt. Der Abstand der Drähte ist klein. Deshalb kann ein elektrischer Strom fließen.

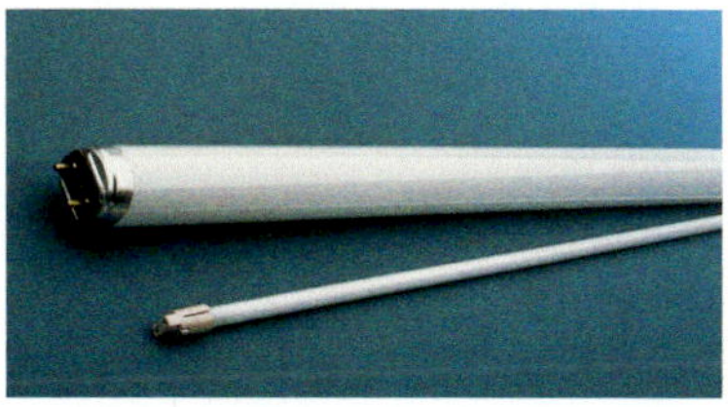
4

Auch in Leuchtstofflampen kann ein elektrischer Strom fließen. In den Röhren befinden sich ebenfalls ein verdünntes Gas.

Fahrradbeleuchtung

Im Dunkeln ist eine sichere Beleuchtung am Fahrrad unbedingt notwendig – nicht nur damit man selbst die Straße sehen kann, sondern vielmehr, damit man von den Autofahrern gut gesehen wird. Zusätzlich zur Beleuchtung sind auch noch Reflektoren am Fahrrad vorgeschrieben. Wenn ihr euch besonders gut schützen wollt, dann tragt ihr auch noch an den Kleidungsstücken Streifen, die das Licht der Autoscheinwerfer reflektieren (Bild 1).

1

Reflektoren als Lebensversicherung

Der Stromkreis am Fahrrad. Die Beleuchtung gehört leider zu den Dingen am Fahrrad, die immer wieder kaputtgehen. Oft sind jedoch nur Kleinigkeiten zu beheben, um sie wieder funktionstüchtig zu machen. Manchmal lässt sich die Lichtanlage sogar noch im Dunkeln auf der Straße reparieren und die Fahrt kann sicher fortgesetzt werden.

Dazu muss man aber wissen, wie die Lichtanlage funktioniert. Ihre wichtigsten Bestandteile sind Scheinwerfer und Rücklicht sowie der Dynamo als elektrische Quelle. Vom Dynamo führt jeweils ein Kabel zum Scheinwerfer und zum Rücklicht. Als zweite Leitung dient der metallische Rahmen des Fahrrades.

2

AUFTRAG 1

1. Baut einen Stromkreis wie im Bild auf. Berührt mit den Kontakten verschiedene Stellen des Fahrrades!
2. Welche Teile müsst ihr berühren, damit ein Strom fließt? Bei welchen Teilen fließt kein Strom?

Wenn ihr nun wisst, welche Stellen des Rahmens als „elektrische Kontakte“ zu verwenden wären, dann findet heraus, wo der Strom tatsächlich fließt:

AUFTRAG 2

Wie findet der Strom seinen Weg von den beiden Lampen zurück zum Dynamo?

1. Schraubt einmal die Gehäuse der Lampen auf und untersucht den Weg von der Glühlampe zum Rahmen!
2. Wie geht es dann weiter?
3. An welcher Stelle fließt der Strom in den Dynamo?
4. Wie müssen alle diese Kontaktstellen beschaffen sein?
5. Erstellt eine Schaltskizze für die Fahrradbeleuchtung!

3

Ihr werdet feststellen, dass bei verschiedenen Fahrrädern die Stromwege sehr unterschiedlich sein können. Manchmal wird der elektrische Kontakt zwischen Dynamo und Rahmen durch eine spitze Schraube hergestellt, die die Lackschicht des Rahmens durchbohrt.

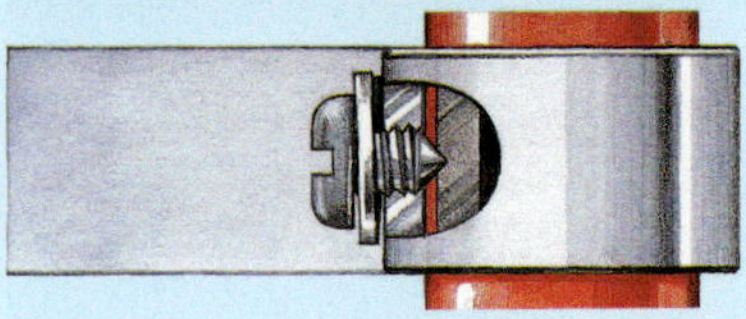

4

Wie funktioniert eigentlich ein Dynamo? – Das Prinzip zeigt die Anordnung in Bild 1: Ein Magnet wird vor einer Spule aus Draht in schnelle Drehung versetzt. Das empfindliche Messgerät zeigt einen Stromfluss an. Wer will, kann es selbst einmal ausprobieren!
Beim richtigen Dynamo dreht sich der Magnet besonders schnell.

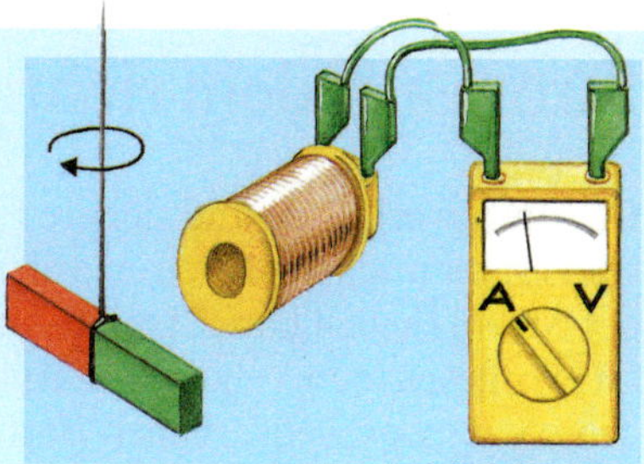

1
Prinzip des Fahrraddynamos

Die häufigsten Fehler. Meistens lassen sich die Fehler an der Fahrradbeleuchtung leicht beheben – wenn man sie erkannt hat.

AUFTRAG 3

2

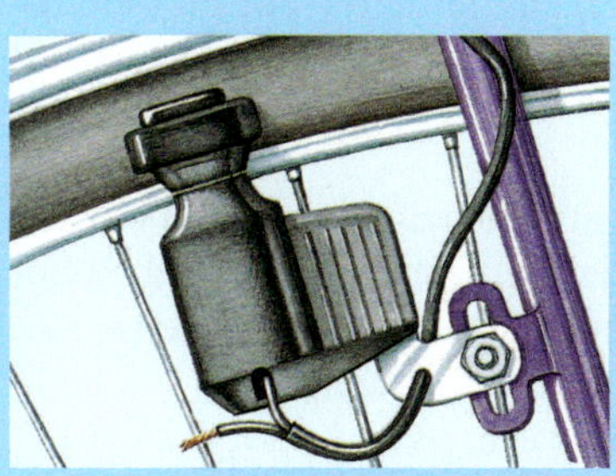
3

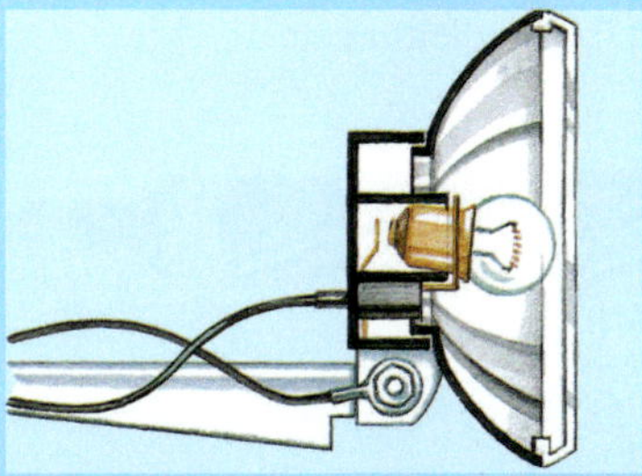
4

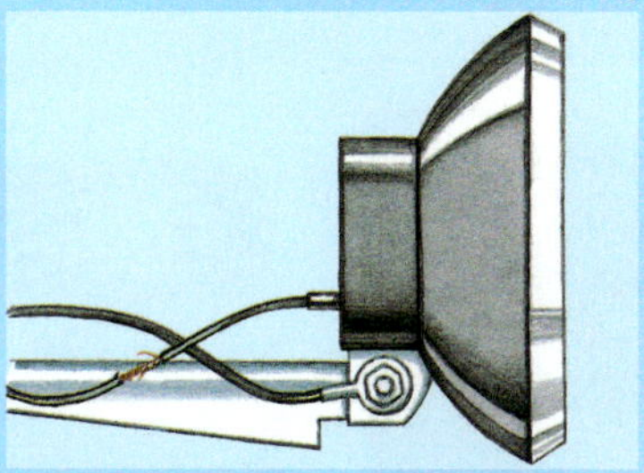
5

1. Beschreibt den jeweiligen Fehler!
2. Wie kann man den Fehler entdecken?
3. Was muss man auf einer Fahrradtour dabeihaben, um den Fehler beheben zu können?
4. Nennt weitere mögliche Fehlerquellen!
5. Baut einmal bewusst einen Fehler in eine Beleuchtung ein und lasst eine andere Gruppe den Fehler entdecken und beheben!

Übrigens

Zu einer verkehrssicheren Beleuchtung gehören:

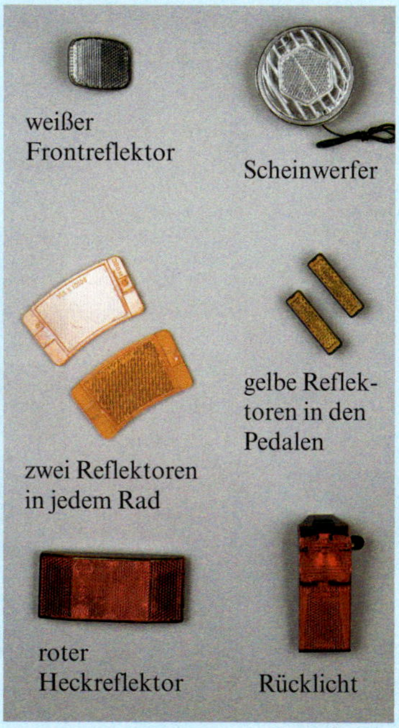

6

Weitere Aufträge – zu deiner eigenen Sicherheit!

1. Wenn du mit deinen Eltern abends im Auto fährst, dann achte einmal darauf, welche Fahrradfahrer du schon von weitem sehen kannst und welche du erst in letzter Sekunde erkennst. Beschreibe deine Beobachtungen!
2. Tina baut ihre Fahrradbeleuchtung auf Akkubetrieb um. Welche Vor- und Nachteile bringt ihr das ein?
3. Nenne neben der Beleuchtung mindestens drei weitere Dinge, die am Fahrrad für die Verkehrssicherheit sehr wichtig sind!
4. Bei der Fahrradbeleuchtung gibt es manchmal nicht nur *elektrische* Kontaktprobleme, sondern auch *mechanische*, nämlich zwischen Reifen und Dynamo. Mache Vorschläge, wie man sich hier helfen kann!
5. In welcher Reihenfolge würdest du jeweils Fehler suchen, wenn
   a) nur der Scheinwerfer nicht leuchtet?
   b) Scheinwerfer und Rücklicht nicht leuchten?
   c) nur der Scheinwerfer flackert?
   d) Scheinwerfer und Rücklicht flackern?

Ein Blick in die Technik

Strom auf dem richtigen Weg

Für die zuverlässige und sichere Funktion einer elektrischen Anlage sind Leiter und Isolatoren erforderlich. Leiter sind notwendig, damit der Strom fließen kann. Isolatoren sorgen dafür, dass der Strom nur auf vorgesehenen Wegen fließen kann. Sie schützen Menschen und Tiere vor lebensgefährlichen Berührungen mit Leitungen.
Die Freileitungsseile der Überlandleitungen (Bild 1) bestehen aus mehreren dicken, spiralförmig miteinander verdrehten Aluminiumdrähten (Bild 4). Damit der elektrische Strom nicht über die Strommasten zur Erde abfließen kann, hängen die Leiterseile an Isolatoren aus keramischen Stoffen. Diese Isolatoren müssen hinreichend groß sein, damit vom Leiterseil keine Funken auf den Strommasten überspringen können (Bild 2).
Für die Versorgung der Wohnhäuser mit elektrischem Strom werden meist Erdkabel (Bild 4) im Boden verlegt. In einem Kabel sind metallische Leiter enthalten, die durch Kunststoffhüllen gegenseitig isoliert sind. Ein isolierter Leiter wird als Ader bezeichnet. In einem Kabel können mehrere Adern enthalten sein. Alle Adern des Erdkabels sind nochmals von einem Kunststoffmantel umgeben, der diese vor Beschädigung schützt (Bild 4).

1
Überlandleitungen

2

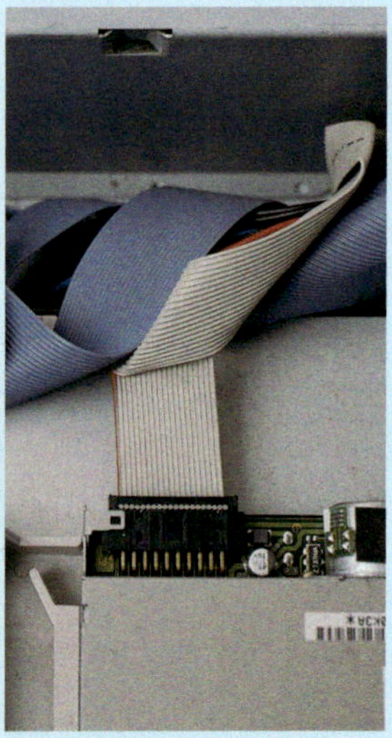
3

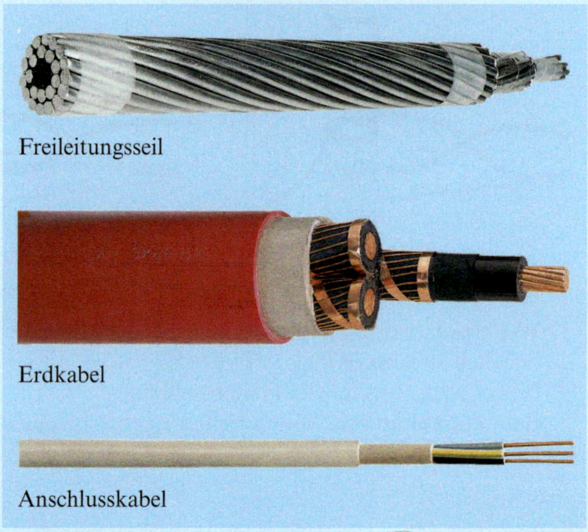

4

Im Inneren der Häuser nutzt man unter Putz und als Anschlusskabel für die meisten Geräte dreiadrige Kabel (Bild 4). Zur Unterscheidung der einzelnen Adern haben die Kunststoffhüllen unterschiedliche Farben.
Besonders wichtig sind solche farblichen Kennzeichnungen bei der Verbindung von elektronischen Geräten. Hier bestehen die Kabel oft aus 25 oder mehr einzelnen Adern (Bild 3).

Glühlampe. Auch in elektrischen Geräten wie der Glühlampe benötigt man nicht nur Leiter, sondern auch Isolatoren (Bild 5). Denn der Strom soll ja durch die Glühlampe fließen und keine „Abkürzung" zurück zur Spannungsquelle nehmen.

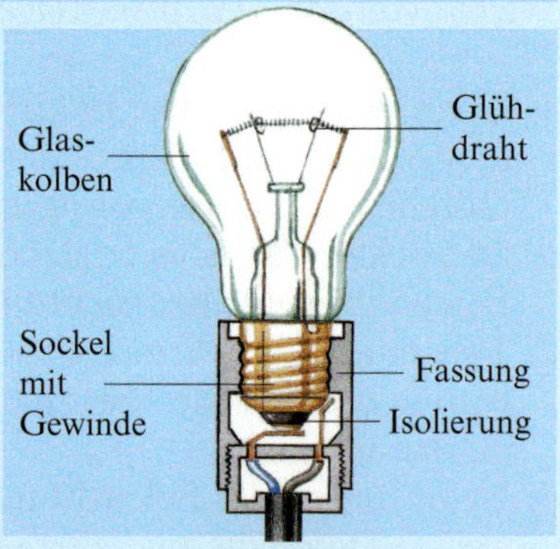

5
Aufbau einer Glühlampe

AUFGABEN

1. a) Erkläre, wie du mithilfe des elektrischen Stromes ein Gewässer auf Verschmutzung durch salzhaltige Abwässer untersuchen kannst!
   b) Wie könntest du den Grad der Verschmutzung zweier Gewässer mit salzhaltigen Abwässern vergleichen?
2. Früher wurden elektrische Leitungen zur Isolation mit Stoff umwickelt. Nenne Nachteile einer solchen Isolation!
3. Erkläre, weshalb du in der Nähe von Überlandleitungen keine Drachen steigen lassen darfst!
4. Begründe, warum du bei Gewitterstimmung keine Drachen steigen lassen darfst!
5. Warum sollten Badende bei Gewitter sofort das Wasser verlassen?
6. Die Form der Isolatoren an Überlandleitungen im Bild 2 (vorhergehende Seite) hängt damit zusammen, dass sie bei Regen nass werden. Was will man mit dieser Form der Isolatoren erreichen?
7. Wenn bei einem Sturm ein Freileitungsseil zerrissen wird, darf man es auf keinen Fall berühren und man sollte auch nicht nahe herangehen. Begründe die beiden Vorsichtsmaßnahmen!
8. Bild 1 zeigt einen besonderen Mast von einer Überlandleitung. In seiner Nähe sind die Freileitungsseile mit Isolatoren versehen. Solche Isolatoren dienen dem Schutz von Störchen. Warum ist das notwendig?

1

ZUSAMMENFASSUNG

Blanke Metalle und Graphit sind gute elektrische Leiter.
Man nutzt Metalle als Leiter in Form von Leitungsdrähten, Kabeln und Stromschienen.

Kunststoffe, Porzellan, Glas und Lack sind sehr schlechte elektrische Leiter. Sie sind Isolatoren.
Isolatoren sorgen dafür, dass der elektrische Strom nur auf vorgesehenen Wegen fließen kann. Sie schützen Menschen und Tiere vor lebensgefährlichen Berührungen mit Leitungen.

Destilliertes Wasser ist ein sehr schlechter elektrischer Leiter.
Leitungswasser ist ein schlechter elektrischer Leiter.
Wasser leitet den Strom umso besser, je mehr Salz in ihm gelöst ist.

Trockene Erde ist ein schlechter elektrischer Leiter.
Je feuchter die Erde ist, umso besser leitet sie den elektrischen Strom.

Unter gewöhnlichen Bedingungen ist Luft ein Isolator. Unter besonderen Umständen werden die Luft und andere Gase jedoch elektrische Leiter.

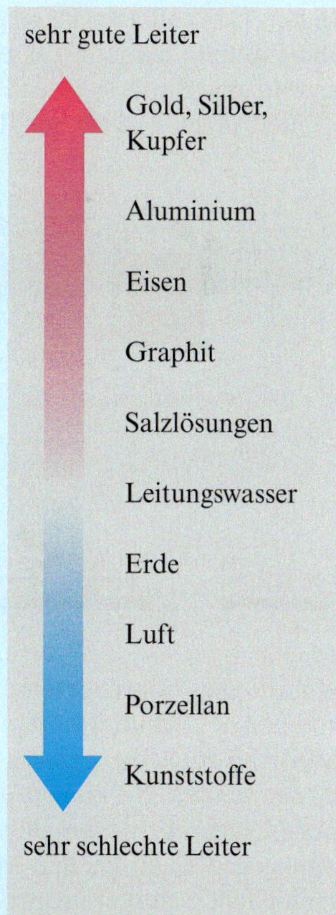

Sicher hast du schon einmal bei einer elektrischen Taschenlampe die Batterien oder die Glühlampe ausgewechselt. Wenn du das Gehäuse öffnest, siehst du eine Fassung, in welche du die Glühlampe einschraubst und einen Hohlraum, in den du mehrere Monozellen einlegst. Hinzu kommt noch ein Schalter.
Wenn du die Glühlampe fest eingedreht und die Batterien richtig eingelegt hast, brauchst du nur noch auf den Schalter zu drücken und die Glühlampe leuchtet auf. Es fließt ein elektrischer Strom.

1

Aufbau von Stromkreisen

In einem Experiment kannst du ebenfalls eine Lampe zum Leuchten bringen. Das soll aber keine gekaufte Taschenlampe sein, du sollst deine Lampe vielmehr aus einzelnen Bauteilen zusammensetzen. Das sind eine Batterie, eine Glühlampe (mit Fassung und Anschlüssen), Leitungen und ein Schalter.

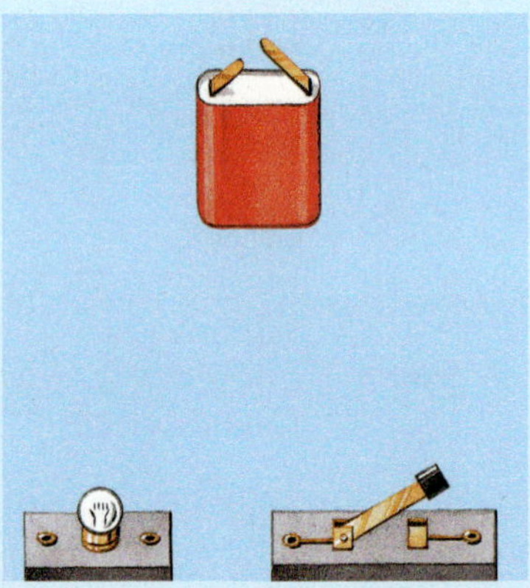

2

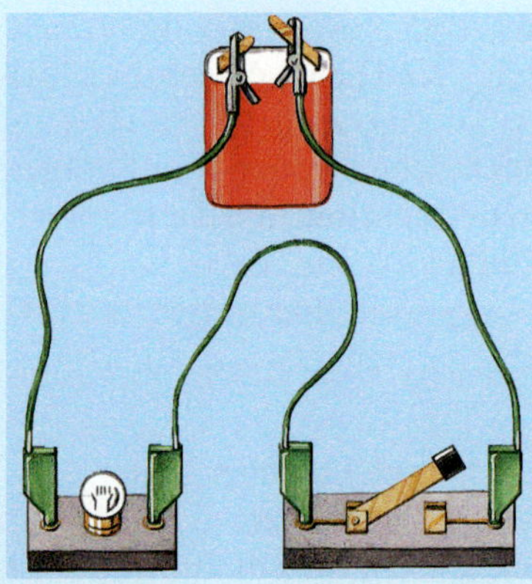

3

EXPERIMENT 1

1. Ordne die einzelnen Bauteile etwa wie im Bild 2 an!
2. Verbinde sie dann mit Leitungen wie im Bild 3! Zum Befestigen der Leitungen an der Batterie eignen sich so genannte Krokodilklemmen.
3. Schließe den Schalter!

Wenn du alles richtig geschaltet hast, leuchtet die Glühlampe beim Schließen des Schalters auf.
Natürlich kannst du in einem solchen Experiment auch andere Bauteile verwenden. So kannst du etwa die Batterie durch ein elektrisches Netzgerät aus der Physiksammlung ersetzen und die Glühlampe gegen einen kleinen Motor austauschen. Ebenso kannst du verschiedene Schalter ausprobieren oder den Schalter auch einmal ganz weglassen.

Aus solchen Experimenten wird deutlich:
- Damit ein elektrischer Strom fließen kann, braucht man eine Spannungsquelle. Das kann zum Beispiel eine Batterie, ein Netzgerät oder eine Solarzelle sein. Dazu kommt ein elektrisches Gerät. Das kann zum Beispiel eine Glühlampe, ein Motor oder eine Klingel sein. Außer der Spannungsquelle und dem Gerät benötigt man noch Leitungen für den elektrischen Strom.
- Leitungen müssen die Spannungsquelle und das elektrische Gerät zu einem Kreis verbinden.
  Das heißt: Es muss stets eine Leitung von einem Anschluss der Spannungsquelle zu einem Anschluss des Gerätes führen und eine weitere Leitung muss vom anderen Anschluss des Gerätes zum zweiten Anschluss der Spannungsquelle zurückführen.

Eine solche durchgehende Verbindung von der Spannungsquelle zu einem elektrischen Gerät und von diesem zurück zur Spannungsquelle nennt man einen **elektrischen Stromkreis**.
Vielfach ist es günstig, in den Stromkreis noch einen Schalter einzubauen. Mit diesem kann man den Stromkreis unterbrechen oder schließen.

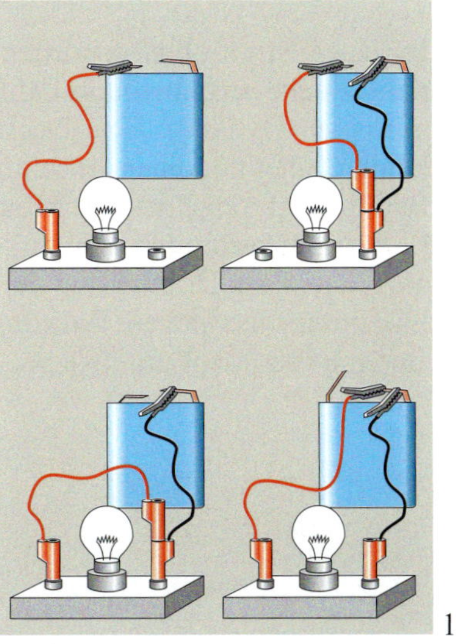
1
Hier kann kein Strom fließen.

> Ein elektrischer Stromkreis besteht aus einer Spannungsquelle, einem elektrischen Gerät, Leitungen und einem Schalter.
> Ein elektrischer Strom fließt nur in einem geschlossenen elektrischen Stromkreis.

Wie man einen Schaltplan zeichnet. Stromkreise gibt es in unserer Umgebung überall. Zum Beispiel führen in der Wohnung die Kabel vom Sicherungskas- ten zu Steckdosen, Schaltern und weiteren Anschlüssen. Bevor man für ein Experiment einen Stromkreis aufbaut, zeichnet man den Stromkreis auf. Wirklichkeitsgetreue Bilder von elektrischen Stromkreisen sind schwer zu zeichnen und können sehr unübersichtlich werden (Bild 2). Einfacher ist es, elektrische Stromkreise in Form von Schaltplänen darzustellen (Bild 4).
In solchen Schaltplänen werden Leitungen durch gerade Linien dargestellt. Eine Verbindung zwischen zwei Leitungen wird als Punkt gezeichnet. Für elektrische Geräte benutzt man vereinbarte Schaltsymbole.

2

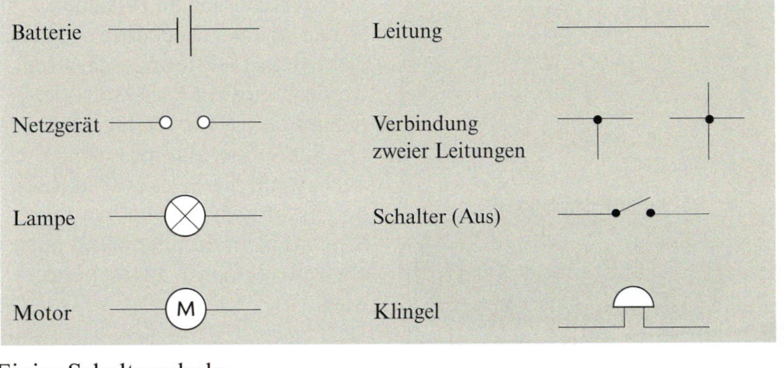

3
Einige Schaltsymbole

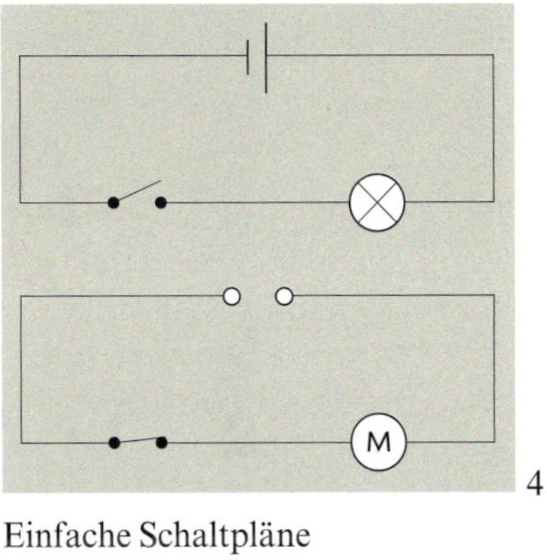

4
Einfache Schaltpläne

Reihen- und Parallelschaltung

In vielen Stromkreisen werden mehrere Geräte mit einer Spannungsquelle betrieben. Ein Fahrrad hat Vorder- und Rücklicht, aber nur einen Dynamo. Eine Deckenleuchte hat meist mehrere Glühlampen, aber nur einen Anschluss an das Stromnetz.
Bild 1 zeigt verschiedene Möglichkeiten, zwei Lampen mit einer Batterie zu verbinden. Die linke Schaltung heißt Reihenschaltung, die rechte Parallelschaltung.
Die unterschiedlichen Wirkungen der Schaltungen kannst du in einem Experiment untersuchen.

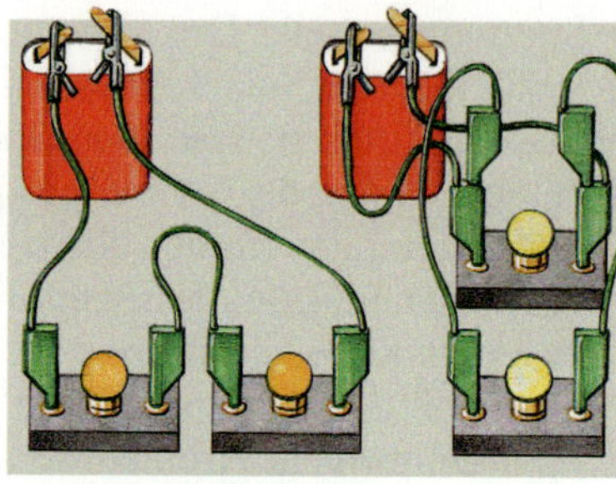
1

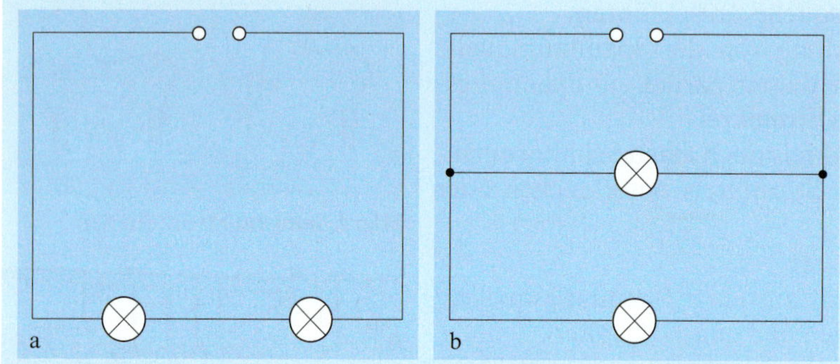

2

EXPERIMENT 2

1. Baue den Stromkreis nach Bild 2a auf! Welche Lampen leuchten? Was geschieht, wenn du eine der beiden Lampen herausschraubst?
2. Baue den Stromkreis nach Bild 2b auf! Welche Lampen leuchten? Was geschieht, wenn du eine der beiden Lampen herausschraubst?

In einer Reihenschaltung fließt der elektrische Strom „der Reihe nach" durch beide Lampen. Wenn eine Lampe locker oder defekt ist, entsteht eine Lücke im Stromkreis. Dann leuchtet auch die andere Lampe nicht mehr.
In einer Parallelschaltung verzweigt sich der elektrische Strom. Die Teilströme fließen „parallel" zueinander durch beide Lampen. Wenn eine Lampe locker oder defekt ist, leuchtet die andere dennoch.
Noch ein weiterer Unterschied wird dir im Experiment 2 aufgefallen sein: In der Parallelschaltung leuchten die Lampen mit normaler Helligkeit, in der Reihenschaltung dagegen viel schwächer. Würdest du noch eine dritte Lampe einschalten, würde sich die Helligkeit der parallel geschalteten Lampen wiederum kaum ändern, während die in Reihe geschalteten Lampen noch schwächer oder gar nicht mehr leuchten würden.

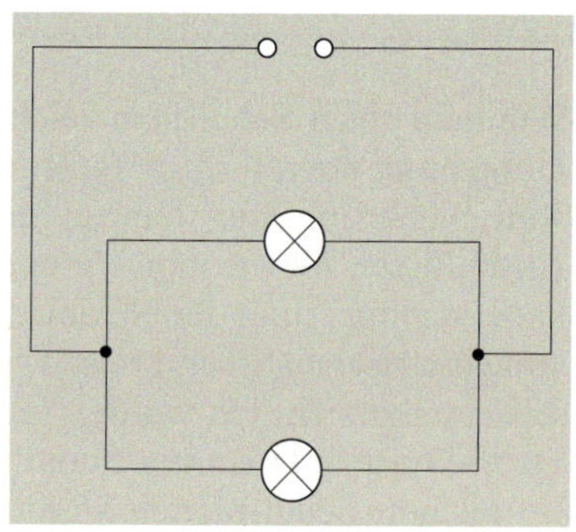
3

Der Schaltplan einer Parallelschaltung kann auch so aussehen.

4

Parallelschaltung im Haushalt:
Sollen an einer Steckdose mehrere elektrische Geräte angeschlossen werden, wird ein Kabel mit Vielfachanschluss verwendet.
Die Schreibtischlampe leuchtet auch, wenn der Stecker vom Radio herausgezogen wird.
Sie wird nicht dunkler, wenn noch ein weiteres Gerät eingeschaltet wird.

Schalter in Stromkreisen

Verschiedene Schalter. Wenn du dir zu Hause die Schalter für die Klingel, die Deckenbeleuchtung, den Föhn, die Geschirrspülmaschine oder für den CD-Spieler genauer ansiehst, entdeckst du einige Unterschiede. Manche musst du drücken, andere drehen, kippen oder schieben. Noch andere kannst du mit dem Fuß bedienen.
Die folgende Übersicht zeigt die Funktionsweise verschiedener Schalter, sie heißen Tastschalter, Stellschalter und Umschalter. Sie haben eigene Schaltsymbole. Für die Schalter gibt es typische Anwendungen.

1

Tastschalter

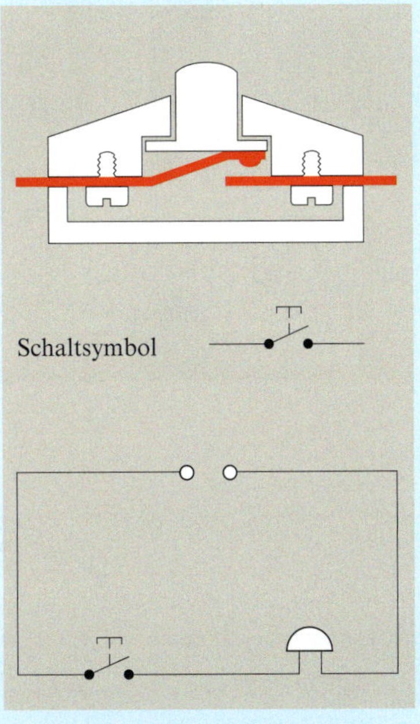

2

Ein Tastschalter schließt einen Stromkreis nur so lange, wie der Tastschalter gedrückt bleibt.

Beispiele:
Klingel
Handbohrmaschine

Stellschalter

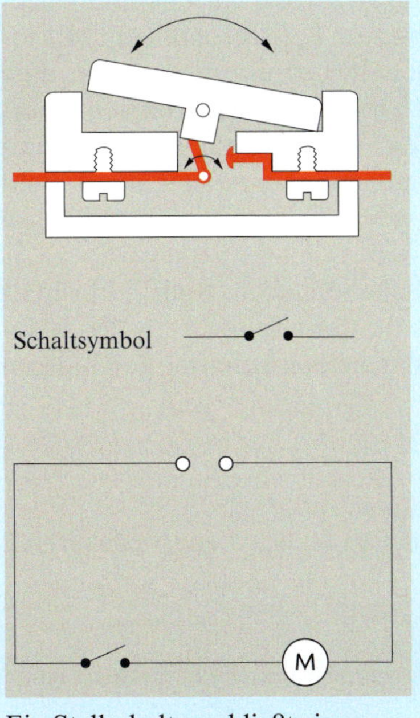

3

Ein Stellschalter schließt einen Stromkreis so lange, bis der Stellschalter wieder geöffnet wird.

Beispiele:
Staubsauger
Wohnraumleuchte

Umschalter

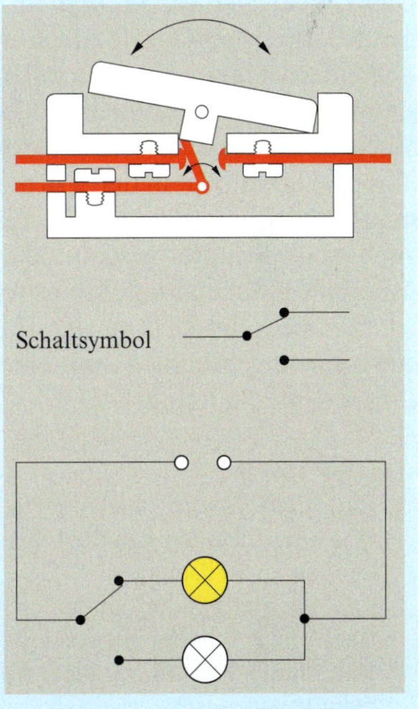

4

Mit einem Umschalter kann man statt des einen elektrischen Gerätes ein anderes Gerät einschalten.

Beispiel: Wechsel der Leuchttafeln „Bitte warten“ und „Der Nächste bitte“

Stromkreise mit zwei Schaltern. Es gibt bei euch zu Hause elektrische Geräte, die mit einem Schalter eingeschaltet werden. Beispiele hierfür sind die Tischlampe, der Fernseher und der Walkman. Andere Geräte haben zwei Schalter, von denen du aber meist nur einen Schalter bedienen kannst. Der zweite Schalter schließt und öffnet sich, ohne dass du ihn direkt berührst.
Ein Beispiel ist die Backröhre (Bild 5). Mit Schalter 1 schaltest du das Backprogramm ein. Öffnest du die Röhre, dann gibt die Tür den Schalter 2 frei. Dieser unterbricht den Stromkreis. Eine solche Schaltung kannst du in einem Experiment genauer untersuchen.

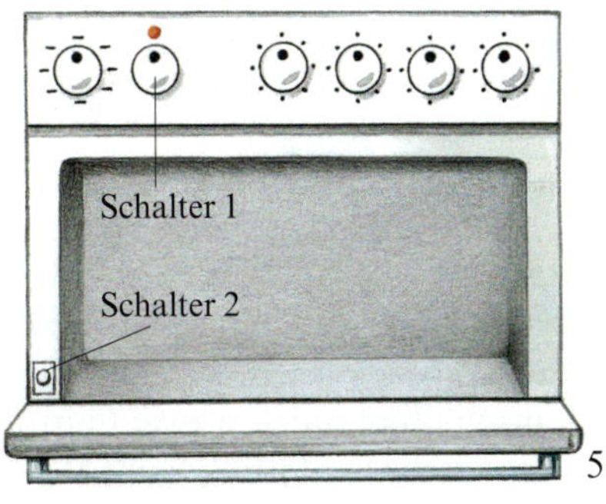

5

EXPERIMENT 3
1. Baue die Schaltung nach dem Schaltplan auf!
2. Wie unterscheidet sich die Eigenschaft der Schaltung, wenn du statt der zwei Stellschalter
   a) einen Stellschalter und einen Tastschalter einbaust oder
   b) zwei Tastschalter verwendest?

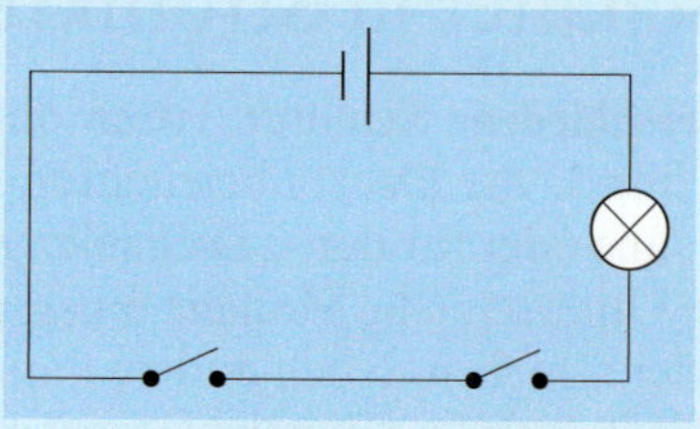
1

Bei einer solchen Schaltung kann ein elektrischer Strom nur fließen, wenn Schalter 1 *und* Schalter 2 geschlossen sind. Deshalb heißt diese Schaltung **UND-Schaltung**. Die beiden Schalter sind „in Reihe" angeordnet.
Diese Schaltung wendet man an, um Menschen vor Gefahren elektrisch betriebener Geräte zu schützen, zum Beispiel bei einem Mikrowellenherd. Gäbe es hier nur einen Schalter, könnte es passieren, dass jemand den Mikrowellenherd erst einschaltet und danach etwas hineinstellt. Das könnte zu ernsten Verletzungen an der Hand führen. Deshalb ist in den Türmechanismus ein zweiter, meist nicht sichtbarer Schalter eingebaut. Erst wenn die Tür geschlossen ist, ist auch dieser Schalter geschlossen.
Auch eine Klingelanlage kann zwei Schalter haben (Bild 2). Ein Tastschalter befindet sich an der Haustür, der zweite ist an der Wohnungstür angebracht. Wenn einer der beiden Schalter geschlossen wird, ertönt die Klingel.

2

EXPERIMENT 4
1. Baue die Schaltung nach dem Schaltplan auf!
2. Wie unterscheiden sich die Eigenschaften der Schaltung, wenn du statt der beiden Stellschalter
   a) einen Stellschalter und einen Tastschalter einbaust,
   b) zwei Tastschalter verwendest?
3. Baue die Schaltung zu einer Klingelanlage um. Zeichne dazu einen Schaltplan!

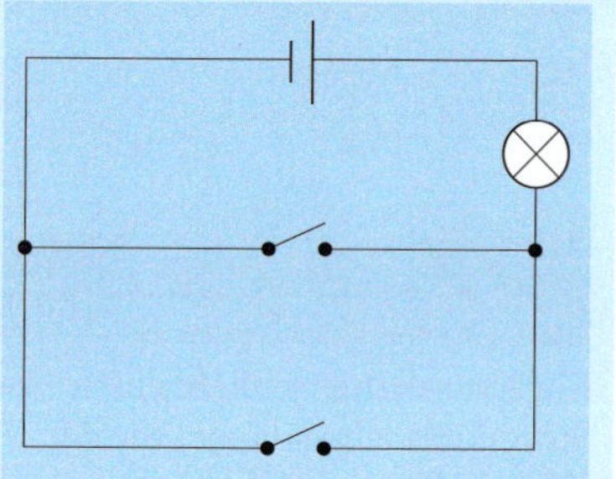
3

Bei einer solchen Schaltung fließt ein elektrischer Strom bereits dann, wenn nur Schalter 1 *oder* nur Schalter 2 geschlossen ist. Deshalb heißt diese Schaltung **ODER-Schaltung**. Die zwei Schalter sind „parallel" angeordnet.
In einem Durchgangszimmer kann die Beleuchtung mit zwei Schaltern ein- oder ausgeschaltet werden. Wer z. B. das Zimmer im Dunkeln von links betritt, kann dort das Licht einschalten und beim Verlassen des Zimmers rechts das Licht wieder ausschalten. Er kann das Zimmer aber auch nach links wieder verlassen und dort das Licht ausschalten. Das heißt, man kann zwischen den Schaltern „wechseln". Der Stromkreis in einem solchen Zimmer kann zwei Umschalter enthalten. Sie werden wie im Bild 4 eingebaut. Zwischen den zwei Umschaltern müssen zwei Leitungen verlegt werden.
Eine solche Schaltung heißt **Wechselschaltung**.

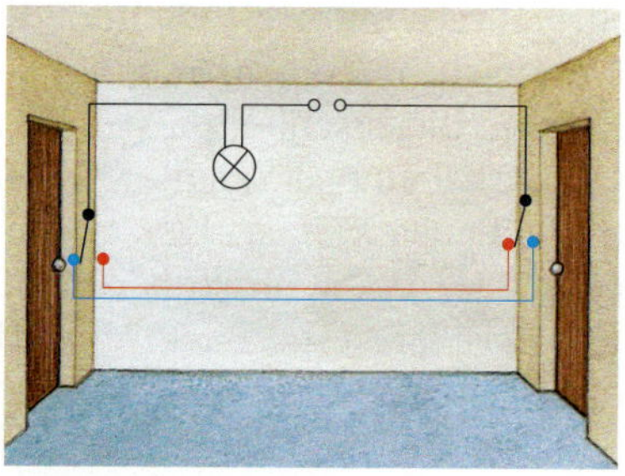
4
Wechselschaltung

AUFGABEN

1. Welche Spannungsquellen kennst du? Welche davon benutzt ihr in eurer Wohnung?
2. Beschreibe was geschieht, wenn jeweils die Lampen 1, 2 oder 3 defekt sind!

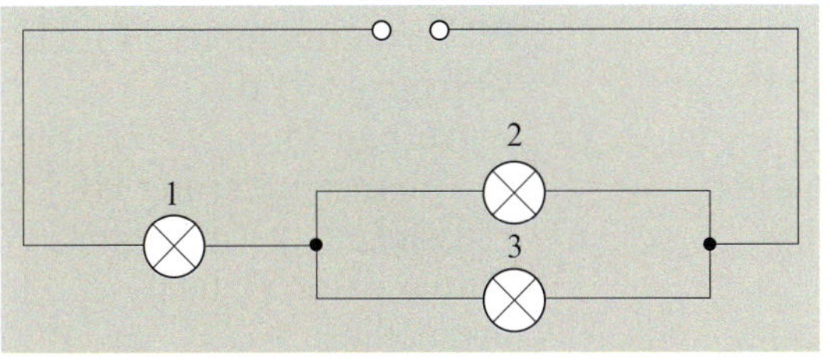

1

3. Welche Schaltung würdest du für das Schließen des Stromkreises bei einem Fahrstuhl auswählen, eine UND-Schaltung oder eine ODER-Schaltung? Zeichne den Schaltplan!
4. Nachts muss der Fahrer eines Pkw häufig zwischen Fernlicht und Abblendlicht wechseln. Wie könntest du eine vereinfachte ähnliche Schaltung aufbauen?
   Nutze als Fernlicht eine helle Lampe, als Abblendlicht eine schwächere. Zeichne den Schaltplan!
5. Notiere Geräte in eurer Wohnung (besonders in Küche und Bad), die eine UND-Schaltung haben! Wo befinden sich die zwei Schalter?
6. An manchen Fußgängerampeln kann man selbst das Signal von „Grün“ auf „Rot“ umstellen.
   a) Zeichne die Schaltung, die dafür geeignet ist!
   b) Prüfe deine Idee!
7. In einem ICE-Reisewagen zeigt eine Leuchttafel an, ob ein WC frei oder besetzt ist.
   a) Entwirf die Schaltung für einen solchen Stromkreis!
   b) Prüfe deine Idee!
8. Baue den Stromkreis von Bild 2 auf! Welcher Schalter muss geschlossen sein, damit a) Lampe 1 und b) Lampe 2 leuchtet? Kann Lampe 2 allein leuchten? Begründe deine Antworten!

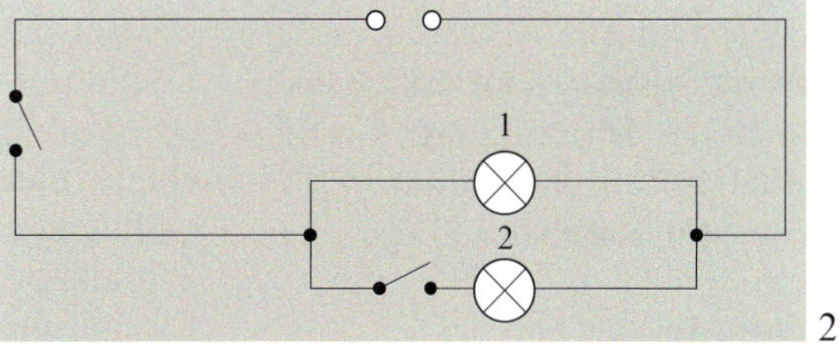

2

ZUSAMMENFASSUNG

Stromkreis. Ein Stromkreis besteht aus einer Spannungsquelle, einem elektrischen Gerät und Leitungen.
Ein elektrischer Strom fließt nur in einem geschlossenem Stromkreis.

Reihenschaltung
Der gesamte elektrische Strom fließt durch beide Geräte.

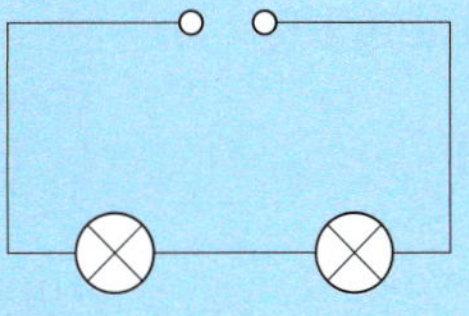

Parallelschaltung
Der elektrische Strom verzweigt sich in zwei Teilströme.

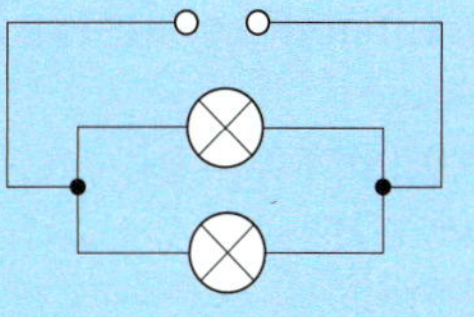

UND-Schaltung
Ein elektrischer Strom fließt nur dann, wenn Schalter 1 *und* 2 geschlossen sind.

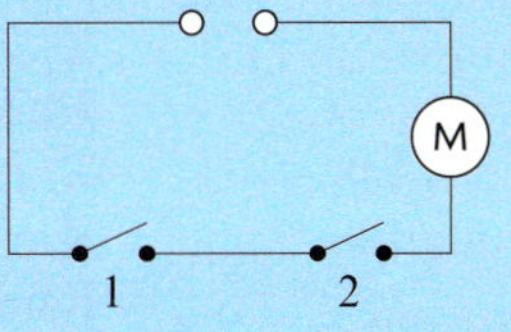

ODER-Schaltung
Ein elektrischer Strom fließt bereits, wenn Schalter 1 *oder* Schalter 2 geschlossen ist.

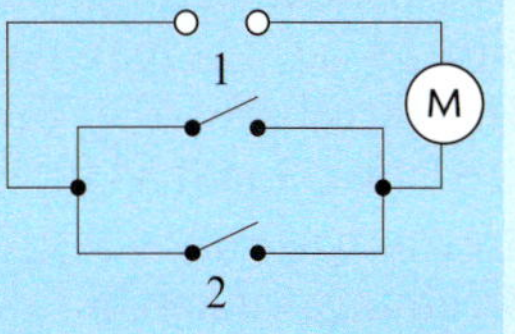

Register

Quellennachweis der Abbildungen

akg-images: 88/1. AKO-ISMET Elektrogeräte GmbH & Co. KG, Kisslegg: 140/5. Archiv Cornelsen Verlag: 20/3, 38/5, 55/2, 78/5, 97/1. Archiv Hoyer, Galenbeck: 66/3, 67/2, 136/1, 136/4. Avenue Images/Index Stock/ Luke: 26/2. Avenue Images: 28. Ballonhafen Berlin: 7/2. Barg-Baustofflabor GmbH & Co. KG, Berlin: 132/2. Bellmann, H., Lonsee: 55/3. Bongarts/A., Hassenstein: 60/1. Carl Braun Camera-Werk, Nürnberg: 54/1. Carl Zeiss, Oberkochen: 32/5-6. Cornelsen Experimenta, Berlin: 23/3, 120/5. DaimlerChrysler AG, Stuttgart: 69. Davinci Haus GmbH, Elben/Ww.: 135/1. Deutsche Bahn AG, Berlin: 73/2, 104/5, 153/2. Deutsche Binnenwerft GmbH, Berlin: 8/1. Deutsche Lufthansa AG, Köln: 94/3, 97/2. Deutsche Verkehrswacht e.V., Meckenheim: 12/1, 148/1. Deutsches Hygienemuseum, Dresden: 81/1. Deutsches Museum, München: 63/1, 94/2, 104/2–3. Dillenberg GmbH & Co. KG, Düsseldorf: 125/2. DLR: 5, 22/1, 111/2–5. ESA/J. Huart: 105/2. Fischer, R., Berlin: 10/2-3. Gebr. Märklin & Cie. GmbH, Göppingen: 73/1. Gemballa electronics, Kaltenkirchen: 143/3. Georgy Mauersägetechnik, Magdala: 79/2–3. Helga Lade Fotoagentur: 6/1, 7/1, 19/1, 136/2-3, 147/2. Hewlett Packard, Böblingen: 138/3. Hünert Fahrzeugbau GmbH, Hamburg: 95/1. Images.de/Zoellner: 26/3. Impulsa GmbH, Elsterwerda: 138/4. Infra Tec GmbH, Dresden: 112/2. IZE, Frankfurt/M.: 32/3, 107. JVC Deutschland GmbH, Friedberg: 138/2. Kaiser KWO Kabel Energie GmbH & Co., Berlin: 150/4 m., u. Keystone Pressedienst, Hamburg: 6 m. Klepel, G., Leipzig: 55/4. Krauss-Maffei AG, München: 104/4. L.H. Kronenberger, Seligenstadt: 142/1. Leybold-Didactic GmbH, Hürth: 29/3. Mannesmann Dematic, Wetter: 142/4. Martin-Edingshaus, T., Köln: 10/2. Mauritius/-age: 65/2. Mauritius/Milse: 130/1. Meyer, Jens, Erfurt: 137. Minimax GmbH, Bad Oldesloe: 122/3–4. Nolte, H., Bochum: 26/1. Okapia/H. Reinhard: 67 (1). Okapia/C. Miller: 68. Olympus Europa GmbH: 60/2. OSRAM, München: 141/1–2, 147/4. Papierfabrik Albdruck: 138/5. Philips GmbH Bildröhrenfabrik, Aachen: 47/1. Phywe Systeme GmbH, Göttingen: 36/1–2, 139/5. picture-alliance/akg-images: 24/2–3. picture-alliance/ dpa: 40/1, 42/1. Projekt Photos, Augsburg: 67 (4), PTB, Braunschweig: 87/2, 88/3. RWE Energie AG, Essen: 139/1. Schmolz, Dr. E., Berlin: 143/3. Schott Glas, Mainz: 140/3, 147/3. Schubert, B., Berlin: 80/1. Sedlag, U., Eberswalde: 65/1. Senkel, G., Eisenhüttenstadt: 73/4, 110/2-3. Siemens AG, München: 139/2. Siemens KWU, Erlangen: 139/3, 150/1–2, 150/4 o. Superbild, Berlin: Einband, 6 l./o., u., 80/1 l., 96/1. Theodor Heimeier · Metallwerk GmbH & Co. KG, Erwitte: 122/2. Theuerkauf, H., Gotha: 55/5, 78/3, 79/1, 5. Trek Bicycle GmbH, Langen: 94/4. ullstein bild/Minehan: 26/4. VEGLA-Bildarchiv, Alsdorf: 133/4. Werner, M.-G., Pulsnitz: 113/2–3, 127/3. Whiskas©: 65/3. Wilhelm-Foerster-Sternwarte, Berlin: 20/2. Wilke, H.-J., Dresden: 142/3. Zenkert, A., Potsdam: 21/1.
Alle anderen Fotos:
Volker Döring, Hohen Neuendorf.

Sonnenoberfläche 6 000 °C

200 000 000 °C	höchste Temperatur in einem Fusionsreaktor
6 000 °C	elektrischer Lichtbogen
3 550 °C	Diamant wird flüssig
1 400 °C	Glas wird flüssig
450 °C	Wasserdampf in Kraftwerksturbinen
250 °C	Glaskolben einer Halogenlampe
120 °C	Temperatur im Dampfdrucktopf
41,5 °C	Fieber wird lebensbedrohlich
5 °C	Körpertemperatur des Igels im Winterschlaf
−5 °C	Körpertemperatur des arktischen Kabeljau
−195,8 °C	Stickstoff wird flüssig
−272,2 °C	Helium wird fest
−273,15 °C	tiefste mögliche Temperatur

Mond, Tagseite 130 °C

Mond, Nachtseite −160 °C